高等学校人工智能通识课程融合系列规划教材

大学计算机与人工智能素养教程

主　编	印志鸿	白云璐	金玉琴
副主编	王瑞娟	翟双灿	张幸华
	高治国	韦　伟	王深造
	戴丽丽	徐　卉	
编　委	董海艳	郑晓梅	张卫明
	张　季	顾　铮	佘侃侃
	陈琳琳	陈晓红	
主　审	周金海		

DAXUE JISUANJI YU AI SUYANG JIAOCHENG

南京大学出版社

图书在版编目(CIP)数据

大学计算机与人工智能素养教程/印志鸿,白云璐,金玉琴主编.---南京:南京大学出版社,2025.8.(高等学校人工智能通识课程融合系列规划教材).
ISBN 978-7-305-29551-5

Ⅰ.TP3;TP18

中国国家版本馆 CIP 数据核字第 2025L9Y578 号

出版发行	南京大学出版社		
社　　址	南京市汉口路 22 号	邮　　编	210093

丛 书 名　高等学校人工智能通识课程融合系列规划教材
书　　名　大学计算机与人工智能素养教程
　　　　　DAXUE JISUANJI YU RENGONG ZHINENG SUYANG JIAOCHENG
主　　编　印志鸿　白云璐　金玉琴
责任编辑　王秉华　　　　　　　　编辑热线　025-83592655
照　　排　南京开卷文化传媒有限公司
印　　刷　南京玉河印刷厂
开　　本　787 mm×1092 mm　1/16　印张 16.75　字数 410 千
版　　次　2025 年 8 月第 1 版　2025 年 8 月第 1 次印刷
ISBN　978-7-305-29551-5
定　　价　49.80 元

网　　址:http://www.njupco.com
官方微博:http://weibo.com/njupco
微信服务号:njuyunshu
销售咨询热线:(025)83594756

* 版权所有,侵权必究
* 凡购买南大版图书,如有印装质量问题,请与所购
　图书销售部门联系调换

前言 QIAN YAN

在数字化浪潮席卷全球的今天，信息技术已从实验室走向产业前沿，深刻改变着人类的生产方式、生活习惯与思维模式。从日常的智能手机交互到精密的医疗诊断系统，从海量数据的实时处理到复杂问题的智能决策，计算机的创新应用正以前所未有的速度重塑世界。

其中，人工智能作为引领新一轮科技革命和产业变革的核心驱动力，已深度渗透到医疗、金融、教育、制造等各领域。从技术角度分析，人工智能的底层逻辑根植于计算机科学，如机器学习依赖数据处理与算法优化，自然语言处理基于文字编码原理。只有掌握这些知识，才能理解技术的原理与边界。从应用层面看，医疗领域的智能诊断、智能健康监测，工业领域的智能制造、预测性维护等，均需要从业者具备人工智能素养以适应岗位需求。因此，大学教育中加强人工智能通识教育、提高人工智能素养是顺应技术革命与社会发展的必然要求。

本书立足这一时代背景，针对高等院校中非计算机专业的学生发展需要，系统整合计算机科学的基础理论与前沿技术，可帮助学生构建从底层逻辑到实际应用的完整知识体系，以培养适应数字时代的核心素养，适合作为计算机公共基础课程或人工智能通识类课程教材使用。本书共分为八个章节，遵循"基础原理—技术架构—实践应用—前沿拓展"的逻辑脉络，循序渐进地展开内容。同时组织浅显易懂的的案例和合适的课后练习，让学生能扎实掌握基本理论知识，兼顾理论深度与实践导向。无论是作为高等院校的计算机基础教材，还是供从业人员自学的参考资料，本书都致力于让读者不仅"知其然"，更"知其所以然"——既掌握操作技能，更理解技术背后的逻辑与思维方式。本书由多年从事计算机基础课程教学、具有丰富教学经验的教师集体编写，并配套PPT教学课件等。教师在使用本书时可根据实际教学情况进行内容取舍或是扩展。

在信息爆炸与技术迭代加速的时代，计算机与人工智能素养已成为必备能力。希望通过本书的学习，读者能构建完整的知识框架，以批判性思维看待技术发展，在数字化浪潮中把握机遇，实现个人能力与社会需求的同步成长。

本书由印志鸿、白云璐、金玉琴主编，一并负责全书的整体策划及统稿。王瑞娟、翟双灿、张幸华、高治国、韦伟、王深造、戴丽丽、徐卉等任副主编。董海艳、郑晓梅、张卫明、张季、顾铮、佘侃侃、陈琳琳、陈晓红等任编委。周金海教授担任顾问并主审。全书在编写过程中得到了编者所在学校各级领导及专家的大力支持和帮助，编写过程中也参阅了大量的书籍与网络资源，书后仅列出主要参考资料，在此一并表示感谢。由于时间仓促，加上编者水平有限，书中难免有不妥之处，敬请读者批评指正。编者 E-mail：yinzhihong_nj@126.com。

编　者

2025 年 7 月于南京

目录 MU LU

第1章 编码的信息世界 ………… 1
1.1 信息与信息技术概述 ………… 1
1.1.1 信息的定义与特征 ………… 1
1.1.2 信息技术与信息技术产业 ………… 2
1.1.3 信息社会与人类健康 ………… 3
1.2 数字技术基础 ………… 4
1.2.1 比特与二进制 ………… 4
1.2.2 比特的运算 ………… 6
1.2.3 信息在计算机中的表示 ………… 7
1.3 文字编码 ………… 10
1.3.1 字符编码 ………… 10
1.3.2 数字文本的获取与输出 ………… 13
1.4 图像与图形、音视频等多媒体编码 ………… 15
1.4.1 数字图像的获取与表示 … 16
1.4.2 数字图像的常见格式 ………… 19
1.4.3 数字图像处理与应用 ………… 20
1.4.4 计算机图形及应用 ………… 22
1.4.5 数字声音的获取 ………… 23
1.4.6 数字声音的压缩编码及常见格式 ………… 25
1.4.7 数字视频的压缩编码及常见格式 ………… 27

1.5 数字媒体技术应用扩展 ………… 29
1.5.1 VR(Virtual Reality)虚拟现实 ………… 29
1.5.2 AR(Augmented Reality)增强现实 ………… 31
1.5.3 MR(Mixed Reality)混合现实 ………… 32
1.5.4 XR(Extended Reality)扩展现实 ………… 33
1.5.5 元宇宙 ………… 34
本章小结 ………… 37
习题与自测题 ………… 37

第2章 计算机系统 ………… 39
2.1 计算机的发展与计算机系统概述 ………… 39
2.1.1 计算机的硬件系统和软件系统 ………… 39
2.1.2 计算机的发展史 ………… 41
2.2 硬件系统 ………… 43
2.2.1 CPU ………… 43
2.2.2 内存储器 ………… 46
2.2.3 常用输入设备 ………… 48
2.2.4 常用输出设备 ………… 49
2.2.5 外存储器 ………… 50

2.2.6　外设接口 ………………… 52
　　2.2.7　系统总线 ………………… 53
2.3　软件系统 ……………………… 54
　　2.3.1　什么是计算机软件 ……… 54
　　2.3.2　计算机软件的特点 ……… 55
　　2.3.3　计算机软件的分类 ……… 56
　　2.3.4　操作系统概述 …………… 57
2.4　扩展：智能手机的组成和操作
　　　系统 ………………………… 64
　　2.4.1　智能手机的组成 ………… 64
　　2.4.2　智能手机的操作系统 …… 66
本章小结 …………………………… 70
习题与自测题 ……………………… 70

第3章　人工智能的程序设计基础
　　　　　…………………………… 73
3.1　程序设计语言 ………………… 73
　　3.1.1　程序设计语言概述 ……… 73
　　3.1.2　常见程序设计语言特点
　　　　　………………………… 74
3.2　程序设计基础 ………………… 74
　　3.2.1　程序设计方法 …………… 74
　　3.2.2　程序设计风格 …………… 77
3.3　Python程序设计基础 ………… 77
　　3.3.1　Python概述 ……………… 77
　　3.3.2　Python开发环境 ………… 78
　　3.3.3　Python语法元素分析 …… 81
　　3.3.4　Python面向对象编程 …… 97
　　3.3.5　Python编程实例 ………… 103
本章小结 …………………………… 106
习题与自测题 ……………………… 106

第4章　问题求解与计算思维 …… 110
4.1　算法与数据结构 ……………… 110
　　4.1.1　算法概述 ………………… 110
　　4.1.2　数据结构概述 …………… 111
　　4.1.3　常见的数据结构 ………… 113
　　4.1.4　经典算法介绍 …………… 125
4.2　计算思维 ……………………… 128
　　4.2.1　计算思维的特征 ………… 129
　　4.2.2　计算思维的应用领域 …… 129
　　4.2.3　培养计算思维的方法 …… 129
4.3　软件工程基础 ………………… 130
　　4.3.1　软件工程的基本概念 …… 130
　　4.3.2　需求分析及其方法 ……… 131
　　4.3.3　软件设计及其方法 ……… 132
　　4.3.4　软件测试 ………………… 134
　　4.3.5　程序的调试 ……………… 136
4.4　推荐算法 ……………………… 136
4.5　决策支持系统 ………………… 138
　　4.5.1　决策支持系统的基本概念
　　　　　………………………… 138
　　4.5.2　决策支持系统的组成与
　　　　　关键技术 ………………… 139
　　4.5.3　决策支持系统的应用 …… 139
　　4.5.4　决策支持系统面临的
　　　　　挑战与发展趋势 ………… 140
　　4.5.5　决策支持系统总结 ……… 141
本章小结 …………………………… 141
习题与自测题 ……………………… 142

第5章　互联网、物联网与云计算
　　　　　…………………………… 145
5.1　计算机网络概述 ……………… 145
　　5.1.1　计算机网络基本概念 …… 145

5.1.2 数据通信基础知识 …… 148
5.1.3 计算机网络的发展之路
　　…… 152
5.1.4 网络传输媒体 …… 153
5.1.5 通信技术在相关领域的
　　应用 …… 156
5.2 计算机网络体系结构 …… 159
5.2.1 两种网络体系结构 …… 159
5.2.2 IP协议 …… 161
5.2.3 网络连接设备 …… 163
5.2.4 计算机网络的工作模式
　　…… 164
5.3 局域网 …… 164
5.3.1 局域网概述 …… 164
5.3.2 局域网的组成 …… 165
5.3.3 几种常见的局域网 …… 165
5.4 互联网基础 …… 167
5.4.1 Internet概述 …… 167
5.4.2 Internet的接入方式 …… 167
5.4.3 域名系统 …… 168
5.4.4 Internet提供的应用服务
　　…… 169
5.5 网络安全技术 …… 172
5.5.1 网络安全基本概念 …… 172
5.5.2 常用的安全保护措施 …… 172
5.5.3 计算机病毒 …… 174
5.6 物联网 …… 175
5.6.1 物联网体系结构 …… 176
5.6.2 物联网的相关应用 …… 176
5.7 云计算 …… 178
本章小结 …… 179
习题与自测题 …… 180

第6章 大数据分析 …… 182
6.1 计算机信息系统 …… 182
6.1.1 信息系统的定义 …… 182
6.1.2 信息系统的特点 …… 183
6.1.3 信息系统的层次 …… 184
6.2 数据库系统 …… 185
6.2.1 数据管理系统的概念与
　　技术发展 …… 185
6.2.2 数据库系统的组成 …… 186
6.2.3 数据库的设计和数据的
　　抽象 …… 189
6.2.4 数据模型 …… 192
6.3 大数据分析 …… 198
6.3.1 大数据概念 …… 198
6.3.2 大数据系统架构 …… 199
6.3.3 大数据工具 …… 202
6.3.4 大数据处理的基本流程
　　…… 204
6.4 大数据分析的日常应用 …… 206
本章小结 …… 209
习题与自测题 …… 209

第7章 人工智能技术 …… 211
7.1 人工智能概述 …… 211
7.1.1 人工智能的典型特征 …… 211
7.1.2 人工智能的研究方法 …… 213
7.1.3 人工智能的研究范围 …… 214
7.2 人工智能的起源和发展经历
　　…… 214
7.3 人工智能的核心技术 …… 216
7.4 人工智能的相关应用 …… 219
7.4.1 人工智能在医疗诊断
　　领域的应用和发展 …… 219

7.4.2 人工智能在教育领域的应用和发展 …… 222
7.4.3 人工智能在金融领域的应用和发展 …… 224
7.4.4 人工智能在农业领域的应用 …… 225
7.4.5 人工智能在自动驾驶领域的应用和发展 …… 226
7.4.6 人工智能在文娱领域的应用 …… 227
7.4.7 人工智能应用总结 …… 228
本章小结 …… 228
习题与自测题 …… 229

第8章 机器学习与深度学习 …… 230

8.1 机器学习概述 …… 230
　8.1.1 机器学习的诞生与发展 …… 230
　8.1.2 什么是机器学习 …… 232
　8.1.3 机器学习的分类 …… 233
　8.1.4 机器学习与人类逻辑思维的类比 …… 236
　8.1.5 机器学习的"学习"流程 …… 237
8.2 机器学习算法举例 …… 238
　8.2.1 回归算法(Regression) …… 238
　8.2.2 K-近邻算法(K-nearest Neighbour,KNN) …… 239
　8.2.3 决策树算法(Decision Tree) …… 240
　8.2.4 贝叶斯算法(Bayesian Algorithm) …… 240
　8.2.5 支持向量机算法(Support Vector Machine,SVM) …… 241
　8.2.6 K-means聚类算法(K-means Clustering) …… 241
　8.2.7 人工神经网络算法(Artificial Neural Networks,ANN) …… 242
8.3 深度学习 …… 243
　8.3.1 深度学习定义 …… 243
　8.3.2 人工神经元 …… 244
　8.3.3 深度学习相关基础概念 …… 245
　8.3.4 深度神经网络的基本训练过程 …… 247
8.4 卷积神经网络 …… 248
　8.4.1 为什么选择卷积 …… 249
　8.4.2 卷积神经网络的结构与原理 …… 250
8.5 深度学习的典型应用 …… 251
　8.5.1 深度学习在计算机视觉中的应用 …… 251
　8.5.2 深度学习在自然语言处理中的应用 …… 252
　8.5.3 深度学习助力大语言模型 …… 254
本章小结 …… 257
习题与自测题 …… 258

参考文献 …… 260

第1章

编码的信息世界

1.1 信息与信息技术概述

信息时代，人通过获得、识别自然界和社会的不同信息来区别不同的事物，得以认识和改造世界。在一切通信和控制系统中，信息是一种普遍联系的形式。信息像传统的物质和能量一样，已成为组成现代信息社会的一个很重要要素，它正在改变人们的生存环境和生活方式。

1.1.1 信息的定义与特征

现实世界中每时每刻都产生大量的信息，但信息需要用一定形式表述出来才能被记载、传递和应用。这就要求人们必须使用一组符号及其组合来对信息进行表示，通常称为数据。在计算机领域中，数据的含义非常广泛，它包括数值、文字、语音、图形和图像等反映各类信息的可鉴别的符号。

信息究竟是什么？作为一个严谨的科学术语，信息的定义却不存在一个统一的表述，这是由它的极端复杂性决定的。信息的表现形式数不胜数：声音、图片、温度、体积、颜色……信息的分类也不计其数：电子信息、财经信息、天气信息、生物信息……信息论的创始人香农(Claude Elwood Shannon)对信息作了如下的定义：信息是用来消除某种不确定性的东西。现代控制论创始人诺伯特·维纳(Norbert Wiener)认为：信息就是信息，不是物质，也不是能量。经济管理学家认为"信息是提供决策的有效数据"。李宗荣教授在他的《医药信息学导论》一书中指出：任何一个有目的的系统，都必然是材料、能量和信息的和谐结合，材料构成系统的形成，能量产生运转的活力，信息是指挥系统动作的灵魂。信息是事物的属性及内在联系的表征。

国际标准化组织(International Organization for Standardization, ISO)对信息的定义：信息是对人有用的数据，这些数据将可能影响到人们的行为与决策。ISO对数据的定义：数据是对事实、概念或指令的一种特殊的表达形式，这种特殊的表达形式可以用人工的方式或者用自动化的装置进行通信、翻译转换或者进行加工处理。根据这一定义，日常生活中的数值、文字、图像、声音、动画、影像等都是数据,因为它们都能负载信息——有用的数据,它们均可以通过人工的方式(或计算机)进行处理。总的来说数据是将客观事物记录下来的、可以鉴别的符号。其特点是数据经过处理后仍然是数据,数据是信息的基础,经过解释才有意义。

信息的主要特征有:普遍性、动态性、时效性、多样性、可传递性、可共享性和快速增长性等。

当今人类正处于信息爆炸的时代,随着信息技术的高速发展,人们积累的数据量急剧增长。在数据量成几何倍数增加的情况下,大数据和云计算成了当下研究的热点。大数据(Big Data,Mega Data),或称巨量资料,指的是需要新处理模式才能具有更强的决策力、洞察力和流程优化能力的海量、高增长率和多样化的信息资产。

总之,数据是信息的源泉,信息是知识的基础。这些概念都是相对的,例如,一张化验报告,对化验室来讲是经过数据处理后获得的信息,对临床医生来讲是分析疾病的数据。同样,在知识挖掘的过程中,又将已经积累的许多知识视为数据。

1.1.2 信息技术与信息技术产业

信息技术(Information Technology,IT)是主要用于管理和处理信息所采用的各种技术的总称,是用来扩展人们信息器官功能、协助人们更有效地进行信息处理的一类技术。人的信息器官包括感觉器官、神经网络、大脑以及效应器官,主要用于信息的获取、传递、处理及反馈。因此,信息技术主要包括信息的获取、存储、传输及控制等方面的技术,是所有高新科技的基础和核心。基本的信息技术包括以下 4 种:

(1) 扩展感觉器官功能的感测(即获取)与识别技术。
(2) 扩展神经系统功能的通信技术。
(3) 扩展大脑功能的计算(即处理)与存储技术。
(4) 扩展效应器官功能的控制与显示技术。

20 世纪以来,现代信息技术取得了突飞猛进的发展,在扩展人类信息器官功能方面取得了杰出的成果,极大地拓展了人类的信息功能水平。雷达、卫星遥感、电话、通信技术、计算机等产品的问世,代表了人类正在积极地向信息化、智能化社会迈进。

信息技术产业是一门新兴的产业。它建立在现代科学理论和科学技术基础之上,采用了先进的理论和通信技术,是一门带有高科技性质的服务性产业。从 20 世纪 90 年代末开始,人类正走进以信息技术为核心的知识经济时代,信息资源已成为与材料、能源同等重要的战略资源。同时,信息技术还催生了许多新兴产业的发展。信息技术产业的发展对整个国民经济的发展意义重大;信息技术产业加速了科学技术的传递速度,缩短了科学技术从研制到应用于生产领域的距离;信息技术产业的发展推动了技术密集型产业的发展。物联网和云计算作为信息技术新的高度和形态被提出、发展。根据中国物联网校企联盟的定义,物联网为当下几乎所有技术与计算机互联网技术的结合,让信息更快更准地收集、传递、处理并执行,是科技的最新呈现形式与应用。云计算则是传统计算机与网络技术融合的产物,核心是借助网络整合低成本计算实体成强算力系统,经商业模式交付用户。云计算大大助力成本压缩、提升效率,推动数字经济与各行业融合发展,是当下重要的创新平台与基础设施。

1.1.3 信息社会与人类健康

信息社会也称信息化社会,是脱离工业化社会以后,信息起主要作用的社会。在信息社会中,信息成为比物质和能源更为重要的资源,以开发和利用信息资源为目的信息经济活动迅速发展,逐渐取代工业生产活动成为国民经济活动的主要内容。信息经济在国民经济中占据主导地位,并构成社会信息化的物质基础。以计算机、微电子和通信技术为主的信息技术革命是社会信息化的动力源泉。

由于信息技术在资料生产、科研教育、医疗保健、企业和政府管理以及家庭中的广泛应用,从而对经济和社会发展产生了巨大而深刻的影响,改变了人们的生活方式、行为方式和价值观念。

信息社会的特点:

(1) 在信息社会中,信息、知识成为重要的生产力要素,物质资源、人力资源和信息资源一起构成社会赖以生存的三大资源。

(2) 信息社会是以信息经济、知识经济为主导的社会,它有别于农业社会是以农业经济为主导,工业社会是以工业经济为主导的社会。

(3) 在信息社会,劳动者的知识成为基本要求。

(4) 科技与人文在信息、知识的作用下更加紧密地结合起来。

(5) 人类生活不断趋向和谐,社会趋向可持续发展。

信息化是指培养、发展以计算机为主要智能化工具所代表的新生产力,并使之造福于社会的历史过程。信息技术在医药领域中的应用给医药卫生领域带来了前所未有的变革,医护人员的工作效率及病人就医效率都得到了极大提高。医疗服务信息化是国际发展趋势。随着信息技术的快速发展,国内越来越多的医院正加速实施医院信息系统(Hospital Information System,HIS)平台,以提高医院的服务水平与核心竞争力。制药企业信息化建设有利于对药品生产全过程的数据追溯,使其更加符合《药品生产质量管理规范》(Good Manufacturing Practice,GMP)要求,确保用药安全。医药行业信息化已从单一管理工具发展为融合 AI、云计算等技术的系统性工程。

美国自 2004 年启动国家健康信息网络(National Health Information Network,NHIN),建立了 150 多个区域的区域健康信息组织(Regional Health Information Organizations,RHIOs),通过临床数据共享优化医疗服务效率。欧洲则通过"电子健康行动计划"推动跨区域医疗信息互联,荷兰、丹麦等国的电子病历使用率高达 95% 以上。微软开发的医疗信息系统采用物联网技术,实现跨机构无缝互操作,降低管理成本并提升诊疗质量。

中国医疗信息化从 20 世纪 80 年代开始,医疗卫生事业的信息化建设已经成为新一轮医疗体制改革的重要事务,并且对促进经济转型发挥了积极作用。智慧医疗,将物联网技术用于医疗领域,借助数字化、可视化模式,进行生命体征采集与健康监测,将有限的医疗资源让更多人共享,特别是在疾病预防和个性化医疗两个方面,智慧医疗扮演着日益重要的角色。

在智能医疗方面,推广应用人工智能治疗新模式、新手段,建立快速精准的智能医疗体系。探索智慧医院建设,开发人机协同的手术机器人、智能诊疗助手,研发柔性可穿戴、生物兼容的生理监测系统,研发人机协同临床智能诊疗方案,实现智能影像识别、病理分型和智能多学科会诊。基于人工智能开展大规模基因组识别、蛋白组学、代谢组学等研究和新药研发,推进医药监管智能化,加强流行病智能监测和防控越来越重要。

在智能健康和养老方面,加强群体智能健康管理,突破健康大数据分析、物联网等关键技术,研发健康管理可穿戴设备和家庭智能健康检测监测设备,推动健康管理实现从点状监测向连续监测、从短流程管理向长流程管理转变。建设智能养老社区和机构,构建安全便捷的智能化养老基础设施体系。加强老年人产品智能化和智能产品适老化,开发视听辅助设备、物理辅助设备等智能家居养老设备,拓展老年人活动空间。开发面向老年人的移动社交和服务平台、情感陪护助手,提升老年人生活质量。

1.2 数字技术基础

数字技术(Digital Technology)是一项与电子计算机相伴相生的科学技术,它是指借助一定的设备,将各种信息(包括图、文、声、像等)转化为电子计算机能识别的二进制数字 0 和 1 后,进行运算、加工、存储、传送、传播、还原的技术。采用数字技术实现信息处理是电子信息技术的发展趋势。目前,数字技术已经广泛地应用到工业、农业、军事、科研、医疗等各个领域,它促使人们的日常生活发生了根本性的变革。例如,数字电视、数码相机、MP4、数字通信、数字化管理、数字化医院、数字化校园网等。

1.2.1 比特与二进制

1. 比特

比特(bit)是数字技术的处理对象,它是 binary digit 的缩写,中文叫作"二进位数字"。比特的取值只有两种状态:数字 0 或者数字 1。

比特是组成数字信息的最小单位。比特在不同的场合有着不同的含义,用比特可以表示数值、文字、符号、图像、声音等各种各样的信息。

比特是计算机处理、存储和传输信息的最小单位,一般用小写字母 b 表示。但是比特这个单位太小了,每个西文字符要用 8 个比特表示,每个汉字至少要用 16 个比特才能表示,声音和图像则要用更多的比特才能表示。因此,我们引入一种比比特稍大的信息计量单位——"字节",用大写字母 B 表示,每个字节由 8 个比特组成。

在计算机系统中,比特的存储经常需要使用一种称为触发器的双稳电路来完成。触发器有两个稳定状态,分别用 0 和 1 表示,集成电路的触发器工作速度极快,工作频率可达到 GHz 的水平。另一种存储二进位信息的方法是使用电容,当加上电压后,电容会充电,撤掉电压,充电状态会保持一段时间。这样就可以用 1 来表示电容的充电状态,用 0 来表示电容的未充电状态。磁盘利用磁介质表面区域的磁化状态来存储二进位信息,光盘通过"刻"在表面的微小凹坑来记录二进位信息。寄存器和半导体存储器在电源切断后所存储的信息将会丢失,称为易失性存储器;而磁盘和光盘即使断电后其存储信息也不会丢失,称为"非易失性存储器"。

存储器最重要的指标就是存储器容量。在内存储器的容量计量单位上,计算机中采用 2

的幂次作为单位,经常使用的单位有千字节(KB)、兆字节(MB)、吉字节(GB)和太字节(TB)。

$$1\ KB=1\ 024\ B;1\ MB=1\ 024\ KB;1\ GB=1\ 024\ MB;1\ TB=1\ 024\ GB$$

而外存储器的容量计量单位用 10 的幂次来进行计算,所以各种外存储器制造商也采用 1 MB=1 000 KB 的标准来进行容量计算。另外数据传输速度单位也是以 10 的幂次来计算的。

通常运行的 Windows 系统中显示容量是以 2 的幂次作为单位,这样就会造成外存储器在 Windows 系统中显示的容量比标称的容量小的情况,这就是单位不同造成的结果。

2. 十进制与二进制

十进制是人们习惯采用的数制,它使用 0、1、2、3、4、5、6、7、8、9 共 10 个数字来表示数值。十进制的基数是 10,即在每一位上可能出现的状态有 0 到 9 这 10 种,要找到能表示 10 种稳定状态的电子元件非常困难,因此,在计算机中通常采用二进制来表示信息,即使用 0 和 1 来表示数值。采用二进制的优点是:

(1) 电路简单。很容易设计和制造具有两种稳定物理状态的元件和电路,而且二进制数据容易被计算机识别,抗干扰性强,可靠性高。

(2) 便于传输。用 0 和 1 就能表示两种不同的状态,使数据传输容易实现,并且数据不容易出错,传输的信息也更加可靠。

(3) 运算简单。在十进制中所使用的加、减、乘、除的运算规则,在二进制中都可以完全套用,所不同的只是在进位时为"逢二进一",在借位时为"借一为二"。二进制只有 0 和 1 两个数,对这两个数做算术运算和逻辑运算都很简单,而且容易相互沟通和相互描述。

为了避免用二进制过于冗长,为方便记忆和书写又引进了十六进制(十六进制数由 0~9、A、B、C、D、E、F 这 16 个符号来表示)、八进制(八进制数由 0~7 这 8 个符号表示)。在实际使用中,二进制、八进制、十进制、十六进制数值后面通常会分别加上字母 B、Q、D、H 来加以标识和区别,如果不加默认为 10 进制,例如:

$$10(B)=2,17(Q)=15,2F(H)=47。$$

3. 数制间转换

(1) 二进制数、八进制数、十六进制数转换为十进制数:把任意进制转换为十进制数,只要按位权写出其展开式,用数值计算的方法计算相应的数值即可得到十进制数。

例如:

$$1101(B)=1\times2^3+1\times2^2+0\times2^1+1\times2^0=8+4+0+1=13(D)。$$

$$6F(H)=6\times16^1+15\times16^0=111(D)$$

(2) 十进制数整数部分转换为二进制数值、八进制、十六进制数值:通常最直接的方法就是除基逆向取余法,该法示例如下。

【例 1】 将 35(D)表示成二进制,即用除基数 2 的逆向取余法进行转换:

```
        2 | 35    余1 ↑
          2 | 17    余1
            2 | 8    余0
              2 | 4    余0
                2 | 2    余0
                  2 | 1    余1
                      0
```

所以 35(D)的二进制表示为 100011(B)。

十进制转换成八进制、十六进制时只需将除数改为 8 或 16 即可。

(3) 十进制数小数部分转换为二进制数,通常采用"乘二取整"的方法。

【例 2】 将十进制小数 0.625 转换为二进制。

计算式子	整数部分	小数部分
0.625×2=1.25	1	0.25
0.25×2=0.5	0	0.5
0.5×2=1	1	0

所以 0.625(D)的二进制表示为 0.101(B)。

(4) 二进制数与八进制数之间的转换:每位八进制数与 3 位二进制数相对应,按此规则,二进制数与八进制数的转换非常简单。

000(B)=0(Q),001(B)=1(Q),010(B)=2(Q),011(B)=3(Q);
100(B)=4(Q),101(B)=5(Q),110(B)=6(Q),111(B)=7(Q)。

例如:

172(Q)=001111010(B);

同理可推导出二进制数与十六进制数之间的转换,每位十六进制数与 4 位二进制数相对应。

例如:

2EC(H)=001011101100(B)

1.2.2 比特的运算

1. 二进制运算

二进制数的运算和十进制数一样,同样也遵循加、减、乘、除四则运算法则。

二进制加法(满二进一):

```
    0  1  0  1
+   0  1  0  0
─────────────
    1  0  0  1
```

二进制减法(不够向高位借一):

$$\begin{array}{r}1\ 0\ 0\ 1\\-\ 0\ 1\ 0\ 0\\\hline 0\ 1\ 0\ 1\end{array}$$

乘法可以化为加法和移位运算,除法可以化为减法和移位运算。

2. 比特的逻辑运算

比特的取值只有 0 和 1 这两种逻辑类型值,其运算与数值计算中的加、减、乘、除四则运算不同,比特的运算需要使用到逻辑运算思想。逻辑代数中最基本的逻辑运算有 3 种:逻辑加(也称"或"运算,用 OR、"∨"或"+"表示)、逻辑乘(也称"与"运算,用 AND、"∧"或"·"表示)、逻辑取反(也称"非"运算,用 NOT 或"—"表示)运算。它们各自的运算规则如下。

逻辑加:

$$\begin{array}{cccc}0 & 0 & 1 & 1\\ \vee\ 0 & \vee\ 1 & \vee\ 0 & \vee\ 1\\\hline 0 & 1 & 1 & 1\end{array}$$

逻辑乘:

$$\begin{array}{cccc}0 & 0 & 1 & 1\\ \wedge\ 0 & \wedge\ 1 & \wedge\ 0 & \wedge\ 1\\\hline 0 & 0 & 0 & 1\end{array}$$

取反运算:0 取反为 1,1 取反为 0。

多位数进行逻辑运算时按位运算,没有进位、借位。例如:

多位数逻辑加运算:

$$\begin{array}{r}0\ 1\ 0\ 1\\ \vee\ 0\ 1\ 0\ 0\\\hline 0\ 1\ 0\ 1\end{array}$$

多位数逻辑乘运算:

$$\begin{array}{r}0\ 1\ 0\ 1\\ \wedge\ 0\ 1\ 0\ 0\\\hline 0\ 1\ 0\ 0\end{array}$$

1.2.3 信息在计算机中的表示

信息有很多种,如数值、文字、图像、声音、视频、符号等,这些信息在计算机中必须用二进制来表示,计算机才可以对其进行有效地存储、加工、传输等处理。

1. 数值信息在计算机中的表示

机器数(Computer Number)是将符号"数字化"的数,是数字在计算机中的二进制表示形式。机器数有 2 个特点:一是符号数字化,二是其数的大小受机器字长的限制。

在计算机中,数值的类型通常包括无符号整数、有符号整数、浮点数这 3 种数据类型。无符号整数中所有位数都用来表示数值,如 1 个字节表示的范围可以 0~255。对于有符号整数,则用一个数的最高位作为符号位,0 表示正数,1 表示负数。这样,每个数值就可以用一系列 0 和 1 组成的序列来进行表示。符号数值化之后,为了方便对机器数进行算术运算,提高运算速度,设计了用不同的码制来表示数值。常用的有原码(True Form)、反码(Radix-minus-one Complement)和补码(Complement)。

(1) 原码表示法。

原码表示法通常采用"符号+绝对值"的表示形式。假设采用 8 位二进制数来表示 29,那么其中 1 位必须用来表示符号,用 0 表示正数,其余 7 位来表示数值部分。

+29 的二进制表示是 11101,采用 8 位二进制数表示,其数值部分必须满 7 位,不够的位数在左边用 0 补上,所以+29 的 8 位二进制数表示的数值部分应该是 0011101,再加上 1 位符号位 0,那么+29 的 8 位二进制数完整表示如下:

$[+29]_{原}=00011101(B)$

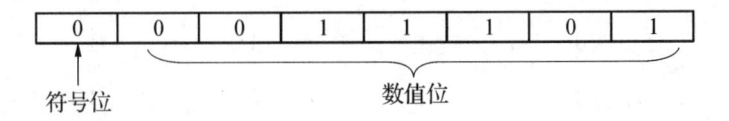

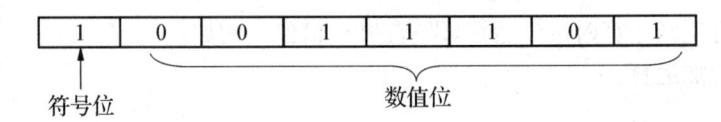

| 0 | 0 | 0 | 1 | 1 | 1 | 0 | 1 |

↑符号位   数值位

同理,−29 的二进制原码表示如下:

$[-29]_{原}=10011101(B)$

| 1 | 0 | 0 | 1 | 1 | 1 | 0 | 1 |

↑符号位   数值位

在原码表示法中,0 有两种表示方法,即$[+0]_{原}=00000000$,$[-0]_{原}=10000000$。

(2) 反码表示法。

正数的反码与原码相同,负数的反码数值位与原码相反,符号位不变。如:$[+29]_{反}=[+29]_{原}=00011101(B)$,而$[-29]_{反}=11100010(B)$。

在反码表示法中,0 也有两种表示方法,即$[+0]_{反}=00000000$,$[-0]_{反}=11111111$。

(3) 补码表示法。

补码是计算机中数值通用的表示方法。正数的补码与原码相同,负数的补码是在反码的基础上末位加 1。例如:$[+29]_{补}=[+29]_{原}=00011101(B)$,而$[-29]_{补}=11100011(B)$。

在补码表示法中,0 只有一种表示方法,即$[+0]_{补}=[-0]_{补}=00000000$。

在实际应用中,补码最为常见,通常求解补码分为 3 个步骤:(1) 写出与该负数相对应的绝对值的原码;(2) 按位求反;(3) 末位加 1。如机器字长为 8 位,求−46(D)的补码:

　　　　　+46 的绝对值的原码：　　　　　　00101110
　　　　　按位求反：　　　　　　　　　　11010001
　　　　　末位加 1：　　　　　　　　　　11010010

所以，$[-46]_{补}$ = 11010010(B) = D2(H)。

根据原码、反码、补码的表示方式，有以下特点：$[[X]_{反}]_{反}=[X]_{原}$，$[[X]_{补}]_{补}=[X]_{原}$。

2. 文字符号信息在计算机中的表示

计算机除了处理数值信息以外还需要处理大量的字符、文字等信息。

在西文字符集中，普遍采用的是美国标准信息交换码（American Standard Code for Information Interchange，ASCII）。ASCII 码采用 7 位二进制编码，总共有 128 个字符，包括 26 个英文大写字母，ASCII 码为 41H～5AH；26 个英文小写字母，ASCII 码为 61H～7AH；10 个阿拉伯数字 0～9，ASCII 码为 30H～39H；32 个通用控制字符；34 个专用字符。存储时采用一个字节（8 位二进制数）来表示，低 7 位为字符的 ASCII 值，最高位一般用做校验位。

计算机控制字符有专门用途。例如，回车字符 CR 的 ASCII 码为 0DH，换行符 LF 的 ASCII 码为 0AH 等。

中文字符集的组成是汉字。我国汉字总数超过 6 万，数量大、字形复杂、同音字多、异体字多，这给汉字在计算机内部的处理带来一些困难。汉字编码方案有二字节、三字节甚至四字节的。下面主要介绍国家标准《信息交换用汉字编码字符集 基本集》（GB/T 2312—1980），以下简称国标码。

GB/T 2312 标准共收录 6 763 个汉字，同时收录了包括拉丁字母、希腊字母、日文平假名及片假名字母、俄语西里尔字母在内的 682 个字符。GB/T 2312 字符集由 3 个部分组成：第一部分是字母数字和各种符号；第二部分是一级常用汉字；第三部分是二级常用汉字。GB/T 2312 中对所收录汉字进行了"分区"处理，每区含有 94 个汉字/符号，这种表示方式也称为区位码。其中，01～09 区为特殊符号；16～55 区为一级汉字，按拼音排序；56～87 区为二级汉字，按部首/笔画排序；10～15 区及 88～94 区则未编码。例如："啊"字是 GB/T 2312 中的第一个汉字，它的区位码就是 1601。

在计算机内部，汉字编码和西文编码是共存的，如何区分它们是一个很重要的问题，因为对不同的信息有不同的处理方式。

方法之一是对二字节的国标码，将两个字节的最高位都置成 1，而 ASCII 码所用字节最高位保持为 0，然后由软件（或硬件）根据字节最高位来做出判断。

汉字的内码虽然对汉字进行了二进制编码，但输入汉字时不可能按此编码输入，因此除了内码与国标码外，为了方便操作人员由键盘输入，出现了种种键盘上输入符号组合来代表汉字的编码，称为汉字输入码。汉字输入码不是统一的，区位码、五笔字形码、拼音码、智能 ABC、自然码等都是汉字的输入码。汉字输入码输入计算机后，由计算机中的程序自动根据输入码与内码的对应关系，将输入码转换为内码进行存储。

3. 图像等其他信息在计算机中的表示

计算机中的数字图像按其生成方法可以分为两大类：一类是从现实世界中通过扫描仪、数码相机等设备获取的图像，称为位图图像；另一类是使用计算机合成的图像，称为矢量图像或者图形。图像在计算机中的存储要比汉字更复杂一些。要在计算机中表示一幅图像，首先必须把图像离散成为 M 列、N 行，这个过程称为取样。经过取样，图像被分解成为 $M\times N$ 列个取样点，每个取样点称为一个像素，每个像素的分量采用无符号整数来进行表示。

在医疗领域中，通常需要用到大量的黑白图像和彩色图像。在黑白图像中，像素只有"黑"与"白"两种，因此每个像素只需要用 1 个二进制位即可表示。在彩色图像中，彩色图像的像素通常由红、绿、蓝 3 个分量组成，这就需要用一组矩阵来表示彩色图像。在计算机中存储一幅取样图像，除了存储像素数据外，还需要存储图像大小、颜色空间类型、像素深度等信息。

其他形式的信息，如声音、动画、温度、压力等都通过一定的处理后用比特来进行表示。只有用比特来表示的信息才能够被计算机处理和存储。具体的文字、图像、声音、视频的表示方法将在 1.3~1.4 节中进行详细讲解。

1.3 文字编码

文字是多媒体项目的基本组成元素，文字是一种书面语言，由一系列被称为"字符"(Character)的书写符号构成，而文本(Text)则是文字信息在计算机中的表示形式，是基于特定字符集的、具有上下文相关性的一个(二进制编码)字符流，它是计算机中最常用的一种数字媒体。组成文本的基本元素是字符，字符在计算机中采用二进制编码表示。文本在计算机中的处理包括文本的准备(例如汉字的输入)、文本编辑、文本处理、文本存储与传输、文本展现等过程，根据应用的不同，各个处理环节的内容和要求也有较大差别。

1.3.1 字符编码

字符集(Character Set)是一组抽象的、常用字符的集合。通常，它与一种具体的语言文字对应起来，该语言文字中的所有字符或者大部分常用字符构成了该文字的字符集，比如英文字符集。一组有共同特征的字符也可以组成字符集，比如繁体汉字字符集、日文汉字字符集等。

计算机在处理字符时需要将字符和二进制内码对应起来，即字符的二进制表示，这种对应关系就是字符编码(Encoding)。制定编码首先需要确定字符集，并将字符集内的字符排序，然后再与二进制数字对应起来，根据字符集内字符的多少确定用几个字节来编码。每种编码都限定了一个明确的字符集合，称为编码字符集(Coded Character Set)。

1. ASCII 码

由美国国家标准局(ANSI)制定的美国标准信息交换码 ASCII 码(American Standard Code for Information Interchange)是目前计算机中使用最广泛的字符集编码，它已被国际标准化组织(ISO)定为国际标准，称为 ISO 646 标准，适用于所有拉丁字母。ASCII 码有 7 位码和 8 位码两种形式。

1 位二进制数可以表示 $2(2^1)$ 种状态：0、1；2 位二进制数可以表示 $4(2^2)$ 种状态：00、01、10、11；以此类推，7 位二进制数可以表示 $128(2^7)$ 种状态，每种状态都表示为一个唯一 7 位的二进制码,对应一个字符(或控制码),这些码可以排列成十进制序号 0~127。所以,7 位 ASCII 码是用 7 位二进制数进行编码的,可以表示 128 个字符,其中有 96 个可打印字符(常用字母、数字、标点符号等)和 32 个控制字符。如常用的空格(Space)的码值为 32,"A"的码值为 65,"a"的码值为 97,"0"的码值为 48。第 0~32 号以及第 127 号(共 34 个)是控制字符或通信专用字符,如控制符 LF(换行)、CR(回车)等;第 33~126 号(共 94 个)是字符,其中第 48~57 号为 0~9 这 10 个阿拉伯数字;第 65~90 号为 26 个大写英文字母;第 97~122 号为 26 个小写英文字母;其余为一些标点符号、运算符号等。

标准 ASCII 码使用 7 个二进位进行编码,但通过一个字节来存储。每个字节中多出来的一位(最高位 b_7)一般保持为 0,在数据传输时可用作奇偶校验位。表 1-1 是 ASCII 码表。

表 1-1 ASCII 码表

$b_3b_2b_1b_0$ \ $b_6b_5b_4$	000	001	010	011	100	101	110	111
0000	NUL	DEL	SP	0	@	P	`	p
0001	SOH	DC1	!	1	A	Q	a	q
0010	STX	DC2	"	2	B	R	b	r
0011	EXT	DC3	#	3	C	S	c	s
0100	EOT	DC4	$	4	D	T	d	t
0101	ENQ	NAK	%	5	E	U	e	u
0110	ACK	SYN	&	6	F	V	f	v
0111	BEL	ETB	'	7	G	W	g	w
1000	BS	CAN	(	8	H	X	h	x
1001	HT	EM	)	9	I	Y	i	y
1010	LF	SUB	*	:	J	Z	j	z
1011	VT	ESC	+	;	K	[	k	{
1100	FF	FS	,	<	L	\	l	⊥
1101	CR	GS	-	=	M	]	m	}
1110	SD	RS	.	>	N	↑	n	~
1111	SI	US	/	?	O	_	o	DEL

2. 扩充 ASCII 字符集

标准 ASCII 字符集只有 128 个不同的字符,在很多应用中无法满足要求,因此 ISO 又陆续制定了一批适用于不同地区的扩充 ASCII 字符集,每个扩充 ASCII 字符集分别可以扩充 128 个字符,这些扩充字符的编码均是高位为 1 的 8 位代码(十进制数 128~255),称为扩展 ASCII 码。

3. 汉字的编码

相对于西文字符集,汉字字符集的编码有两大困难:选字难和字符排序难。选字难是因为汉字数量大(包括简繁汉字、日韩汉字),而字符集空间有限。字符排序难是因为汉字本身允许多种排序方式(字音、偏旁部首、笔画等),并且每一种排序标准内可能还存在不少争议,比如某些汉字的笔画数还没有得到一致认定。

(1) GB/T 2312—1980 汉字编码。

GB/T 2312—1980 是中华人民共和国国家汉字信息交换用编码,全称《信息交换用汉字编码字符集 基本集》,由国家标准总局于 1980 年发布,是简体中文信息处理的国家标准。它是一个简体汉字的编码。通行于中国大陆及海外使用简体中文的地区(如新加坡等)。

GB/T 2312—1980 共收录简体汉字及符号、字母等 7 445 个字符,其中汉字占 6 763 个。在汉字部分中:一级汉字 3 755 个,以拼音排序;二级汉字 3 008 个,以偏旁排序。GB/T 2312—1980 规定:"对任意一个图形字符都采用两个字节表示,每个字节均采用 7 位编码表示"。习惯上称第一个字节为"高字节",第二个字节为"低字节"。GB/T 2312—1980 包含了大部分常用的一、二级汉字和 9 区的符号。该字符集是几乎所有的中文系统和国际化的软件都支持的中文字符集,这也是最基本的中文字符集。

(2) 区位码、国标码和机内码。

每个汉字在码表中的位置编码,称为区位码。GB/T 2312 字符集将整个码表分成 94 行(0～93)、94 列(0～93),行号称为区号,列号称为位号。每一个汉字或符号在码表中都有各自的位置,字符用它所在的区号(行号)及位号(列号)来表示的二进制代码(7 位区号在左,7 位位号在右,共 14 位)就是该字符的区位码,其中每个汉字的区号和位号分别用 1 个字节来表示。如"大"字的区号 20,位号 83,则区位码是 20 83,用两个字节表示为:0001 0100 0101 0011。

为了避免信息通信中汉字编码与其他编码(如通信控制码)的冲突,每个汉字的区号和位号必须分别加上 32(即二进位 00100000),经过这样处理得到的编码称为国标交换码(简称交换码)。因此,根据国标码的计算规则,汉字"大"的国标码应是:0011 0100 0111 0011。

为了区别汉字编码与 ASCII 编码,或者其他类似的字符编码规则,一个汉字编码可视为两个扩展 ASCII 码,即将汉字编码中两个字节的最高位(b_7)都规定为 1。最终得到的汉字编码就称为 GB/T 2312 的机内码,又称内码,这是汉字的唯一标识。如"大"字的内码是 1011 0100 1111 0011(B4F3H)。

(3) 通用编码字符集 UCS/Unicode 与 GB 18030—2022 汉字编码标准。

由于世界各个国家和地区均有自己的编码标准,许多编码甚至采用类似的方案,因此,相同的编码在不同字符集中可能有不同的意义,甚至使用不同字体也会呈现出不同的效果!而且从一个字符集到另一个字符集的转化也会非常麻烦。为了解决上述麻烦,ISO 推出了用于统一世界上所有字符的编码方案,称为通用字符集(Universal Character Set,UCS)。

UCS/Unicode 中的汉字字符集虽然覆盖了 GB/T 2312 和 GBK 标准中的汉字,但编码并不相同。在既保护我国现有的大量汉字信息资源,又与国际接轨的前提下,信息产业部和国家质量技术监督局在 2000 年发布了 GB 18030 汉字编码国家标准,并在 2001 年开始执行。GB 18030 采用不等长的编码方法,单字节编码表示 ASCII 字符,与 ASCII 码兼容;双字节编码表示汉字,与 GBK 保持兼容;四字节编码用于表示 UCS/Unicode 中的其他字符。因此 GB 18030 既和现有汉字编码标准保持向下兼容,又与国际编码接轨,已经广泛应用于许多计算机系统和软件中。

(4) 繁体汉字的编码标准。

BIG5 编码是目前我国台湾、香港地区普遍使用的一种繁体汉字的编码标准,包括 440 个符号,一级汉字 5 401 个、二级汉字 7 652 个,共计 13 060 个汉字。

繁体汉字编码另外还有香港增补字符集(HKSCS),作为 BIG5 扩展标准;EUC-TW 本来是我国台湾地区使用的汉字储存方法之一,以 CNS11643 字表为基础,但台湾地区普遍使用大五码,EUC-TW 很少使用。

1.3.2　数字文本的获取与输出

1. 文本信息的输入

要将文件变成电子文件,首先要进行文字等信息的输入。在字处理软件中,信息的输入途径有很多种,最常见的是人工输入,一般通过键盘、手写笔或语音输入方式输入字符,但是速度慢、成本高,不适合大批量文字的输入。近年来流行的输入方法是自动输入,即将纸介质上的文本通过识别技术自动转换为文字,它的特点是速度快、效率高。文字的自动识别分为印刷体识别和手写体识别。

在计算机标准键盘上,汉字的输入明显不同于西文输入。进行西文的输入时,按键对应固定的字母或符号,但汉字数量众多,无法使每个汉字与西文键盘上的键一一对应,因此必须使用一个或几个键来输入一个汉字,这即为汉字的键盘输入编码。优秀的汉字键盘输入应该易学习、效率高(平均击键次数较少)、重码少、汉字容量大。

汉字输入编码的种类很多,根据编码类型的不同可分为数字编码(基于数字表示,难以记忆不易推广,如区位码、电报码等)、字音码(基于汉字的拼音,简单易学,适合非专业人员,重码多,如全拼)、字形码(将汉字的字形分解归类而给出的编码方法,重码少、输入速度较快、难掌握,如五笔字型法、表形码等)、形音结合码(综合字音与字形编码的优点,规则简化、重码少、不易掌握)等类型。无论多好的键盘输入法,都需要使用者经过一段时间的练习才能达到一定的输入速度。

非键盘输入方式是不需使用键盘就能输入汉字的方式,一般包括手写、听、听写、读听写等方式,可分为以下几种方式。

(1) 联机手写输入。联机手写输入可以简单分成两种手写方式:一是使用专门的输入设备,如摩托罗拉智慧笔、汉王笔、紫光笔等;二是软件形式,用鼠标书写,如手易、笔圣、金山手写输入系统等。

(2) 语音输入。语音输入的主要功能是通过语音识别系统识别话筒中收到的汉字的语音信息,将识别后的汉字显示在对应软件的编辑区中。这种输入的优势是无需人工手动输入,只需语音即可完成输入。但语音识别的准确率严重依赖用户的发音标准程度,因此在实际应用中错误率较键盘输入高。

(3) 光电扫描输入。光电扫描输入需要利用计算机光电扫描仪,将纸质形态的文本信息扫描成图像,然后通过专用的光学字符识别(Optical Character Recognition,OCR)系统进行文字的识别,最后再将汉字的图像信息形式转成文本形式。这种输入方法的特点是只能用于印刷体文字的输入,要求印刷体文字清晰,识别率才能高。

2. 文本的分类与表示

文本是计算机中最基础也最常见的数字媒体。它的分类方法很多,具体而言:根据是否可在文本信息中包含格式内容可分为简单文本和丰富格式文本;根据文本内容的组织方式可分为线性文本和超文本。

(1) 简单文本。

简单文本(Plain Text)是仅包含字符(包括汉字)以及"换行""制表"等有限个可打印(可显示)控制字符,而不包含任何其他格式和结构信息的文本类型。这种文本通常称为纯文本或 ASCII 文本,在计算机中的文件后缀名是".txt"。它呈现为一种线性结构,写作和阅读均按顺序进行。文件体积小、通用性好,几乎所有的文字处理软件都能识别和处理,但不能插入图片、表格等,不能建立超链接。

(2) 丰富格式文本。

丰富格式文本(Rich Text Format,RTF),是由微软公司开发的跨平台文档格式。它不仅包含字符和格式信息,还可包含图、表等多种媒体信息。大多数的文字处理软件都能读取和保存 RTF 文档。

(3) 超文本。

超文本是一种非线性的数据存储和管理模式,同样也用于显示文本及与文本相关的内容,比较适合于多媒体数据的组织和管理,因此在多媒体技术中得到广泛应用。超文本普遍以电子文档方式存在,其格式很多,目前最常使用的是 HTML(超文本标记语言)及 RTF(富文本格式),日常浏览的网页就属于超文本。

3. 文本信息的输出

对输入的文本信息进行编辑处理后,需要对文本的格式描述进行解释,然后生成文字和图表的映像(Bitmap),最后再传送到显示器显示或打印机打印出来。承担上述文本输出任务的软件称为文本阅读器,它可以是嵌入在文本处理软件中的一个模块,如微软的 Word,也可以是独立的软件,如 Adobe 公司的 Acrobat Reader。

一个带有字形的字符显示在屏幕(或打印在纸张)的过程可以简单归纳如下:首先根据字符的字体确定相应的字形库(Font),按照该字符的代码从字形库中取出该字符的形状描述信息,然后按形状描述信息生成字形,并按照字号大小及有关属性(粗体、斜体、下横线)将字形做必要的变换,最后将变换得到的字形放置在页面的指定位置。

字形库简称字库,是对同一种字体的所有字符的形状描述信息的集合。不同的字体(如宋体、仿宋、楷体、黑体等)对应不同的字库。

对于字库的描述从技术上可分为两种方法:点阵描述和轮廓描述。在早期应用中普遍采用点阵方法。由于汉字数量多且字形变化大,对不同字形汉字的输出,就有不同的点阵字形。例如,"大"字的点阵图如图 1-1 所示。

轮廓描述将字形看作是一种图形,用直线曲线勾画轮廓、描述字形,并以数学函数来描述,精度高、字形可任意变化。即使字号增加也可继续保持笔画线条的光滑流畅,因此现在的文字输出多采用轮廓描述。轮廓字形如图 1-2 所示。

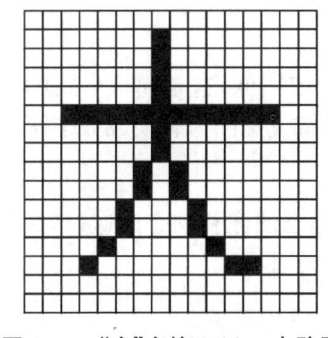

图 1-1 "大"字的 16×16 点阵图　　　　图 1-2 轮廓字形

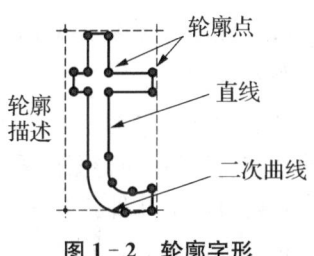

1.4 图像与图形、音视频等多媒体编码

图像是多媒体最重要的组成部分，其信息量大而且易被接收。一幅生动、直观的图像可以表现大量的信息，具有文本、声音所无法比拟的优点。凡是能为人类的视觉系统所感知的信息形式或人们心目中的有形想象统称为图像，而通常所说的能被计算机处理的图像为数字图像。

数字图像按生成方法大致分成两类：位图图像和矢量图像。

位图图像（Bit Mapped Image）也叫点阵图、位映射图像，常简称为图像。它把图像切割成许多的像素，然后用若干二进制位描述每个像素的颜色、亮度和其他属性，不同颜色的像素点组合在一起便构成了一幅完整的图像，适用于所有图像的表示。这种图像的保存需要记录每一个像素的位置和色彩数据，它可以精确地记录色调丰富的图像，逼真地表现自然界的景象，但文件容量较大，无法制作三维图像，当图像缩放、旋转时会失真。制作位图图像的软件有 Adobe Photoshop、Corel Photopaint、Design Painter 等。

矢量图（Vector Based Image）也称向量图，是图形的一种，是通过采用一系列计算机指令来描述图的方式。其处理图的方式，本质是先把图像分割成简单的几何图形，然后用很少的数据量分别描述每个图形。因此，它的文件所占的容量较小，并且缩放或旋转后也不会失真，精确度较高，可以制作三维图像。但矢量图像的缺点也很明显：仅限于描述结构简单的图像，不易制作色调丰富或色彩变化太多的图像；计算机显示时由于要计算，故显示相对较慢；必须使用专用的绘图程序（如 FreeHand、Flash、Illustrator、CorelDraw、AutoCAD 等）才可获得这种图像。

这两类图像各有优点，同时各自也存在缺点，而它们的优点恰好可以弥补对方的缺点，因此在图像处理过程中，常常需要两者相互取长补短。

矢量图像和位图图像之间是可以转换的。将矢量图像转换为位图图像的方法很简单，方法有两种，一是将矢量图像直接另存为位图图像格式；二是利用抓图工具将绘制好的矢量图像截取下来，然后存储为位图格式的图像。将位图图像转换为矢量图像时，可以通过绘图程序如 Illustrator、FreeHand 等来计算一个位图图像的边界或图像内部颜色的轮廓，然后利用多边形来描述这些图像，这种过程称为自动跟踪。

1.4.1 数字图像的获取与表示

在日常生活中，人眼所看到的客观世界称为景象或图像，这是模拟形式的图像（即模拟图像），而计算机所处理的图像是数字图像，因此需要将模拟图像转换成数字图像。

1. 数字图像的获取

计算机处理的数字图像主要有 3 种形式：图形、静态图像和动态图像（即视频）。图像获取就是图像的数字化过程，即将图像采集到计算机中的过程。

数字图像主要有以下几种获取途径。

（1）从数字化的图像库中获取。

目前图像数据库有很多，通常存储在 CD-ROM 光盘上，图像的内容、质量和分辨率都可以选择，只是价格较高，著名的有柯达公司的 Photo CD 素材库。

（2）利用计算机图像生成软件制作。

利用相关的软件，如 CorelDRAW、Photoshop 和 PhotoStyler 等制作图形、静态图像和动态图像等高质量的数字图像。

（3）利用图像输入设备采集。

可以使用彩色扫描仪对图像素材，如印刷品、照片和实物等，进行扫描、加工，即可得到数字图像，也可以使用数码相机直接拍摄，再传送到计算机中进行处理。而对于动态图像则可以使用数码摄像机拍摄。如抓屏，可以利用键盘上的 Print Screen 功能键来抓取屏幕上的图像信息。抓取整个屏幕信息：按一下 Print Screen 键，然后在打开的画图程序中新建一个空白文档，按 Ctrl+V 快捷键，将抓取的信息粘贴到空白文档上。抓取当前活动窗口：按 Alt+Print Screen 快捷键，接下来的步骤同抓取整个屏幕信息。当然还可以利用视频播放器进行捕捉从网络上获取。

随着网络技术的飞速发展，Internet 已经成为人们日常生活中必不可少的工具，在注意版权问题的前提下网络上大量的免费图像都可以自由使用。

2. 数字图像的表示

图像信息数字化的取样，是指把时间和空间上连续的图像转换成离散点的过程。量化则是图像离散化后，将表示图像色彩浓淡的连续变化值离散成等间隔的整数值（即灰度级），从而实现图像的数字化，量化等级越高，图像质量越好。

描述一幅图像需要使用图像的属性，图像的属性主要有分辨率、像素深度、颜色模型、真伪彩色、文件的大小等。

（1）分辨率。

分辨率是影响图像质量的重要因素，可分为屏幕分辨率和图像分辨率两种。

屏幕分辨率：是指计算机屏幕上最大的显示区域，以水平和垂直的像素表示。屏幕分辨率和显示模式有关，例如在 VGA 显示模式下的分辨率 1 024×768，是指满屏显示时水平有 1 024 个像素，垂直有 768 个像素。

图像分辨率：指数字化图像的尺寸，是该图像横向像素数×纵向像素数，决定了位图图像的显示质量。如一幅 320×240 的图像，共 76 800 个像素。

（2）像素深度。

像素深度是指存储每个像素所用的位数，一般指表示像素的颜色值所用的二进制的位数,图像的颜色数=$2^{像素深度}$。如黑白图的像素深度是1,灰度图的像素深度是8,真彩色图的像素深度是24。

(3) 颜色模型。

颜色是外界光刺激作用于人眼而产生的主观感受。颜色模型又称为色彩空间,指彩色图像所使用的颜色描述方法。常用的颜色模型有RGB(红、绿、蓝)、CMYK(青蓝、洋红、黄、黑)、HSV(色彩、饱和度、亮度)、YUV(亮度、色度)等。因此,颜色模型是一种包含不同颜色的颜色表,表中的颜色数取决于像素深度。根据不同需要,可以使用不同的颜色模型来定义颜色。

RGB模型是最常见的一种颜色模型,它使用红(Red)、绿(Green)、蓝(Blue)3种基色来生成其他所有的颜色,每种颜色由红、绿、蓝按不同的强度比例合成,主要用于显示器系统。

HSV(Hue 色度,Saturation 饱和度,Value 亮度)色彩空间,也称 HSI(Hue 色度,Saturation 饱和度,Intensity 亮度)色彩空间,是从人的视觉系统出发,用色度、色饱和度和亮度来描述色彩。由于人的视觉对亮度的敏感程度远强于对颜色浓淡的敏感程度,为了便于色彩处理和识别,人的视觉系统经常采用 HSV 色彩空间,它比 RGB 色彩空间更符合人的视觉特性。HSV 色彩空间和 RGB 色彩空间只是同一物理量的不同表示法,因而它们之间存在着转换关系。

而在印刷业上则采用 CMYK 模型,它使用青蓝色(Cyan)、洋红(Magenta)、黄色(Yellow)和黑色(Black)4 种彩色墨水来打印像素点。当然还有许多其他类型的颜色模型,但是没有哪一种颜色模型能解释所有的颜色问题,具体应用中常通过采用不同颜色模型或者模型转换来帮助说明不同的颜色特征。

(4) 真伪彩色、位平面数和灰度级。

二值图像(Binary Image)又称黑白图像,是指每个像素不是黑就是白,如图 1-3 所示。

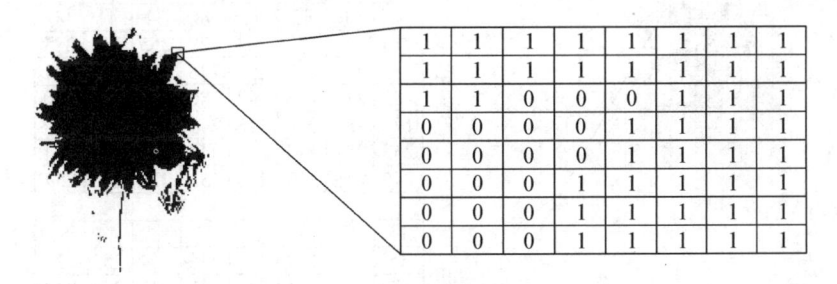

图 1-3 黑白图像

因占用空间少,二值图像一般可用来描述文字或者图形。其缺点是当表示人物、风景的图像时,二值图像只能描述其轮廓,不能描述细节,这时候要用更高的灰度级。

灰度图像即将黑白之间的颜色划分为不同的过渡阶段,也可以简单地理解成将黑色描述成不同的深浅程度。通常灰度图像用 8 位二进制表示,即 256 色,如图 1-4 所示。

在 RGB 色彩空间中,像素深度与色彩的映射关系主要有真彩色、伪彩色和调配色。真彩色(True Color)是指图像中的每个像素值都分成 R、G、B 3 个基色分量,每个基色分量直接决定其基色的强度,这样产生的色彩称为真彩色。如像素深度为 24,用 R∶G∶B=8∶8∶8 来表示色彩,则 R、G、B 各占用 8 位来表示各自基色分量的强度,每个基色分量的强度

等级有 $2^8=256$ 种,图像可容纳 $2^{24}=16$ MB 种色彩。但事实上自然界的色彩是不能用任何数字归纳的,这些只是相对人眼的识别能力,这样得到的色彩可以相对人眼基本反映原图的真实色彩,故称真彩色。伪彩色(Pseudo Color)图像的每个像素值实际上是一个索引值或代码值,该代码值作为色彩查找表(Color Look-Up Table,CLUT)中某一项的入口地址,根据该地址可查找出包含实际 R、G、B 的强度值。这种用查找映射的方法产生的色彩称为伪彩色。用这种方式产生的色彩本身是真的,不过它不一定反映原图的色彩。图 1-5 即为彩色图像的表示。

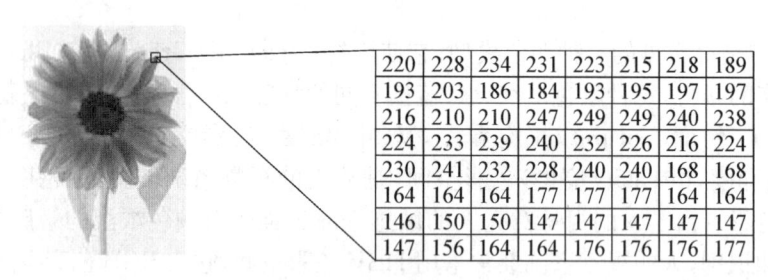

图 1-4　灰度图像

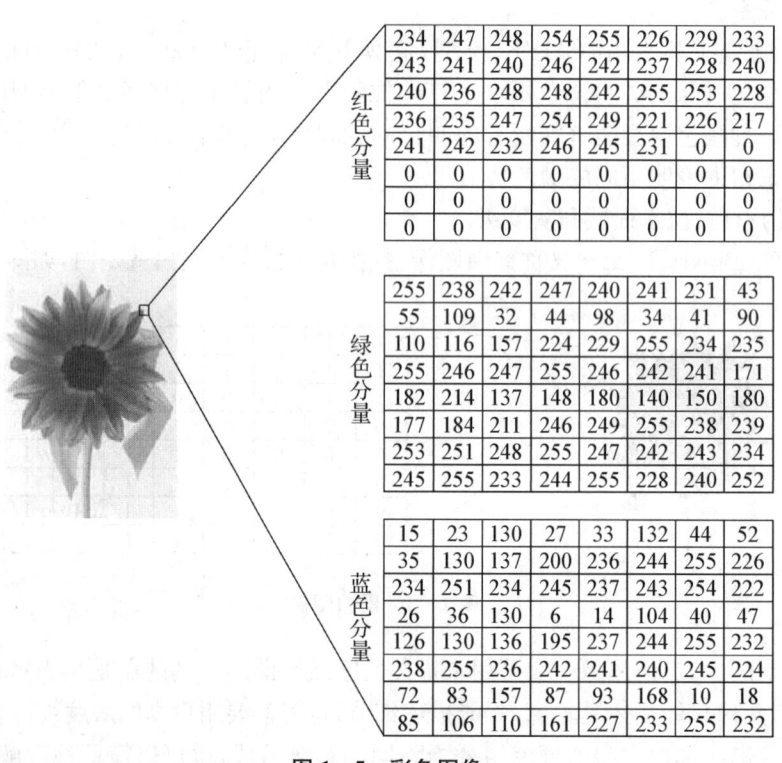

图 1-5　彩色图像

真彩色图像的位平面数是 3,每个分量的灰度级是 2^8,黑白图像和灰度图像的位平面数都是 1,黑白图像的灰度级是 2^1,灰度图像的灰度级是 2^8。

(5) 图像文件的大小。

一幅图像的大小与图像分辨率、像素深度密切相关,一个图像文件占据的存储空间可以用以下公式来计算：

$$图像文件的字节数 = 每像素所占位数 \times 行像素数 \times 列像素数 \div 8$$

其中，图像颜色数 = $2^{每像素所占位数}$。

例如，一幅图像分辨率为 640×480，像素深度为 24 的真彩色图像，未经压缩的大小为 640×480×24÷8＝921 600（字节）。

可见，位图图像所需的存储空间较大。因此，在多媒体中使用的图像一般都要经过压缩来减少存储量。

1.4.2 数字图像的常见格式

在多媒体计算机中，可以处理的图像文件格式有很多，位图图像可以存储为许多种文件格式。现在大多数的图像应用程序都提供了"另存为"选项，用于将图像保存为通用的图像格式。以不同格式存储同一幅图像，其质量、大小差异有时很大，对多媒体制作来说，应力求在保证图像质量的前提下，尽可能减小图像文件的大小。常用的图像格式转换工具有 ACDSee、Mspaint 和 Photoshop 等。每种图像格式都有各自的特点，下面介绍几种常用的图像格式。

（1）BMP 格式。

位图（Bitmap，BMP）是 Windows 操作系统中的标准图像文件格式，在 Windows 下运行的所有图像处理软件都支持这种格式，因此它是一种通用的图形格式。这种格式的特点是包含的图像信息较丰富，一个文件存放一幅图像，几乎不进行压缩，当然也可以进行无损压缩，但由此导致了它会占据大量存储空间。所以，BMP 在单机上比较流行，但不适合网络传输。

（2）GIF 格式。

图形交换格式（Graphics Interchange Format，GIF）主要是用来交换图片的，是 20 世纪 80 年代由美国一家著名的在线信息服务机构 CompuServe 针对当时网络传输带宽的限制而开发出来的。

GIF 格式的特点是压缩比高，磁盘空间占用较少，所以这种图像格式通过网络得到了迅速推广。最初的 GIF 只能简单地存储单幅静止图像，但随着技术发展，目前已可同时存储若干幅静止图像于一个图像文件中从而形成动态的动画。同时，在 GIF 图像中还可指定透明区域，使图像具有"透视"的显示效果。目前 Internet 上大量采用的彩色动画文件多为这种格式的文件，也称为 GIF 89a 格式文件。

此外，考虑到网络带宽以及图像传输的实际过程，GIF 图像格式还具有累进显示功能，即用户可先看到图像的大致轮廓，然后随着传输的深入而逐步看清图像的细节。

但 GIF 也有自身的缺点，即不能存储超过 256 色的图像。尽管如此，由于 GIF 图像文件短小、下载速度快、可描述动画的优势令其在网络中被广泛应用。

（3）JPEG 格式。

JPEG 也是常见的一种图像格式，其文件的扩展名为".jpg"或".jpeg"。JPEG 图像可用有损压缩方式来获得极高的压缩率，但也能同时展现丰富生动的图像信息，因此，JPEG 可以说是在占据尽可能少的存储空间时获得较好的图像质量，是性价比极高的图像格式。同时

JPEG 还是一种很灵活的格式，具有调节图像质量的功能，允许用不同的压缩比例对文件进行压缩。

JPEG 出色的表现令它的应用非常广泛，尤其是在数码相机和光盘读物中，几乎是网络上最受欢迎的图像格式。

(4) JPEG 2000 格式。

JPEG 2000 是 JPEG 的升级版，具有更高的压缩率，其压缩率可比 JPEG 高约 30% 左右。但与 JPEG 不同的是，JPEG 2000 既可支持有损压缩又可实现无损压缩，而 JPEG 只能支持有损压缩。无损压缩对保存一些重要图片十分有用。此外，JPEG 2000 还支持所谓的"感兴趣区域"特性，可指定任意影像区域的压缩质量，还可对指定区域实现优先解压缩。因此，JPEG 2000 取代传统的 JPEG 格式指日可待。

目前，JPEG 2000 已在医学影像的处理中得到了广泛的应用，另外，电影院的放映图像也基本是以 JPEG 2000 的格式进行存储播放。

(5) TIFF 格式。

TIFF(Tag Image File Format)是 Mac 中广泛使用的图像格式，它由 Aldus 和微软公司联合开发，最初是为跨平台存储扫描图像的需要而设计的。它的特点是可包含复杂的图像格式并能存储大量的信息。正因为如此，TIFF 图像的质量非常高，故而非常有利于原稿的打印与复制。该格式也有压缩和非压缩两种形式，其中压缩还可采用无损压缩方式。目前 TIFF 也是计算机中使用最广泛的图像文件格式之一。

(6) PNG 格式。

PNG(Portable Network Graphics)是一种新兴的网络图像格式，而且是目前最不失真的格式。PNG 格式兼具了 GIF 和 JPEG 两者的优点，存储形式丰富；又因为 PNG 采用无损压缩方式，因此它的另一个特点是能把图像文件压缩到极限的同时又能保留所有与图像品质有关的信息；它的第三个特点是显示速度快适合网络传输，仅需下载 1/64 的图像数据就可以低分辨率显示图像；第四个特点是支持透明背景。但 PNG 最大的缺点是不可支持动画效果。

1.4.3 数字图像处理与应用

1. 图像处理的概念

图像处理，是指使用计算机对来自照相机、摄像机、传真机、扫描仪、医用 CT 机、X 光机等的图像进行去噪、增强、复原、分割、提取特征、压缩、存储、检索等的操作处理。

2. 图像处理的目的与方法

通常经图像信息输入系统获取的源图像信息中都含有各种各样的噪声和畸变，在很多情况下并不能直接用于多媒体项目中，必须先根据需要进行编辑处理。图像处理的目的是：使图像更清晰或者具有某种特殊的效果，使人或计算机更易于理解；有利于图像的复原与重建；便于图像的分析、存储、管理、检索以及图像内容与知识产权的保护等。

下面简单介绍几种常用的图像处理方法。

(1) 编码压缩。

在计算机上处理图像信号的前提是先把图像转化成二进制数值。由于数字化后的图像数据量很大,不便于存储和传输,因此在多媒体系统中图像信息必须经过编码压缩处理。

(2) 图像增强。

图像增强的目的是为了改善图像的视觉效果、工艺的适应性,便于人与计算机的分析和处理,以满足图像复制或再现的要求。图像增强的内容包括色彩变换、灰度变换、图像锐化、噪声去除、几何畸变校正和图像尺寸变换等。简单地说,就是对图像的灰度和坐标进行某些操作,从而改善图像质量。目前常用的图像增强方法根据其处理的空间不同,可分为两类。

第一类是基于图像域的方法:直接在图像所在的空间进行处理,也就是在像素组成的图像域里直接对像素进行操作。

第二类是基于变换域的方法:在图像的变换域间接对图像进行处理。

(3) 图像恢复。

图像恢复的目的也是改善图像质量,但与图像增强相比,图像恢复以其保真度为前提,力求保持图像的本来面目。所以图像恢复的作用是从畸变的图像中恢复出真实图像。

(4) 图像编辑。

图像编辑的目的是将原始图像加工成各种可供表现用的图像形式,包括图像剪裁、缩放、旋转、翻转和综合叠加等。

(5) 图像格式转换。

为了适应不同应用的需要,多媒体系统中的图像以多种格式进行存储。图像格式转换可通过工具软件来实现。

3. 常用的图像编辑软件

具有图像编辑功能的软件有很多,比如 Windows 自带的画图软件 MS Paint、ACDSee 和 Photoshop 等。有些软件甚至可以进行专业级的编辑制作,如美国 Adobe 公司的 Photoshop,集图像扫描、图像编辑、绘图、图像合成及图像输出等多种功能于一体,是一个流行的图像处理工具。

Windows 自带的画图软件 MS Paint 使用非常方便。

(1) 选择"开始|程序|附件|画图"命令,可以启动画图应用程序。

(2) MS Paint 画图程序的使用方法十分简单,利用它可以设计出简单的位图作品。

(3) 使用该画图程序的"另存为"命令,可以很方便地把 BMP 格式的图像转化成 JPG、TIF 或 PNG 等格式的图像。

4. 数字图像处理的应用

图像是人类获取和交换信息的主要来源,因此,图像处理的应用领域逐渐渗透到人类生活和工作的方方面面。

(1) 航天和航空技术方面。

数字图像处理技术在航天和航空技术方面得到了高度重视与应用,除了可对太空照片进行处理外,另一方面的应用是在飞机遥感和卫星遥感技术中。在资源调查与勘察,气象研究与预报等研究方面,数字图像处理技术也发挥了相当大的作用。

(2) 生物医学工程方面。

数字图像处理在生物医学工程方面的应用十分广泛,而且很有成效。生活中最常接触的 CT 影像、核磁共振、X 射线等均是医疗诊断中的数字图像处理应用,此外还有对医用显微图像的处理分析,如红细胞、白细胞分类等。

(3) 通信工程方面。

当前通信技术的主要趋势是将各种多媒体形式和数据结合后的多媒体通信,其中以图像通信最受关注,也最为复杂。图像的应用需求十分广泛,可视电话、视频会议等均是图像通信的研究成果。

(4) 工业和工程方面。

图像处理早已经在工业和工程领域中被普遍应用,如零件质量检测、零件分类,瑕疵检查,自动分拣等。

(5) 军事、公安方面。

在军事方面的图像处理主要用于导弹的精确制导,侦察等;公安业务一般可用于指纹识别,人脸鉴别,图片复原,还有交通监控、事故分析等。

(6) 机器视觉。

机器视觉是将图像作为智能机器人的重要感知信息来源,以三维景物理解和识别作为其研究重点,是目前处于研究之中的开放课题。

1.4.4 计算机图形及应用

计算机图形是一种抽象化的图像,又称为矢量图形,是由一个指令集来描述的。矢量图的基本组成部分称为图元,它是图形中具有一定意义的较为独立的信息单位,例如一个圆、一个矩形等。一个图形是由若干个图段组成的,而一个图段则是由若干个图元组成的。图形若是平面的就是二维图形,若在三维空间内就是三维图形即立体图形,主要用于工程图、白描图、图例、卡通漫画和三维建模等。大多数 CAD 和 3D 造型软件使用矢量图作为基本的图形存储格式。在多媒体计算机中,常用的图形文件格式有 DWG、IGES、3DS 和 WMF 等。在三维图形上增加着色和光照效果、材质感(纹理)等因素,就称为真实感图形。如图 1-6 所示为由 AutoCAD 软件绘制的机械零件图。

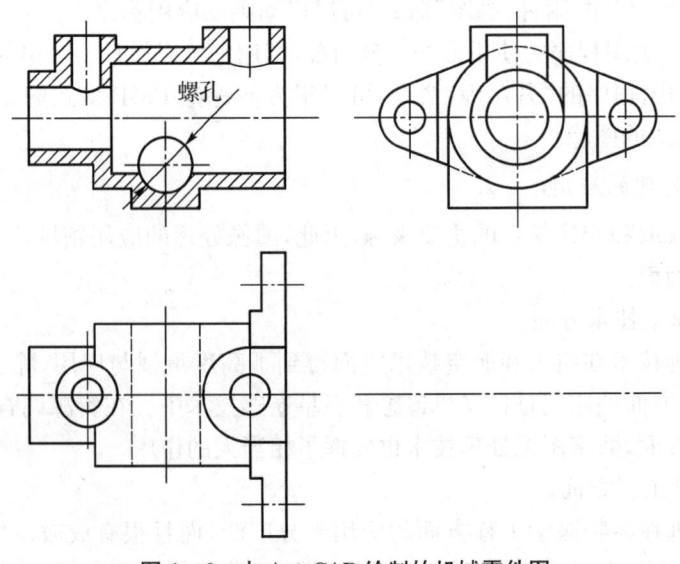

图 1-6　由 AutoCAD 绘制的机械零件图

Adobe 公司的 FreeHand 和 Illustrator、Corel 公司的 CorelDRAW 是众多矢量图形设计软件中的代表,而 Flash MX 制作的动画也是矢量图形动画,其他的绘图软件还有工程机械等领域常用的 AutoCAD 以及三维绘图软件 3DS 等。

图形的输入常采用图形扫描、图形选择输入、菜单选择输入等几种方法。

(1) 图形的扫描输入由数字化仪来实现。

(2) 图形选择输入是使用鼠标在计算机中图形库内选择某个图形,作为用户所需要的图形。

(3) 菜单选择输入是通过鼠标选择计算机屏幕上的菜单命令来驱动一个绘图软件。

对矢量图形的处理有平移、缩放、旋转、变换和裁剪等。

图形的输出常采用显示器显示、打印机按位图打印和绘图仪绘制 3 种方式。一般来说,打印机只能打印幅面较小的图形,而绘图仪可绘制较大幅面的图纸,因此一些工程设计图形就需要用绘图仪来绘制。

计算机图形学不仅涵盖了从三维图形建模、绘制到动画的整个制作过程,同时也包括了二维图形与图像、视频等的融合处理研究。计算机图形学经过几十年的发展,作为其领域突出研究成果的新技术,如 VR(虚拟现实)、3D 打印、AR(增强现实)及全息投影等为生产生活各个领域都带来巨大的推动,也带来新的机遇与挑战。

1.4.5 数字声音的获取

声音是多媒体作品中最能触动人们的元素之一,人通过听觉器官收集到的信息占利用各种感觉器官从外界收集到的总信息量的 20% 左右,充分利用声音的魅力是制作优秀多媒体作品的关键。目前,多媒体计算机对声音处理的功能越来越强,并且声音媒体成为多媒体计算机中必不可少的信息载体之一。

1. 数字声音的获取方法

声音经过输入设备,例如话筒、录音机或 CD 激光唱机等设备将声波变换成一种模拟的电压信号,再经过模数转换(包括取样和量化)把模拟信号转换成计算机可以处理的数字信号,这个过程称为声音的数字化。

(1) 模拟信号和数字信号。

语音信号是最典型的连续信号,它不仅在时间上连续,而且在幅度上也是连续的。在一定时间里,时间"连续"是指声音信号的"时刻点"有无穷多个,幅度"连续"是指幅度的数值有无穷多个。把在时间和幅度上都是连续的信号称为模拟信号。

数字信号是指时间和幅度都用离散的数值所表示的信号形式。实际上,数字信号来源于模拟信号,是模拟信号的子集,是模拟信号经取样、量化、编码后得到的。它的特点是幅值被限制在有限个数值之内,而并非是连续变化的。

(2) 声音信息数字化。

把每隔一段特定的时间从模拟信号中测量一个幅度值的过程,称为取样(Sampling)。取样得到的幅度可能是无穷多个,因此幅度还是连续的。如果把信号幅度取值的数目加以限定,这种信号就称为离散幅度信号。取样后,对幅度进行限定和近似的过程称为量化(Measuring)。把时间和幅度都用离散的数字表示,则模拟信号就转化为了数字信号。图 1-7 所示为声音信号数字化过程。

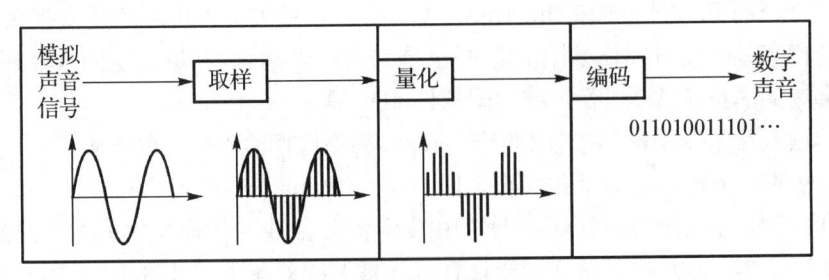

图 1-7 声音信号数字化过程

声音进入计算机的第一步就是数字化,数字化实际上就是取样和量化。取样和量化过程所用的主要部件是模数转换器,即模拟信号变成数字信号的转换器(Analog to Digital Converter,ADC)。如果在间隔相等的一小段时间内取样一次,称为均匀取样(Proportional Sampling),单位时间内的取样次数称为取样频率(Sampling Frequency);如果幅度的划分是等间隔的,就称为线性量化(Linear Measuring)。

取样频率的高低是由奈奎斯特理论(Nyquist Theory)和声音信号本身的最高频率决定的。该理论指出:若取样频率大于声音信号最高频率的两倍,则可以对声音进行无损数字化(Lossless Digitization)。当然,取样频率越高,数字化的音频质量也就越高,取样定理表示为:$f_s \geqslant 2f$,其中 f 是被采集信号的最高频率。

当然,两倍于最高频率的取样频率是数字化声音再现声音的必要条件,而非充分条件,它还与幅度的量化级别有关,量化级别越高,越能反映音量不同的声音。如果量化成 256 个幅度,在计算机中就需要 8 位二进制数表示。用以表示量化级别的二进制数据的位数,称为取样精度(Sampling Precision),也叫量化位数、样本位数、位深度,用每个声音样本的位数(bit 或 b)表示。如果每个声音样本用 16 位表示,就能表示 65 536 种不同的幅度,它的精度是输入信号的 1/65 536。样本位数越多,声音的质量越高,而需要的存储空间也越大;位数越少,声音的质量越低,需要的存储空间越小。

取样时的声道数有单声道和双声道两种。单声道为声音记录只产生一个波形数据;双声道为声音记录产生两个波形数据。双声道能产生立体声的听觉效果,但它的数据存储量为单声道的数据存储量的两倍。因此未经压缩的数字声音的数据率为:

$$\text{数据率(bps)} = \text{取样频率(Hz)} \times \text{量化位数(bit)} \times \text{声道数}$$

通过数据率即可计算得到一个未经压缩的声音文件的大小:

$$\text{文件的字节数} = \text{数据率} \times \text{时间} \div 8 = \text{取样频率} \times \text{量化位数} \times \text{声道数} \times \text{时间} \div 8$$

其中,时间的单位是秒(s)。

例如,一个声音文件中的声音取样频率为 44.1 kHz,每个取样点的量化位数用 8 位,录制立体声(双声道)节目,声音播放时间为 1 分钟(min),不采用压缩技术,生成的文件大小为:44 100×8×2×60÷8=5 292 000(字节)。

模拟的声音信号转变成数字形式进行处理的好处是显而易见的:声音存储质量得到了加强;数字化的声音信息使计算机能够进行识别、处理和压缩;以数字形式存储的声音重放性能好,复制时没有失真;数字声音的可编辑性强,易于进行效果处理;数字声音能进行数据压缩,传输时抗干扰能力强;数字声音容易与其他媒体相互结合(集成);数字声音为自动提取"元数据"和实现基于内容的检索创造了条件。

2. 数字声音的获取设备

数字声音的获取设备主要包括麦克风和声卡。

麦克风,学名传声器,是一种电声器材,通过声波作用到震动敏感的元件上而产生电流。麦克风种类繁多,电路简单。一般其得到的声音信号为模拟信号。

声卡是实现声波/数字信号相互转换的一种硬件。声卡的基本功能是把自话筒、磁带等设备输入的模拟声音信号进行数字化转换后,输出到耳机或扬声器等声响设备,或通过音乐设备数字接口(MIDI)使乐器发出美妙的声音。

1.4.6 数字声音的压缩编码及常见格式

1. 数字声音的压缩编码

将量化后的数字声音信息直接存入计算机会占用大量的存储空间。因此,一般需要对数字化后的声音信号进行压缩编码,以减少音频的数据量,令其更适合在计算机内存储和网络中传输。在播放这些声音时,需要经解码器将二进制编码恢复成原来的声音信号播放。

声音信号能进行压缩编码的基本依据主要有 3 点:

(1) 声音信号中本身存在着很大的冗余度,删除这些冗余信息,即可在一定程度上降低数据量。

(2) 音频信息的最终接收者是人,人耳的听觉对部分声音并不敏感。舍去人耳不敏感的声音对整个音频质量的影响很小,有时甚至可以忽略不计。

(3) 声音的采样波形中,相邻采样值之间存在着极强的关联性。

根据压缩原理的不同,声音的压缩编码也各有不同。经过压缩编码后的波形声音最终会以某种文件格式进行存储。

2. 声音文件的常见格式

数字化后的声音信息,常被称为声音文件。声音文件可以以不同的格式被存储在计算机中,声音文件的格式作为一种声音的识别方法,显然在数据进行编辑和播放之前文件的结构必须是已知的,然后选择相应的播放器编辑成播放文件。常见的声音文件格式如表1-2所示。

表1-2 声音文件常见格式及扩展名

文件格式	文件扩展名
WAV 文件	.wav
CD 文件	.cda
MIDI 文件	.mid、.rmi
Audio 文件	.mp3/mp2/mp1、.aac、.flac
DVD 文件	.vob

下面介绍几种常见的声音文件。

(1) WAV 文件。

WAV 文件即波形文件,其扩展名是".wav",是 Windows 中通用的波形声音文件存储格式,被 Windows 平台及其应用程序所支持,它来源于对声音模拟波形的取样,是最早的数字音频格式。WAV 文件是通过对声音波形进行取样、量化、并转换为二进制后的声音信息组织文件。WAV 格式是目前计算机上广为流行的声音文件格式,几乎所有的音频编辑软件都"认识"WAV 格式。但 WAV 文件对存储空间需求太大,不便于交流和传播。

(2) CD 文件。

CD 是光盘的一种存储格式,专门用来记录和存储音乐。它可以提供高质量的音源,而且无需硬盘存储声音文件,声音信息是利用激光将 0 和 1 数字位转换成微小的凹凸状态制作在光盘上,通过光盘驱动器读出其内容,再经过数模转换变成模拟信号后输出并播放。可以说 CD 音轨是近似无损的,它的声音基本上忠于原声,因此 CD 被称为当今世界上音质最好的音频格式之一。

CD 光盘中看到的".cda"格式即是 CD 音轨。一个 cda 文件,只是一个索引文件,并不包含声音信息本身,不论 CD 音乐的长短,在计算机上看到的".cda"文件都是 44 字节长。需要注意的是,不能直接复制 CD 格式的".cda"文件到硬盘上播放,需要使用其他的音频编辑软件把 CD 格式的文件转换成音频格式文件。

(3) MIDI 文件。

乐器数字接口(Musical Instrument Digital Interface,MIDI)是由世界上主要电子乐器制造厂商联合建立起来的一个通信标准,用于音乐合成器(Music Synthesizers)、乐器(Musical Instruments)和计算机等电子设备之间信息与控制信号交换的一种标准协议,其扩展名为".mid"或".rmi"。

使用 MIDI 文件格式存储的音乐(如钢琴曲)不是音乐本身,而是发给 MIDI 设备或其他装置让它们发出声音或执行某个动作的指令。即 MIDI 文件格式存储的是一套指令(即命令),由这一套命令来指挥 MIDI 设备,如声卡如何再现音乐。MIDI 文件重放的效果完全依赖声卡的档次。

对于 MIDI 标准文件来说,不需要取样,不用存储大量的模拟信号信息,只记录了一些命令,一个 MIDI 文件每存 1 min 的音乐只用大约 5~10 KB,因此 MIDI 文件较小,消耗存储空间小。同时,MIDI 采用命令处理声音,容易编辑,是作曲家和音乐家的最爱。另外,MIDI 可以作为背景音乐,与其他媒体一起使用可以加强演示效果,比如流行歌曲的业余表演,游戏音轨以及电子贺卡等。但是,由于 MIDI 文件存储格式缺乏重现真实自然声音的能力,如语音,因此它不能用在除了音乐之外的其他含有语音的歌曲当中。

(4) MP1/MP2/MP3 文件。

动态图像专家组(Moving Picture Experts Group,MPEG)始建于 1988 年,是专门负责为 CD 建立视频和音频压缩标准的。MPEG 音频文件指的是 MPEG 标准中的声音部分,即 MPEG 音频层。MPEG 音频文件根据压缩质量和编码复杂程度的不同可分为 3 层,MPEG Audio Layer 1/2/3 分别与 MP1、MP2 和 MP3 这 3 种声音文件相对应。MPEG 音频编码具有很高的压缩率,MP1 和 MP2 的压缩率分别为 4∶1 和 6∶1~8∶1,而 MP3 的压缩率则高达 10∶1~12∶1,也就是说 1 min CD 音质的音乐未经压缩需要 10 MB 存储空间,而经过 MP3 压缩编码后只有 1 MB 左右,同时其音质基本不失真。

简单地说，MP3 就是一种音频压缩技术，由于这种压缩方式的全称叫 MPEG Audio Layer 3，所以人们把它简称为 MP3。正是因为 MP3 具有体积小、音质高的特点，使得 MP3 格式几乎成为网上音乐的代名词。每分钟音乐的 MP3 格式只有大约 1 MB，这样每首歌的大小只有 3~5 MB。使用 MP3 播放器对 MP3 文件进行实时的解压缩（解码），这样，高品质的 MP3 音乐就播放出来了。

（5）AAC 文件。

AAC，全称高级音频编码（Advanced Audio Coding），是一种专为声音数据设计的文件压缩格式。与 MP3 相比，更加高效，具有更高的"性价比"。现为目前各类网络平台中主流的音频格式之一。AAC 本就是基于 MP3 开发出来的，其目的即为取代 MP3，所以两者的编码系统有一定的相似之处，但 AAC 的编码工序更为复杂。AAC 出现于 1997 年，是基于 MPEG-2 所设计的音频编码技术，随着 MPEG-4 音频标准在 2000 年成形，又追加了一些新的编码特性，为了区别传统的 MPEG-2 AAC，又叫作 MPEG-4 AAC（M4A）。

（6）WMA（Windows Media Audio）文件。

WMA 格式由微软公司开发，是以减少数据流量但保持音质的方法来达到更高的压缩率，WMA 的压缩率一般都可以达到 18∶1 左右。WMA 的另一个优点是内容提供商可以加入防复制保护，这种版权保护的技术可以限制播放时间和播放次数甚至播放机器等，能够有效地抵制盗版。另外，WMA 还支持音频流（Stream）技术，适合在网络上在线播放，只要安装了 Windows 操作系统就可以直接播放 WMA 音乐，而无需安装额外的播放器。

（7）FLAC 文件。

FLAC 全称为无损音频压缩编码（Free Lossless Audio Codec）。FLAC 是非常著名的自由音频压缩编码，其特点是无损压缩。不同于 MP3 及 AAC，它不会破坏任何原有的音频信息，将 FLAC 文件还原为 WAV 文件后，与压缩前的 WAV 文件内容相同。2012 年以来它已被很多软件及硬件音频产品（如 CD 等）所支持。

1.4.7 数字视频的压缩编码及常见格式

1. 电视视频与数字视频

自从电视机问世以来，视频技术的研究与应用已有几十年的历史。对于电视系统中的模拟视频制式，世界上主流的有：PAL（欧洲、中国）、NTSC（北美、日本）和 SECAM（法国）。随着数字技术的快速发展以及互联网的广泛应用，多媒体数字视频技术已经成为当前视频技术的发展重心。

由于数字视频在未进行压缩处理前具有庞大的数据量，不利于传输和存储。因此数据视频同样也需要进行压缩编码。视频压缩比是指压缩前后的数据量之比。由于视频是连续的图像序列，而图像序列本身即是静止图像，因此视频与静态图像的压缩算法有某些共通之处。但运动的视频也有它独有的特点，因此在压缩时还要考虑其运动特性，这样才能进行高效高质地压缩。

目前，常用的国际压缩编码标准包括 MPEG1、MPEG2、MPEG4、H263~H265 等。这些标准的制定和颁布，极大地促进了数字视频压缩与编码技术的研究和实用化。

MPEG-1 标准以约 1.5 Mbps 的数据率储存媒体运动图像及其伴音的编码。常见于

VCD、可携式 MPEG-1 摄像机等。MPEG-2 压缩标准是针对标准数字电视和高清电视在各种应用下的压缩方案,特别适用于广播级的数字电视的编码和传送,MPEG-2 的用途最为广泛,可常见于 DVD、卫星电视、数字有线电视中。

MPEG-4 标准不仅可以提供高效压缩,同时也可以更好地实现与多媒体内容之间的互动及全方位的存取,它采用开放性的编码系统,可以随时加入新的编码算法模块,同时也可以根据不同应用需求现场配置解码器,以支持多种多样的多媒体应用。

2. 视频文件的常见格式

视频文件的常见格式包括 AVI、ASF、RM、RMVB、MOV、DAT、FLIC、MPEG、DivX、WMV 等。

(1) AVI 格式。

AVI(Audio Video Interleaved)是一种音频视像交错记录的数字视频文件格式。1992 年初,微软公司推出了 AVI 技术及其应用软件 VFW(Video for Windows)。在 AVI 文件中,运动图像和伴音数据以交错的方式存储,并独立于硬件设备。按这种方式组织音频和视像数据可使得读取视频数据流时能更有效地得到连续的信息。AVI 格式的视频文件在获取、编辑以及播放音频/视频流的应用软件中被广泛使用,对压缩方法没有限制,分非压缩和压缩两种格式,前者通用性很好,但文件庞大,后者压缩比大时,画面质量不太好,最大的缺点是不适合在网络上对视频流的实时播放。

(2) ASF 格式。

ASF(Advanced Streaming Format)是由微软公司推出的一种高级流媒体格式,是针对 AVI 文件的网络实时播放缺陷开发的,因此是一个可以在 Internet 上实现实时播放的标准,可以直接使用 Windows 自带的 Windows Media Player 对其进行播放。它使用了 MPEG-4 的压缩算法,压缩率和图像的质量都不错。ASF 应用的主要部件是服务器和 NetShow 播放器,由独立的编码器将媒体信息编译成 ASF 流,然后发送到 NetShow 服务器,再由 NetShow 服务器将 ASF 流发送给网络上所有的 NetShow 播放器,从而实现单路广播、多路播放的特性,这种原理基本上和 RealPlayer 系统相同。ASF 格式可以应用于互联网上视频直播(WebTV)、视频点播(VOD)、视频会议等,它的主要优点有:本地或网络回放、可扩充的媒体类型、部件下载以及良好的可扩展性。

(3) RM 和 RMVB 格式。

RM(Real Media)格式是 Real Networks 公司开发的一种流媒体视频文件格式,主要包含 Real Audio、Real Video 和 Real Flash 3 个部分。Real Media 的特点是可根据网络带宽制定不同的压缩比率,即使是在低速的网络上进行视频文件的实时传送和播放也能保证质量,因此在互联网技术还不够发达的年代得到了广泛的应用,但随着其他流媒体技术的发展,RM 逐渐退出市场。

RMVB 格式是一种由 RM 视频格式升级延伸出的视频格式,它与 RM 视频相比的先进之处在于打破了原先那种平均压缩取样的方式,在保证平均压缩比的基础上,对静止或相对变化较少的画面采用较低的编码速率,而为出现快速运动的画面提供较高的编码速率。这样就可在保证了静止画面质量的前提下,大幅度提高运动图像的画面质量。

(4) MOV 格式。

MOV 文件原是美国 Apple 公司开发的一种视频格式,默认的播放器是 Apple 公司的

QuickTime Player,使用有损压缩技术以及音频信息与视频信息混排技术,具有较高的压缩比率和较完美的视频清晰度等特点,其最大的特点还是跨平台性,即不仅能支持 Mac 操作系统,同样也能支持 Windows 操作系统。一般认为 MOV 格式文件的图像质量较 AVI 格式的要好。

(5) DAT 格式。

DAT 文件是一种为 VCD 及卡拉 OK CD 专用的视频文件格式,采用 MPEG-1 标准进行压缩。计算机配备视频卡或安装解压缩程序(如超级解霸)就可以进行播放。

(6) FLIC 格式。

FLIC 文件采用的是无损压缩方法,画面效果十分清晰,在人工或计算机生成的动画方面使用该格式较多。播放这种格式的文件一般需要 Autodesk 公司提供的 MCI(多媒体控制接口)驱动和相应的播放程序 AAPlay。

(7) MPEG 格式。

运动图像专家组(Moving Picture Expert Group,MPEG)格式,VCD、SVCD、DVD 就是这种格式。MPEG 文件格式是运动图像压缩算法的国际标准,它采用了有损压缩方法,从而减少运动图像中的冗余信息。MPEG 的压缩方法说得更加深入一点就是保留相邻两幅画面绝大多数相同的部分,而把后续图像中和前面图像有冗余的部分去除,从而达到压缩的目的。目前 MPEG 格式有 3 个压缩标准,分别是 MPEG-1、MPEG-2 和 MPEG-4。

(8) DivX 格式。

DivX 格式是由 MPEG-4 衍生出的另一种视频编码(压缩)标准,即通常所说的 DVDrip 格式。它采用了 MPEG-4 的压缩算法,同时又综合了 MPEG-4 与 MP3 各方面的技术,通俗地说,就是使用 DivX 压缩技术对 DVD 盘片的视频图像进行高质量压缩,同时用 MP3 或 AC3 对音频进行压缩,然后再将视频与音频合成并加上相应的外挂字幕文件而形成的视频格式。

(9) WMV 格式。

WMV(Windows Media Video)也是微软公司推出的一种采用独立编码方式并且可以直接在网上实时观看视频节目的文件压缩格式。WMV 格式的主要优点有:本地或网络回放、可扩充的媒体类型、可伸缩的媒体类型、多语言支持、环境独立性、丰富的流间关系以及扩展性等。

1.5 数字媒体技术应用扩展

1.5.1 VR(Virtual Reality)虚拟现实

VR 是一种通过计算机技术模拟出一个三维的虚拟环境,用户借助头戴式显示设备、手柄、传感器等硬件设备,使用户能够通过视觉、听觉、触觉等多感官交互,获得身临其境的沉浸式体验。例如,戴上 VR 头盔后,用户仿佛置身于一个奇幻的森林中,可以自由地环顾四周,伸手触摸虚拟的树木和花草,甚至能有微风拂面的感觉。

1. VR 的发展历史

20 世纪 60 年代,计算机图形学之父伊凡·苏泽兰(Ivan Sutherland)展示了一款名为

Sutherland 的头戴式显示设备,如图 1-8 所示。尽管这款头戴式显示设备体积庞大,甚至需要悬挂在天花板上进行操作,但它作为 VR 技术的先驱之作,无疑为后来者开辟了探索沉浸式虚拟体验的新纪元。

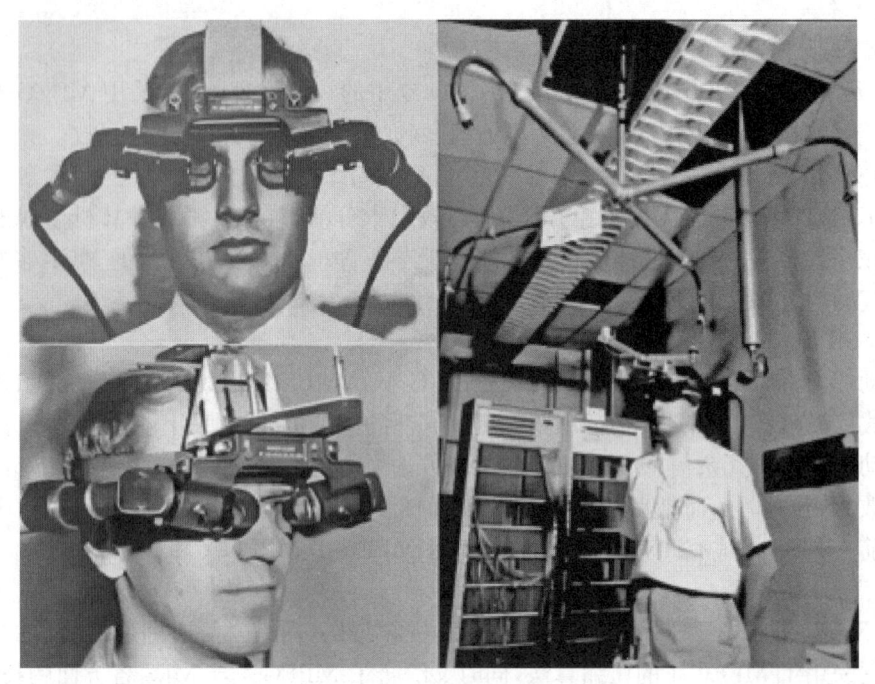

图 1-8 Sutherland

到了 20 世纪 80 年代,VPL Research 公司成立,其创始人杰伦·拉尼尔(Jaron Lanier)正式提出"虚拟现实"这一术语,并推出了一系列 VR 产品,包括数据手套和头戴式显示器,推动了 VR 技术从概念走向实际应用。此时,VR 技术在军事训练中崭露头角,如模拟飞行、驾驶等,展现其独特价值。

21 世纪以来,计算机性能和显示技术的飞跃为 VR 技术带来了全新的发展机遇。2012年,Oculus Rift 通过众筹平台引发了全球对 VR 技术的关注,其高分辨率的显示和较为精准的头部追踪技术,让用户能够获得前所未有的沉浸式体验。此后,HTC Vive、索尼 PlayStation VR 等产品相继推出,VR 技术逐渐走向消费市场,在游戏、影视等娱乐领域迅速普及。

2020 年至今 VR 技术进入快速发展期,政策支持推动行业应用拓展,我国将 VR 列为数字经济重点产业。

2. 虚拟现实技术的主要应用领域

(1)娱乐与社交。

VR 游戏以其独特的沉浸式体验和互动性,吸引了大量玩家,为游戏行业指明了全新的发展方向。

用户还能以虚拟化身沉浸于虚拟音乐会、会议等社交场景,体验前所未有的互动乐趣。

(2)教育领域。

虚拟实验室通过模拟化学实验、人体解剖等高风险场景,提供了一个安全的学习环境,同时降低了教学成本。

通过3D建模技术,可以生动再现历史场景和文化遗产,从而增强学生对历史的兴趣和学习体验。

(3) 医疗与健康。

医疗培训:医生能在VR环境中开展手术模拟训练,借此精进手术技艺,显著降低真实手术中的风险。外科医生可凭借VR技术,反复演练诸如神经外科手术中微血管缝合等复杂操作。借助模拟的真实手术场景及人体组织触感反馈,医生能在安全无虞的环境中提升手术熟练程度,进一步降低实际手术中的失误率。

手术模拟:医生可在虚拟环境中练习复杂手术操作(如心脏介入)。

心理治疗:通过暴露疗法缓解焦虑症、创伤后应激障碍。

(4) 工业与制造。

汽车设计与生产:众多企业正利用VR技术进行车型设计的优化与虚拟装配测试,从而大幅降低物理原型的制作成本。

员工培训:模拟危险场景(如火灾逃生),提升安全操作技能。

虚拟现实技术,作为一种可以创建和体验虚拟世界的计算机仿真系统,正从单一娱乐工具发展为跨行业赋能的核心技术。其在教育领域的应用尤为引人注目,例如,通过虚拟现实技术进行手术模拟训练,提高手术操作技能;在地理教学中,学生可以身临其境地探索世界各地的地理景观。市场研究机构的数据显示,2019年全球虚拟现实市场规模达到了101亿美元,预计到2025年将增长至680亿美元。在医疗领域,虚拟现实技术同样展现出巨大潜力,例如,美国约翰霍普金斯大学利用虚拟现实技术开展心脏手术模拟训练,手术成功率提高了约30%。这些应用案例和市场数据表明,虚拟现实技术正深度融入教育、医疗等领域,并借助技术融合与政策支持,推动社会向数字化、智能化转型。

1.5.2 AR(Augmented Reality)增强现实

1. AR 的特点

AR是一种将虚拟信息与真实世界巧妙融合的技术。它通过手机、平板电脑或智能眼镜等设备,在现实场景中叠加虚拟的图像、视频、文字等信息,实现真实与虚拟的互动。比如,使用手机上的AR应用,扫描特定建筑后,手机屏幕即刻展现其历史背景与内部结构等虚拟信息。

AR具有以下几个特点:

(1) 虚实结合。

将虚拟内容与现实场景无缝对接,增强用户对现实世界的感知。如购物APP中,AR功能让虚拟家具瞬间融入自家空间,预览摆放效果,如图1-9所示。

(2) 实时交互。

用户与虚拟信息之间能够进行实时的交互操作。AR导航中,信息随用户位置与方向实时变动,指引更精准。

(3) 便捷性。

AR技术依托常见移动设备,无需VR的专用头戴设备,普及更便捷。

图 1-9 增强现实

2. AR 技术的主要应用领域

(1) 营销推广。

许多品牌利用 AR 技术打造有趣的营销活动。如可口可乐的 AR 互动包装,手机一扫即现生动动画与趣味游戏。

(2) 工业维修。

工人在维修复杂设备时,可通过 AR 眼镜获取设备的维修指南、故障提示等信息,提高维修效率。

(3) 文化旅游。

游客在参观博物馆、景点时,通过 AR 应用可以获取更多关于展品、古迹的详细信息,提升游览体验。

(4) 医学影像辅助。

在医学诊断中,医生利用增强现实(AR)技术,将患者的医学影像(如 CT、MRI 图像)以三维立体的形式叠加在患者身体相应部位,从而提供更直观的诊断和治疗方案。这有助医生更直观地了解病变位置与周围组织的关系,提高诊断的准确性。例如,在进行肿瘤切除手术前,医生可借助 AR 技术,如 Surgical Theater 技术,通过 3D 可视化肿瘤及其周围血管分布,制定更精准的手术方案。

(5) 药学辅助教学。

药学教育领域,AR 技术赋予学生直观学习中药材形态及药物分子结构的可能。通过手机或平板扫描教材上的药物分子示意图,就能在屏幕上看到动态的、可旋转的三维分子模型,帮助学生更好地理解药物的化学结构与性质,提升学习效果。

1.5.3 MR (Mixed Reality) 混合现实

1. MR 的特点

MR 是 VR 和 AR 的融合,它不仅能够将虚拟信息叠加在现实世界中,还允许虚拟物体与真实物体之间进行相互作用。例如,在 MR 环境中,用户可以拿起一个真实的杯子,而虚拟的水流会从虚拟的水龙头中流出,注入真实的杯子里。

MR 具备以下显著特点:

（1）深度融合。

实现了虚拟与现实在空间、物理属性等多方面的深度融合，模糊了虚拟与现实的界限。例如，在 MR 游戏中，玩家能亲身体验在真实房间中与虚拟怪物搏斗的刺激，怪物的行动智能地响应现实环境中的障碍，增添无限真实感。

（2）自然交互。

用户仿佛置身于真实与虚拟交织的世界，能够无缝地与周遭的物体互动，这种交互体验既直观又顺畅无比。

（3）空间计算。

MR 技术需要精确地理解和计算现实空间的结构，以便虚拟物体能够准确地融入其中。以 MR 室内装修设计为例，软件能精准捕捉房间每一寸空间，将虚拟家具严丝合缝地融入现实布局，实现完美搭配。

2. MR 技术的主要应用领域

（1）设计与制造。

设计师可以在 MR 环境中实时查看产品设计在真实场景中的效果，并进行修改。例如，汽车设计师可以在真实的汽车模型上叠加虚拟的设计元素，实时调整外观和内饰。

（2）教育科研。

学生和科研人员可以在 MR 环境中进行复杂的实验模拟，如在虚拟的分子结构上进行操作，观察真实环境中的反应。

（3）远程协作。

不同地点的团队成员可以通过 MR 设备进入同一个混合现实空间，进行面对面的协作交流，双方仿佛身处同一空间。

（4）远程医疗指导。

资深医生可以通过 MR 设备，以虚拟形象出现在手术现场，为实地的年轻医生提供实时指导。在手术过程中，资深医生能够看到实地医生的操作视角，并将虚拟的手术步骤、关键提示等信息叠加在实地医生的视野中，如同亲临现场进行指导，提升手术成功率。

（5）药物研发可视化。

在药物研发过程中，研究人员利用 MR 技术将药物研发的数据、分子反应过程等以可视化的形式呈现出来。研究人员能在真实的实验室场景下，与虚拟的药物研发模型进行直观交互，实时追踪药物分子在不同条件下的反应变化，从而加速研发进程。

1.5.4　XR（Extended Reality）扩展现实

1. XR 的特点

XR 是一个统称，涵盖了 VR、AR、MR 等所有基于计算机技术生成的虚拟与现实融合的技术。它代表了整个虚拟现实技术领域的发展方向，强调多种技术的综合应用和拓展。

XR 技术具有以下特点：

（1）综合性。

它融合了 VR、AR、MR 等技术的精髓，为用户带来了更加丰富多样、个性化的体验。例如，在一个大型的主题公园中，可以同时运用 VR、AR、MR 技术，为游客打造全方位的沉浸式体验。

(2) 技术融合。

推动了不同技术之间的交叉融合和创新,促进了硬件、软件和内容的协同发展。例如,借助先进的传感器技术和图形处理技术的深度融合,XR 设备的性能得以显著提升,用户体验也更为卓越。

XR 技术为各个行业带来了无限的创新空间,不断探索新的应用场景和商业模式。举例来说,在未来的智能城市规划与交通管理中,XR 技术有望发挥重要作用,引领城市管理的革新。

2. XR 技术主要应用领域

(1) 智能生活。

在智能家居中,XR 技术可以让用户通过手势和语音控制,将虚拟的信息和功能融入真实的生活场景中。例如,用户可以在空中挥手切换音乐、查看天气等。

(2) 智慧城市。

城市管理者可以利用 XR 技术实时监控城市运行情况,进行城市规划和应急管理。例如,在虚拟的城市模型上模拟交通流量变化,优化交通信号灯设置。

(3) 艺术创作。

艺术家们能够借助 XR 技术,创作出沉浸感更强、互动性更佳的艺术佳作。例如,观众可以走进一个由 XR 技术打造的艺术展览,与艺术作品进行互动。

(4) 医学培训综合平台。

通过 XR 技术,我们可以构建一个集 VR 沉浸式手术模拟、AR 医学影像辅助及 MR 远程协作功能于一体的综合医学培训平台。医学生得以在该平台上实现从基础解剖知识到复杂手术技巧的全链条学习,并能跨越地域界限,与顶尖专家实时互动,从而极大地促进了医学教育质量的飞跃与效率的提升。

(5) 患者健康教育。

针对患者的疾病治疗与康复,利用 XR 技术创建个性化的健康教育方案。患者可以通过 XR 设备身临其境地了解自己的疾病成因、治疗过程以及康复注意事项。例如,心脏病患者可以通过 XR 体验心脏搭桥手术的全过程,以及术后康复的日常注意要点,增强患者对自身疾病的认知与治疗依从性。

1.5.5 元宇宙

1. 元宇宙的定义

元宇宙并非一个突然出现的新鲜事物,它的发展是计算机技术、互联网技术、虚拟现实技术等众多领域长期演进的结果。元宇宙是一个平行于现实世界,又与现实世界相互关联的虚拟空间。它整合了多种新技术,通过数字化手段构建出一个高度逼真、开放、互动的虚拟环境,人们可以在其中进行社交、工作、学习、娱乐等各种活动,仿佛置身于一个全新的"第二人生"。

1992 年,美国著名科幻作家尼尔·斯蒂芬森(Neal Stephenson)在其小说《雪崩》中,首次提出了"元宇宙"的概念,其中人们通过数字化身(Avatar)在一个虚拟三维空间中进行交流、娱乐和生活，这一构想为后来元宇宙的发展奠定了基础。随着时间的推移，互联网技术的飞速发展，从 Web 1.0 的静态网页到 Web 2.0 的社交互动，再到如今 Web 3.0 强调的去中心化和用户自主掌控，为元宇宙的实现提供了网络基础。

与此同时，虚拟现实（VR）、增强现实（AR）、人工智能（AI）及区块链等前沿技术的持续突破，为元宇宙的搭建提供了不可或缺的支撑力量。例如，VR 技术让用户能够身临其境地沉浸在虚拟环境中，AR 技术则将虚拟信息与现实世界相结合，创造出更加丰富的体验。AI 技术用于智能交互、内容生成等方面，而区块链技术则保障了元宇宙中的资产安全和交易的去中心化。

2. 元宇宙的特征

（1）沉浸感。

用户能够完全沉浸在元宇宙的虚拟环境中，通过各种设备（如 VR 头盔、AR 眼镜等）获得身临其境的感官体验，视觉、听觉、触觉等多方面的反馈，让用户难以区分虚拟与现实。

（2）交互性。

在元宇宙中，用户之间可以进行实时交互，与虚拟环境中的物体、场景也能进行自然交互。例如，用户能在虚拟会议室中与同事面对面交流，并利用虚拟工具进行设计创作。

（3）开放性。

元宇宙是一个无严格边界限制的开放平台。用户、开发者、企业等均可参与元宇宙的建设与发展，共创多样内容和应用，构建多元化、充满活力的生态系统。

（4）永续性。

元宇宙持续运行，不受现实世界时空限制。元宇宙中虚拟环境和活动持续进行，用户可随时进入，延续体验。

（5）独立的经济系统。

用户可以在其中进行虚拟资产的创造、交易、投资等活动。例如，根据最新数据，香港虚拟资产 ETF 的成交额在某些日子达到了数百万港元，显示了虚拟货币作为交易媒介在现实世界经济体系中的流通和价值实现。

3. 元宇宙的关键技术

（1）虚拟现实（VR）与增强现实（AR）技术。

VR 技术通过头戴式显示设备，为用户营造出一个完全虚拟的三维环境，使用户产生身临其境的感觉。它通过追踪用户的头部运动、手部动作等，实时调整虚拟场景的显示，实现高度沉浸式的交互体验。例如，在 VR 游戏中，玩家仿佛置身于游戏世界中，自由行走、战斗，感受逼真的场景和动作反馈。

AR 技术则是将虚拟信息叠加在现实世界之上，通过手机、AR 眼镜等设备呈现给用户。它能在现实场景中叠加虚拟元素，如导航箭头指引方向，或在博物馆中通过 AR 设备展示文物介绍和历史场景。

（2）人工智能（AI）技术。

智能交互：AI 技术使得元宇宙中的交互更加自然和智能。通过语音识别、语义理解等技术，用户可以通过语音与虚拟环境进行交互，系统能够准确理解用户的意图并作出相应的回应。例如,在虚拟客服场景中,AI客服能够快速、准确地回答用户的问题,提供服务。

内容生成:AI可以用于自动生成元宇宙中的各种内容,如图形、音乐、故事等。例如,机器学习算法能根据用户偏好生成个性化虚拟场景和角色,提升创作效率和丰富度。

(3) 区块链技术。

资产确权:区块链的去中心化账本特性,使得元宇宙中的虚拟资产所有权得到明确确认。用户虚拟物品、数字货币等以区块链加密资产形式存在,不可篡改,保障资产安全和唯一性。

去中心化交易:基于区块链的智能合约,实现了元宇宙中虚拟资产的去中心化交易。用户无需第三方中介,即可安全便捷地交易虚拟资产,如买卖、租赁,从而降低成本,提升效率。

(4) 5G及未来通信技术。

5G技术的高速率、低时延和大连接能力,确保了元宇宙实时交互的顺畅进行。在元宇宙中,大量的实时数据(如高清视频、3D模型、用户动作等)需要快速传输,5G技术能够满足这一需求,避免出现卡顿和延迟,确保用户体验的流畅性。未来,6G等更先进的通信技术将进一步推动元宇宙性能提升和应用拓展。

4. 元宇宙的应用场景

(1) 社交娱乐。

元宇宙为社交娱乐带来全新体验,用户可创建独特数字化身,在虚拟空间与全球朋友聚会、聊天、游戏。例如,在一些元宇宙社交平台上,用户可以举办虚拟音乐会、舞会,或者一起探索神秘的虚拟世界,这种沉浸式的社交体验打破了现实世界的地域和时间限制。

(2) 教育领域。

在教育方面,元宇宙可以创造出逼真的教学场景,让学生身临其境地学习历史、地理、科学等知识。例如,学生可穿越至古代历史场景,与历史人物互动,直观感受历史事件;或在虚拟宇宙中探索天体奥秘,进行科学实验。这种互动式、沉浸式的学习方式能够极大地激发学生的学习兴趣和参与度,从而显著增强学习效果。

(3) 工作办公。

元宇宙为远程办公带来了新的可能性。企业能够在元宇宙中轻松构建虚拟办公室,员工则通过个性化的数字化身自由进入,实现如同亲临现场的面对面会议和高效协作办公。虚拟办公环境能够提供与现实办公室相似的功能,如文件共享、实时讨论等,同时还能减少通勤时间和成本,提高工作效率。

(4) 医疗健康。

在医疗领域,元宇宙可以用于虚拟手术培训、远程医疗等方面。医生能够在虚拟环境中进行高度仿真的手术模拟训练,从而大幅提升手术技能;患者则能借助先进的远程医疗设备,在元宇宙中与医生展开如同面对面的深入咨询和精确诊断,确保获得及时且高质量的医疗服务。

(5) 房地产与建筑设计。

房地产开发商和建筑设计师可以利用元宇宙展示未来的建筑项目。购房者可以通过数字化身进入虚拟的房屋和小区中,提前感受房屋的空间布局、装修风格以及周边环境,做出更加准确的购房决策。建筑设计师也可以在元宇宙中实时修改设计方案,与团队成员进行协作交流。

随着技术的不断进步和应用的深入拓展,元宇宙有望在未来成为人们生活中不可或缺的一部分。它将进一步改变我们的社交方式、工作模式、学习途径以及娱乐体验。随着技术的不断进步,元宇宙正逐渐与现实世界紧密融合,预示着一个虚实相生、充满无限可能的全新社会形态的诞生。然而,要实现这一愿景,还需要政府、企业、科研机构和社会各界的共同努力,解决技术、法律、伦理等多方面的问题,推动元宇宙健康、可持续地发展。

在未来的探索中,元宇宙将不断给我们带来惊喜和挑战,让我们拭目以待这个全新虚拟世界的无限可能。

本章小结

本章深入探讨了信息技术与数字媒体技术的多个层面,从信息的定义、特征,到信息技术产业的发展,以及医药行业信息化建设的实践,全面展示了信息技术在现代社会中的广泛应用和深远影响。重点介绍了数字技术基础,包括比特与二进制的概念、数制间的转换、比特运算等。在数字媒体技术方面,详细阐述了文字编码、图像与图形、音视频等多媒体编码的原理和应用。从字符编码的 ASCII 码、汉字编码,到图像的数字化过程、常见格式,以及声音和视频的压缩编码和格式,都进行了系统地讲解。对数字媒体技术的应用扩展进行了展望,包括 VR、AR、MR、XR 等新兴技术的特点、发展历史和主要应用领域,以及元宇宙这一综合概念的定义、特征、关键技术与应用场景。

习题与自测题

一、判断题

1. 烽火台是一种使用光来传递信息的系统,因此它是使用现代信息技术的信息系统。
(　　)
2. UCS/Unicode 中的汉字编码与 GB/T 2312—1980、GBK 标准以及 GB 18030—2022 标准都兼容。
(　　)
3. 所有的十进制数都可以精确转换为二进制数。(　　)
4. JPEG 是目前因特网上广泛使用的一种图像文件格式,它可以将许多张图像保存在同一个文件中,显示时按预先规定的时间间隔逐一进行显示,从而形成动画的效果,因而在网页制作中大量使用。
(　　)

二、选择题

1. 下列(　　)不属于信息技术?
A. 信息的获取与识别　　　　　　　B. 信息的通信与存储
C. 信息的估价与出售　　　　　　　D. 信息的控制与显示
2. 在下列各种进制的数中,(　　)数是非法数。
A. $(999)_{10}$　　　B. $(678)_8$　　　C. $(101)_2$　　　D. $(ABC)_{16}$
3. 下面关于比特的叙述中,错误的是(　　)。

A. 比特是组成信息的最小单位
B. 比特只有"0"和"1"两个符号
C. 比特可以表示数值、文字、图像或声音
D. 比特"1"大于比特"0"

4. 与十进制数 511 等值的二进制数是(　　)。
　A. 100000000B　　　　　　　　　B. 111111111B
　C. 111111101B　　　　　　　　　D. 111111110B

5. 以下 4 个数中,最小的数是(　　)。
　A. 32　　　　B. 36Q　　　　C. 22H　　　　D. 10101100B

6. 二进制数 00101011 和二进制数 10011010 相或的结果是(　　)。
　A. 10110001　　　　　　　　　B. 10111011
　C. 00001010　　　　　　　　　D. 11111111

7. 静止图像压缩编码的国际标准有多种,下面给出的图像文件类型采用国际标准的是(　　)。
　A. BMP　　　　B. JPG　　　　C. GIF　　　　D. TIF

8. 声音信号的数字化过程有采样、量化和编码 3 个步骤,其中第二步实际上是进行(　　)转换。
　A. A/A　　　　B. A/D　　　　C. D/A　　　　D. D/D

9. 视频(Video)又叫运动图像或活动图像(Motion Picture),以下对视频的描述错误的是(　　)。
　A. 视频内容随时间而变化
　B. 视频具有与画面动作同步的伴随声音(伴音)
　C. 视频信息的处理是多媒体技术的核心
　D. 数字视频的编辑处理需借助磁带录放像机进行

10. 在数字音频信息获取过程中,正确的顺序是(　　)。
　A. 模数转换、采样、编码　　　　　B. 采样、编码、模数转换
　C. 采样、模数转换、编码　　　　　D. 采样、数模转换、编码

三、简答题

1. 信息在计算机中是怎样表示的?
2. 谈谈未来计算机的发展趋势。
3. 谈谈个人对医药卫生信息化的认识。

第 2 章

计算机系统

2.1 计算机的发展与计算机系统概述

2.1.1 计算机的硬件系统和软件系统

一个完整的计算机系统,是由硬件系统和软件系统两大部分组成的。计算机硬件,是组成计算机的各种物理设备的总称;计算机软件是人与硬件的接口,它始终指挥和控制着硬件的工作过程。

1. 计算机的硬件系统

硬件,就是用手能摸得着的物理装置。从逻辑功能上看,计算机硬件系统由运算器、控制器、存储器、输入设备与输出设备五大基本部件组成。图 2-1 是计算机硬件系统逻辑组成的示意图。

(1) 运算器。

运算器是计算机中进行算术运算和逻辑运算的部件,通常由算术逻辑运算部件(ALU)、累加器及通用寄存器组成。

图 2-1 计算机硬件系统逻辑组成

(2) 控制器。

控制器用以控制和协调计算机各部件自动、连续地执行各条指令,是整个中央处理单元(Central Processing Unit,CPU)的指挥控制中心,通常由指令寄存器(Instruction Register,IR)、程序计数器(Program Counter,PC)和操作控制器(Operation Controller,OC)组成。

运算器和控制器是计算机中的核心部件,这两部分合称中央处理单元(CPU)。

(3) 存储器。

存储器的主要功能是用来保存各类程序和数据信息。存储器分为主存储器和辅助存储器,主存储器(或工作存储器,简称主存,英语为 Memory)主要采用半导体集成电路制成,又可分为随机存储器(Random Access Memory,RAM)、只读存储器(Read Only Memory,

ROM)和高速缓冲存储器(Cache)。辅助存储器大多采用磁性材料和光学材料制成,如磁盘、磁带、光盘以及移动存储器(U盘、移动硬盘)等。

早期计算机中的主存储器(磁芯存储器、MOS存储器)总是与CPU紧靠一起安装在主机柜内,而辅助存储器(磁盘机、磁带机等)大多独立于主机柜之外,因此主存储器俗称为"内存",辅助存储器俗称为"外存"。并且一直沿用至今。

内存的存取速度快而容量相对较小,它与CPU直接相连,用来存放已经启动运行的程序和正在处理的数据,是易失性存储器。外存储器的存取速度较慢而容量相对很大,它们与CPU不直接连接,用于永久性地存放计算机中几乎所有的信息,属于非易失性存储器。

(4) 输入设备。

输入设备用于从外界将数据、命令输入到计算机的内存,供计算机处理。常用的输入设备有键盘、鼠标、光笔、扫描仪、视频摄像机等。

(5) 输出设备。

输出设备用以将计算机处理后的结果信息转换成外界能够识别和使用的数字、文字、图形、声音、电压等信息形式。常用的输出设备有显示器、打印机、绘图仪、音响设备等。有些设备既可以作为输入设备,又可以作为输出设备,如硬盘等。

CPU和主存储器等组成了计算机的主要部分,即主机。输入、输出设备和辅助存储器通常称为计算机的外围设备,简称外设。

(6) 系统总线与I/O接口。

现代计算机的逻辑结构中,系统总线是用于在CPU、内存、外存和各种输入/输出设备之间传输信息并协调它们工作的一种部件(含传输线和控制电路)。有些计算机把用于连接CPU和内存的总线称为系统总线(或CPU总线、前端总线),把连接内存和I/O设备(包括外存)的总线称为I/O总线。为了方便地更换与扩充I/O设备,计算机系统中的I/O设备一般都通过I/O接口与各自的控制器连接,然后由控制器与I/O总线相连。常用的I/O接口有并行口、串行口、视频口、USB口等。如图2-2所示为现代计算机硬件系统逻辑组成示意图。

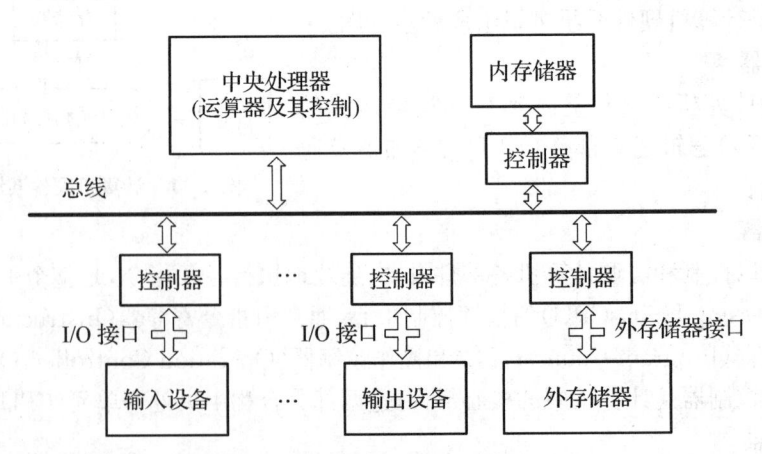

图2-2 现代计算机硬件系统逻辑组成

2. 计算机软件系统

软件是指程序运行所需的数据以及与程序相关的文档资料的集合。计算机的软件系统

可分为系统软件和应用软件,如图 2-3 所示:

(1) 系统软件。

系统软件是指控制和协调计算机及外部设备、支持应用软件开发和运行的系统,是无需用户干预的各种程序的集合,主要功能是调度、监控和维护计算机系统,负责管理计算机系统中各种独立的硬件,使得它们可以协调工作。

(2) 应用软件。

图 2-3　计算机软件系统

应用软件是用于解决各种实际问题以及实现特定功能的程序。

2.1.2　计算机的发展史

在人类文明的发展过程中,人类通过自己的聪明才智不断发明和创造各种计算工具。从 13 世纪中国的算盘到 17 世纪英国的计算尺,再到电子计算机,人类的计算工具经历了阶梯式的发展。电子计算机的发明与发展给现代科学技术和社会的发展带来了革命性的影响,当今信息技术也是随着计算机技术的发展而不断前进。

1. 计算机的元器件发展

计算机具有运算快、精度高、存储记忆强、可进行逻辑判断、高度自动化和人机交互的特点。1946 年 2 月 15 日,世界上第一台电子计算机——ENIAC(Electronic Numerical Integrator And Calculator,电子数字积分计算机)在美国宾夕法尼亚大学诞生。1946 年 6 月,美籍匈牙利数学家冯·诺依曼首次提出"存储程序"思想模型,从而为以后电子计算机的发展奠定了理论基础。

经历了半个多世纪的发展,计算机已经成为信息处理系统中最重要的一种工具,它不仅承担着信息加工、存储的任务,而且在信息传递、感测、识别、控制和显示等方面也发挥着非常重要的作用。计算机的发展根据其结构中采用的主要电子元器件,一般分为 4 个时代。

第一代计算机(1946—1959 年)——电子管计算机,主要采用电子管作为主要逻辑元件,如图 2-4(a)所示,这时的计算机运算速度慢,内存容量小,使用机器语言和汇编语言编写程序,主要用于军事和科研部门的科学计算。典型的计算机有 ENIAC、EDVAC、UNIVAC、IBM650 等,如图 2-5 所示。

(a) 电子管　　(b) 晶体管　　(c) 中、小规模集成电路　　(d) 大规模集成电路

图 2-4　电子管、晶体管与集成电路

第二代计算机(1959—1964 年)——晶体管计算机,采用晶体管作为主要元器件,如图 2-4(b)所示,典型的计算机有 IBM7090、IBM7094、CDC6600 等。由于采用磁心存储技术,故此类计算机的运算速度比以前提高了 10 倍,体积缩小为原来的 1/10,成本也降为原来的

1/10。此时在软件上有了重大的突破,出现了 FORTRAN、COBOL、ALGOL 等多种高级编程语言。

第三代计算机(1964—1975 年)——中、小规模集成电路计算机,采用小规模集成电路(Small Scale Integration,SSI)和中规模集成电路(Medium Scale Integration,MSI)作为基础元件,并且有了操作系统,如图 2-4(c)所示,这是微电子与计算机技术相结合的一大突破。典型的计算机有 IBM S/360、GRAY-1 等。首次实现了亿次浮点运算/秒,运算速度和效率大大提高。

第四代计算机(1975 年至今)——大规模(Large Scale Integration,LSI)和超大规模集成电路(Very Large Scale Integration,VLSI)计算机,计算机逻辑元件采用超大规模集成电路技术,如图 2-4(d)所示。元器件的集成度得到了极大的提高,体积更小,携带方便,运算速度达到上百亿次浮点运算/秒,高集成度的半导体芯片取代了磁心存储器。此外,计算机操作系统得到了进一步完善,形成了软件工程理论与方法,应用软件层出不穷。此时,计算机才真正进入社会生活的各个领域。

随着新的元器件及其技术的发展,新型的超导计算机、量子计算机、光子计算机、生物计算机、纳米计算机、人工智能计算机等已经逐步走进人们的生活,遍布各个领域。

图 2-5 第一代计算机

2. 中国计算机发展历程

我国计算机的发展是从中华人民共和国成立以后开始的。1956 年电子计算机的研制被列入当年制订的《十二年科学技术发展规划》的重点项目。1957 年我国成功研制出第一台模拟电子计算机。1958 年我国成功研制第一台电子数字计算机("103"机)。从 1964 年开始,我国推出了一系列晶体管计算机,如"109 乙"、"109 丙"、"108 乙"、"320"等。从 1972 年开始,我国生产出一系列集成电路计算机,如"150"、DJS-100 系列、DJS-200 系列等。这些产品成为我国当时的主流计算机。

从 20 世纪 80 年代开始,我国计算机产业进入快速发展时期。1983 年,国防科技大学成功研制出运算速度达到每秒上亿次的银河-Ⅱ巨型机,这是我国高速计算机研制的一个重要里程碑,它的研制成功向全世界宣布:中国成了继美、日等国之后,能够独立设计和制造巨型机的国家。

2001年，中国科学院计算所研制成功我国第一款通用CPU——"龙芯"芯片。2002年，曙光公司推出具有完全自主知识产权的"龙腾"服务器，"龙腾"服务器采用了"龙芯-1"CPU（图2-6），采用了曙光公司和中国科学院计算所联合研发的服务器专用主板和曙光Linux操作系统，该服务器是国内第一台完全实现自主产权的产品，在国防、安全等部门发挥了重大作用。2003年联想公司研制的曙光6800超级计算机，其运算速度达到4.183万亿次/秒。

图2-6 "龙芯"CPU

2009年10月29日，中国首台千万亿次超级计算机"天河一号"诞生。这台计算机每秒1 206万亿次的峰值速度和每秒563.1万亿次的Linpack实测性能，使中国成为继美国之后世界上第二个能够研制千万亿次超级计算机的国家。美国新奥尔良市，当地时间2010年11月16日下午，北京时间17日上午，在超级计算机2010国际会议上，国际超级计算TOP500组织正式发布第36届世界超级计算机500强排行榜，国防科学技术大学研制的"天河一号"超级计算机二期系统（天河—1A），以峰值速度4 700万亿次和持续速度2 566万亿次每秒浮点运算速度刷新国际超级计算机运算性能最高纪录，一举夺得世界冠军。这标志着我国自主研制超级计算机综合技术水平进入世界领先行列，取得了历史性的突破。

在此后的排名中，神威太湖之光和天河二号数次登顶世界前2位。TOP500组织在声明中表示："除了超级计算系统数量上的对决之外，中国和美国在Linpack性能上也表现出并驾齐驱的态势。"

在微型计算机方面，我国出现了联想、方正、清华同方、长城、浪潮、实达、神舟等国产知名品牌，市场占有率与日俱增。

2.2 硬件系统

2.2.1 CPU

1. 指令与指令系统

作为计算机科学奠基人之一的冯·诺依曼提出的程序存储和程序控制的思想，直到今天还是计算机的基本工作原理。该思想的主要内容是：预先将一个问题的解决方案（程序）连同它所处理的数据存储在存储器中，工作时，处理器从存储器中取出程序中的一条指令，并按照指令的要求完成数据操作。即存储在存储器中的程序自动地控制着整个计算机的全部操作，完成信息处理任务。

指令也称为机器指令，要求计算机执行某种基本操作的命令。一条指令规定了机器所能够完成的一个基本操作，是用户使用计算机与计算机本身运行的最小功能单位。指令也是机器所能够领会的一组特定的二进制代码串。指令系统是CPU所能够提供的所有指令的集合，指令系统的设计是计算机系统设计的一个核心问题。

一条指令就是机器语言的一个语句，它是一组有意义的二进制代码，指令的基本格式为：操作码字段和操作数地址字段（也叫地址码）。其中，操作码指明了指令的操作性质及功能,地址码则给出了所需操作数的地址。

| 操作码 | 操作数地址 |

指令执行过程分为取出指令、分析指令和执行指令等几个步骤:

(1) 取出指令和分析指令。

首先根据计算机所指出的现行指令地址,从内存中取出该条指令的指令码,并送到控制器的指令寄存器中,然后对所取的指令进行分析,即根据指令中的操作码进行译码,确定计算机应进行什么操作。译码信号被送往操作控制部件,和时序电位、测试条件配合,产生执行本条指令相应的控制电位序列。

(2) 执行指令。

根据指令分析结果,由操作控制部件发出完成操作所需要的一系列控制电位,指挥计算机有关部件完成这一操作,同时为取下一条指令做好准备。

由此可见,控制器的工作就是取指令、分析指令、执行指令的过程。周而复始地重复这一过程,就构成了执行指令序列(程序)的自动控制过程。

指令系统是计算机所能执行的全部指令的集合,它描述了计算机内全部的控制信息和"逻辑判断"能力。不同计算机的指令系统包含的指令种类和数目也不同,但一般均包含算术运算型、逻辑运算型、数据传送型、判定和控制型、输入和输出型等指令。指令系统是表征一台计算机性能的重要因素,它的格式与功能不仅直接影响机器的硬件结构,而且也直接影响系统软件,影响机器的适用范围。

回顾计算机的发展历史,指令系统的发展经历了从简单到复杂的演变过程。早在20世纪50年代至60年代,计算机大多数由分立元件的晶体管或电子管组成,体积庞大,价格也昂贵,因此计算机的硬件结构比较简单,所支持的指令系统也只有十几至几十条最基本的指令,而且寻址方式简单。到20世纪60年代中期,随着集成电路的出现,计算机的功耗、体积、价格等不断下降,硬件功能不断增强,指令系统也越来越丰富。到20世纪70年代,高级语言已成为大、中、小型机的主要程序设计语言,计算机应用日益普及。由于软件的发展超过了软件设计理论的发展,复杂的软件系统设计一直没有很好的理论指导,导致软件质量无法保证,从而出现了所谓的"软件危机"。人们认为,缩小机器指令系统与高级语言的语义差距,可为高级语言提供更多的支持,是缓解软件危机有效和可行的办法。计算机设计者们利用当时已经成熟的微程序技术和飞速发展的 VLSI 技术,增设各种各样复杂的、面向高级语言的指令,使指令系统越来越庞大。这是几十年来人们在设计计算机时,保证和提高指令系统有效性方面传统的想法和做法。按这种传统方法设计的计算机系统称为复杂指令集计算机(Complex Instruction Set Computer, CISC)。精简指令集计算机(Reduced Instruction Set Computer, RISC)是另一种计算机体系结构的设计思想,是近代计算机体系结构发展史中的一个里程碑。然而,直到现在 RISC 还没有一个确切的定义。20世纪90年代初,电气与电子工程师协会(Institute of Electrical and Electronic Engineers, IEEE)的迈克尔·斯莱特(Michael Slater)对 RISC 的定义做了如下描述:RISC 处理器所设计的指令系统,应使流水线处理能高效率执行,并使优化编译器能生成优化代码。

2. CPU 的结构与原理

计算机中能够执行各种指令、进行数据处理的部件称为中央处理器。中央处理器 CPU

(Central Processing Unit)是电子计算机的主要设备之一,其功能主要是解释计算机指令以及处理计算机软件中的数据,CPU 是 PC 不可缺少的组成部分,它担负着运行系统软件和应用软件的任务。CPU 是计算机中的核心部件,是一台计算机的运算核心和控制核心。计算机中所有操作都由 CPU 负责读取指令、对指令进行译码并执行。一台计算机至少包含 1 个 CPU,也可以包含 2 个、4 个、8 个甚至更多个 CPU。CPU 包括运算逻辑部件、寄存器部件和控制部件。图 2-7 为 CPU 的结构示意图。

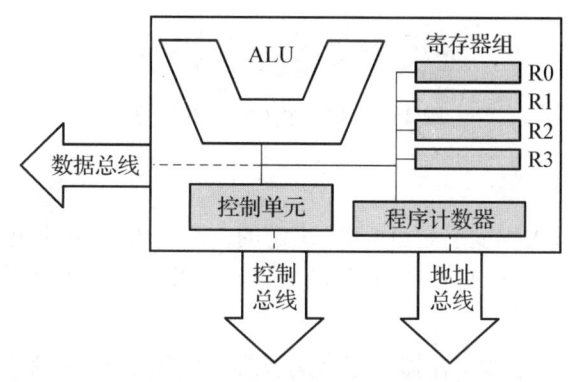

图 2-7 CPU 的结构示意图

CPU 从存储器或高速缓冲存储器中取出指令,放入指令寄存器,并对指令进行译码。它把指令分解成一系列的微操作,然后发出各种控制命令,执行微操作系列,从而完成一条指令的执行。

运算逻辑部件可以执行定点或浮点的算术运算操作、移位操作以及逻辑操作,也可执行地址的运算和转换。

寄存器部件包括通用寄存器、专用寄存器和控制寄存器。通用寄存器是中央处理器的重要组成部分,大多数指令都要访问通用寄存器,为了暂存结果,CPU 中包含几十个甚至上百个寄存器,用来临时存放数据。通用寄存器的宽度决定计算机内部的数据通路宽度,其端口数目往往可影响内部操作的并行性。专用寄存器是为了执行一些特殊操作所需要的寄存器。控制寄存器通常用来指示机器执行的状态,或者保持某些指针,包括处理状态寄存器、地址转换目录的基地址寄存器、特殊状态寄存器、条件码寄存器、处理异常事故寄存器以及检错寄存器等。有的时候,中央处理器中还有一些缓存,用来暂时存放一些数据指令,缓存越大,说明 CPU 的运算速度越快。

控制部件主要负责对指令进行译码,并且发出为完成每条指令所要执行的各个操作的控制信号,指挥和控制各个部件协调一致地工作。其结构有两种:一种是以微存储为核心的微程序控制方式;一种是以逻辑硬布线结构为主的控制方式。微存储中保持微码,每一个微码对应于一个最基本的微操作,又称微指令;各条指令是由不同序列的微码组成,这种微码序列构成微程序。中央处理器在对指令进行译码以后,即发出一定时序的控制信号,按给定序列的顺序以微周期为节拍执行由这些微码确定的若干个微操作,即可完成某条指令的执行。简单指令是由 3~5 个微操作组成,复杂指令则要由几十个微操作甚至几百个微操作组成。逻辑硬布线控制器则完全是由随机逻辑组成,指令译码后,控制器通过不同的逻辑门的组合,发出不同序列的控制时序信号,直接去执行一条指令中的各个操作。图 2-8 显示

CPU 执行指令的过程。

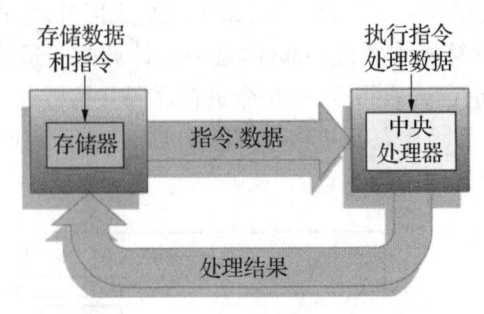

图 2-8 CPU 执行程序的过程

3. CPU 的性能指标

计算机的性能在很大程度上是由 CPU 决定的。CPU 的性能主要表现在程序执行速度的快慢上,而程序执行的速度与 CPU 相关的因素有很多。这些相关因素有:

(1) 字长(位数)。

字长指的是 CPU 中整数寄存器和定点运算器的宽度(即二进制整数运算的位数)。由于存储器的地址是整数,整数运算是由定点运算器完成的,因而定点运算器的宽度就大致决定了地址码位数的多少,而地址码的长度决定了 CPU 可以访问的存储器的最大空间,这是影响 CPU 性能的一个重要因素。近些年来主流使用的 Core i5/i7/i9 已经扩充到 64 位。

(2) 主频(CPU 时钟频率)。

即 CPU 中电子线路的工作频率,它决定着 CPU 芯片内部数据传输与操作的速度。一般而言,主频越高,执行一条指令需要的时间就越短,CPU 的处理速度就越快。

(3) CPU 总线速度。

CPU 总线(前端总线)的工作频率和数据线宽度决定着 CPU 与内存之间传输数据速度的快慢。一般情况下,总线速度越快,CPU 的性能将发挥得越充分。

(4) 高速缓存(Cache)的容量与结构。

程序运行过程中高速缓存有利于减少 CPU 访问内存的次数。通常,高速缓存容量越大,级数越高,其效用就越显著。

(5) 指令系统。

指令的类型和数目、指令的功能都会影响程序的执行速度。

(6) 逻辑结构。

CPU 包含的定点运算器和浮点运算器数目、是否具有数字信号处理功能、有无指令预测和数据预测功能、流水线结构和级数等都对指令的执行速度有影响,甚至对一些特定应用有极大的影响。

2.2.2 内存储器

存储器(Memory)是计算机系统中的记忆设备,用来存放程序和数据。计算机中的全部信息,包括输入的原始数据、计算机程序、中间运行结果和最终运行结果都保存在存储器中。它根据控制器指定的位置存入和取出信息。

存储器按用途可分为主存储器(内存)和辅助存储器(外存)。内存指主板上的存储部件,用来存放当前正在执行的数据和程序,但仅用于暂时存放程序和数据,关闭电源或断电后,数据就会丢失。外存能长期保存信息。CPU可以直接访问内存,不能直接访问外存,外存要与CPU或I/O设备进行数据传输必须通过内存进行。

内存的存取速度快而容量较小,外存的存取速度较慢而容量相对较大。通常存取速度较快的存储器成本较高,速度较慢的存储器成本较低。为了使存储器的性能价格比得到优化,计算机中各种内存储器和外存储器呈塔式层次结构,如图2-9所示。

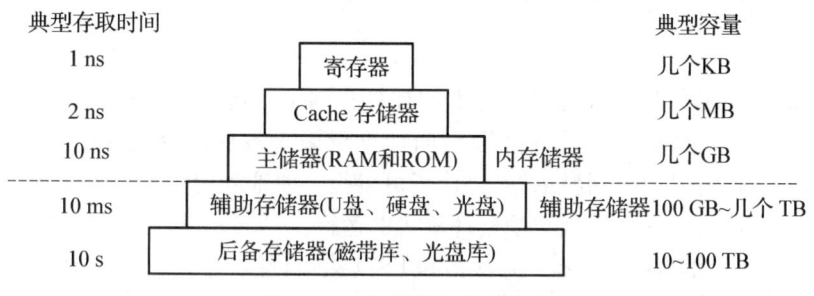

典型存取时间		典型容量
1 ns	寄存器	几个KB
2 ns	Cache存储器	几个MB
10 ns	主储器(RAM和ROM) 内存储器	几个GB
10 ms	辅助存储器(U盘、硬盘、光盘)	辅助存储器100 GB~几个TB
10 s	后备存储器(磁带库、光盘库)	10~100 TB

图2-9 存储器的层次结构

一般常用的微型计算机的存储器有磁芯存储器和半导体存储器,目前微型机的内存都采用半导体存储器。半导体存储器从使用功能上分有随机存储器(Random Access Memory,RAM),又称读写存储器和只读存储器(Read Only Memory,ROM)。

RAM目前多采用MOS型半导体集成电路芯片制成,根据其保存数据的原理又分为DRAM和SRAM两种。

(1) DRAM(动态随机存取存储器)芯片的电路简单,集成度高,功耗小,成本较低,适合用于内存储器的主体部分,但是它的速度较慢,一般要比CPU慢得多,因此出现了许多不同的DRAM结构,以改善其性能。

(2) SRAM(静态随机存取存储器)与DRAM相比,它的电路较复杂,集成度低,功耗较大,制造成本高,价格贵,但工作速度很快,适合用作高速缓冲存储器。

无论是DRAM还是SRAM,当关机或断电时,其中的信息都将随之丢失,这是RAM与ROM的一个重要区别。

RAM有以下特点:可以读出,也可以写入;读出时并不损坏原来存储的内容,只有写入时才修改原来存储的内容;断电后,存储内容立即消失,即具有易失性。

ROM是只读存储器。顾名思义,它的特点是只能读出原有的内容,不能由用户再写入新内容。原来存储的内容是采用掩膜技术由厂家一次性写入的,并永久保存下来。它一般用来存放专用的固定的程序和数据,不会因断电而丢失。按照ROM的内容是否能在线改写,ROM可分为以下两类:

(1) 不可在线改写的ROM。如掩膜ROM、PROM和EPROM,前两种不能改写,后一种必须通过专用设备改写其中的内容。

(2) Flash ROM(闪存)。是一种非易失性存储器,但又能像RAM一样能方便地写入信息。它的工作原理是:在低电压下,它所存储的信息可读不可写,这时类似ROM;而在高电压下,所存储的信息可以更改和删除,这时类似RAM。因此,Flash ROM在PC机中可以在线写入,信息一旦写入则相对固定。

2.2.3 常用输入设备

输入设备是外围设备的一部分,是计算机系统与人或其他机器之间进行信息交换的装置,其功能是把数据、命令、字符、图形、图像、声音或电流、电压等信息,变成计算机可以接收和识别的二进制数字代码,供计算机进行运算处理。输入设备包含键盘、鼠标、光笔、触屏、跟踪球、控制杆、数字化仪、扫描仪、数码相机、语音输入、手写汉字识别以及纸带输入机、卡片输入机、光学字符阅读机(OCK)等。

1. 键盘

键盘(Keyboard)是最重要且必不可少的计算机输入设备,它广泛应用于微型计算机和各种终端设备上。计算机操作者通过键盘向计算机输入各种指令、数据,指挥计算机的工作。计算机的运行情况输出到显示器,操作者可以很方便地利用键盘和显示器与计算机"对话",对程序进行修改、编辑,控制和观察计算机的运行。

早期台式 PC 机键盘的接口有 AT 接口和 PS/2 接口,现在则多采用 USB 接口。无线键盘采用蓝牙、红外线等无线通信技术,它与主机之间没有直接的物理连线,而是通过无线电波或红外线将输入信息传送给计算机上安装的专用接收器,距离可达几米,因此操作非常方便。

智能手机和平板电脑使用的是"软键盘"(虚拟键盘)。它可以让用户能像操作普通键盘一样轻易地打出文章或电子邮件。当用户需要使用键盘输入信息时,屏幕上就会出现虚拟键盘,用户用手指触摸其中的按键即可输入相应的信息,不使用时,虚拟键盘会从屏幕上消失。

2. 鼠标

鼠标器简称鼠标,它是一种指示设备,能方便地控制屏幕上的鼠标箭头准确地定位在指定的位置处,并通过按钮完成各种操作。它的外形轻巧,操纵自如,尾部有一条连接计算机的电缆,状似老鼠,故得其名。由于价格低,操作简便,用途广泛,目前它已成为计算机必备的输入设备之一。

当用户移动鼠标器时,借助机械或光学的原理,鼠标运动的距离和方向(X 方向及 Y 方向的距离)将分别变换成脉冲信号输入计算机,计算机中运行的鼠标驱动程序把接收的脉冲信号再转换为鼠标器在水平方向和垂直方向的位量,从而控制屏幕上鼠标箭头的运动。

鼠标器的技术指标之一是分辨率,用 dpi(dot per inch)表示,它指鼠标每移动一英寸距离可分辨的点的数目。分辨率越高,定位精度就越好,目前办公与日常使用的鼠标可达到 800～4 000 dpi,高端鼠标可达 20 000 dpi。

鼠标器一般通过 USB 接口与主机相连,可以方便地进行插拔。无线鼠标也已推广使用,有些产品作用距离可达 10 m 左右。

3. 触摸屏

触摸屏是透明的,可以安装在任何一台显示屏的外面(表面)。使用时,显示屏上根据实际应用的需要,显示用户所需控制的项目或查询内容(或标题)供用户选择,用户只要用手指(或其他物品)点一下所选择的项目(或标题)即可由触摸屏将信息送到计算机中。实际上触摸屏是一种定位设备,用户通过与触摸屏的直接接触向计算机输入接触点的坐标,其后计算机根据相关程序进行工作。触摸屏系统一般包括触摸屏控制器(卡)和触摸屏检测装置两部分。图2-10为触摸屏的一种。

目前智能手机上流行使用"多点触摸屏"。区别于传统的单点触摸屏，多点触摸屏的最大特点在于可以两只手，多个手指，甚至多个人，同时操作屏幕的内容，更加方便与人性化。

2.2.4 常用输出设备

图2-10 触摸屏

输出设备的功能是把计算机处理的结果，变成最终可以识别的数字、文字、图形、图像或声音等信息，打印或显示出来，供人们分析与使用。主要有显示器、打印机、绘图仪、语音输出设备以及卡片穿孔机、纸带穿孔机等。

1. 显示器与显示卡

显示器是由监视器（Monitor）和显示适配器（Display Adapter）及有关电路和软件组成，用以显示数据、图形、图像的计算机输出设备。显示器的类型和性能由组成它的监视器、显示适配器和相关软件共同决定。

液晶显示器（Liquid Crystal Display，LCD）已成为当今显示器发展的主流。和过去的阴极射线管显示器（Cathode Ray Tube Monitor，CRT）相比，LCD具有工作电压低，辐射危害小，功耗少，不闪烁，适用于大规模集成电路驱动，重量体积轻薄，易于实现大画面显示等特点，是一种平面超薄的显示设备。目前液晶显示器在计算机、手机、数码相机、数码摄像机、电视机中广泛应用。

现在智能手机已进入了平面转换屏幕（In-Plane Switching，IPS）时代。与传统屏液晶相比，IPS屏技术的硬屏液晶响应速度更快，呈现的运动画面也更为流畅。它不会因为触摸而出现水纹，也不因外力按压而引起色差变化，因而成为触摸屏的首选。

显卡全称显示接口卡（Video Card，Graphics Card），又称为显示适配器（Video Adapter）。显卡的用途是将计算机系统所需要的显示信息进行转换驱动，并向显示器提供行扫描信号，控制显示器的正确显示，是连接显示器和个人电脑主板的重要部件。

2. 打印设备

打印设备是计算机产生复件输出的设备，是将计算机的运算结果或中间结果以人所能识别的数字、字母、符号和图形等依照规定的格式印在相关介质上的设备。

现主要介绍常用的针式打印机、彩色喷墨打印机和激光打印机。

针式打印机在打印机发展历史的很长一段时间上曾经占有着重要的地位。针式打印机之所以在很长的一段时间内能流行不衰，与它极低的打印成本、易用性以及单据打印的特殊用途是分不开的。当然，打印质量低、噪声大也是它无法适应高质量、高速度的商用打印需要的根结，所以现在只有在银行、超市等用于票单打印的地方还可以看见它的踪迹。如图2-11所示。

彩色喷墨打印机因其有着良好的打印效果与较低价位的优点占领了广大中、低端市场。此外，喷墨打印机还具有更为灵活的纸张处理能力，在打印介质的选择上，喷墨打

图2-11 针式打印机

机也具有一定的优势:既可以打印信封、信纸等普通介质,还可以打印各种胶片、照片纸、光盘封面、卷纸、T恤转印纸等特殊介质。如图2-12所示。

激光打印机是高科技发展的新产物,已逐渐代替喷墨打印机,分为黑白和彩色两种,为人们提供了更高质量、快速、低成本的打印方式。如图2-13所示。

图2-12　彩色喷墨打印机　　　　图2-13　激光打印机

虽然激光打印机的价格要比喷墨打印机昂贵得多,但从单页的打印成本上讲,激光打印机则要便宜很多。而彩色激光打印机的价位较高,所以彩色打印采用喷墨打印机的多。

从20世纪90年代起出现了一种"3D打印机"。所谓的3D打印,它不是在纸上打印平面图形,而是打印生成三维的实体,但是注意3D打印出来的是物体的模型,不能打印出物体的功能。3D打印技术在珠宝、鞋类、工业设计、建筑、工程和施工(AEC)、汽车、航空航天、牙科和医疗产业、教育、地理信息系统、土木工程、枪支以及其他领域都有所应用。

2.2.5　外存储器

计算机的外部存储器可以用来长期存放程序和数据。它又被称为辅助存储器(简称辅存),是内部存储器的扩充。外部存储器上的信息主要由操作系统进行管理,外部存储器一般只和内部存储器进行信息的交换。外部存储器的容量较内存大得多,价格便宜,但读取速度较慢。

目前,微型机的外存储器主要有磁盘、固态硬盘和光盘。磁盘主要以硬盘(Hard Disk或Fixed Disk)为主,软盘(Floppy Disk或Diskette)已退出了历史舞台。

1. 硬盘(磁盘)

硬盘一直以来都是计算机最主要的外存设备,它以铝合金、塑料、玻璃材料为基体,双面都涂有一层很薄的磁性材料。通过电子方法可以控制磁盘表面的磁化,以达到记录信息(0和1)的目的。

硬盘是由磁道(Tracks)、扇区(Sectors)、柱面(Cylinders)和磁头(Heads)组成。拿一个盘片来讲,上面被分成若干个同心圆磁道,每个磁道被分成若干个扇区,每个扇区通常是512 B或4 KB(容量超过2 TB的硬盘)。硬盘由很多个磁片叠在一起,柱面指的就是多个磁片上具有相同编号的磁道,它的数目和磁道是相同的。

硬盘的主要技术参数有:

容量。目前硬盘容量常以千兆字节(GB)和兆兆字节(TB)为单位,作为PC最大的数据储存器,硬盘容量自然是越大越好。而在容量上所受的限制,一方面来自厂家制作更大硬盘的能力,另一方面则来自计算机用户自身的实际工作需要和经济承受能力。

数据传输率。硬盘的数据传输率分为外部传输速率和内部传输速率。外部传输速率（接口传输速率）指计算机从硬盘中准确找到相应数据并传输到内存的速率，以每秒可传输多少兆字节来衡量(MBps)。它与采用的接口类型有关，现在采用的 SATA3.0 接口的硬盘传输速率为 6 GBps。内部数据传输率指硬盘磁头在盘片上的读写速度，通常远小于外部传输速率。

平均寻道时间。平均寻道时间是指计算机在发出一个寻址命令到相应目标数据被找到所需的时间，人们常以它来描述硬盘读取数据的能力。平均寻道时间越小，硬盘的运行速度相应也就越快。

硬盘高速缓存。与计算机的其他部件相似，硬盘也通过将数据暂存在一个比其速度快得多的缓冲区来提高速度，这个缓冲区就是硬盘的高速缓存(Cache)。硬盘上的高速缓存可大幅度提高硬盘存取速度，这是由于目前硬盘上的所有读写动作几乎都是机械式的，真正完成一个读取动作大约需要 10 ms 以上，而在高速缓存中的读取动作是电子式的，同样完成一个读取动作只需要大约 50 ns。由此可见，高速缓存对大幅度提高硬盘的速度有着非常重要的意义。

硬盘主轴转速。较高的转速可缩短硬盘的平均寻道时间和实际读写时间，从而提高硬盘的运行速度。一般硬盘的主轴转速为 3 600～7 200 rpm(转/每分钟)。对于 IDE 接口的硬盘来说，其转速至少应选 5 400 rpm 的。转速为 7 200 rpm 的硬盘虽然价格稍高，但性价比很高。

单碟容量。硬盘中的存储碟片一般有 1～5 片。每张碟片的磁储存密度越高，则达到相同存储容量所用的碟片就越少，其系统可靠性也就越好。同时，高密度碟片可使硬盘在读取相同数据量时，磁头的寻道动作和移动距离减少，从而使平均寻道时间减少，加快硬盘数据传输速度。

柱面数(Cylinders)。柱面是指硬盘多个盘片上相同磁道的组合。

磁头数(Heads)。硬盘的磁头数与盘面数相同。

登陆区(Landing Zone，Lzone)。登陆区是指数据区外最靠近主轴的盘片区域。硬盘的盘片不转或转速较低时磁头与表面是接触的。当转速达到额定值时，磁头以一定的"飞行"高度浮于盘片表面上。登陆区的线速度较低，盘片启动与停转时磁头与盘片之间的摩擦不太剧烈，加之该区内不记录用户数据，即使盘片表面被擦伤了也不影响正常使用，故被选作磁头的登陆区。

扇区数(Sectors)。硬盘上的一个物理记录块要用 3 个参数来定位：柱面号、扇区号、磁头号。硬盘容量＝柱面数×磁头数×扇区数×512 字节。

耐用性。耐用性通常是用平均无故障时间、元件设计使用周期和保用期来衡量。一般硬盘的平均无故障时间大都在 20 万～50 万小时。

2. 移动硬盘(磁盘)

移动硬盘(Mobile Hard Disk)是以硬盘为存储介质，与计算机进行大容量数据交换的存储产品。移动硬盘有容量大、传输速度高、使用方便、可靠性高 4 个特点。目前，主流 2.5 英寸品牌移动硬盘的读写速度可以达到上百 MB/s，与主机连接采用 USB、IEEE-1394 等传输速度较快的接口，可以较高的速度与系统进行数据传输。市场中的移动硬盘能提供 TB 级别的容量,能够满足大数据量携带用户的需求。

3. U 盘和存储卡

U 盘,俗称优盘,中文全称为"USB(通用串行总线)接口的闪存盘",英文名为"USB Flash Disk",是一种小型的硬盘。主要用于存储照片、资料、影像等。U 盘的出现,实现了便携式移动存储,大大提高了人们的办公效率。与移动硬盘相比,存储量较小。市面上 U 盘一般有上百 GB 的容量甚至 TB 级别的容量。存储卡是另一种形式的存储器,常被用于手机及数码相机等设备存储扩充。

4. 固态盘

固态硬盘(Solid State Drives),简称固盘。固态硬盘的存储介质分为两种,一种是采用闪存(Flash 芯片)作为存储介质,另外一种是采用 DRAM 作为存储介质。

基于闪存的固态硬盘(IDE Flash Disk、Serial ATA Flash Disk):采用 Flash 芯片作为存储介质,这也是通常所说的 SSD。它的外观可以被制作成多种模样,例如:笔记本硬盘、微硬盘、存储卡、U 盘等样式。这种 SSD 固态硬盘最大的优点就是可以移动,而且数据保护不受电源控制,能适应各种环境,适合个人用户使用。

基于 DRAM 的固态硬盘,采用 DRAM 作为存储介质,应用范围较窄。它仿效传统硬盘的设计,可被绝大部分操作系统的文件系统工具进行卷设置和管理,并提供工业标准的 PCI 和 FC 接口用于连接主机或者服务器。应用方式可分为 SSD 硬盘和 SSD 硬盘阵列两种。它是一种高性能的存储器,而且使用寿命很长,美中不足的是需要独立电源来保护数据安全。DRAM 固态硬盘属于比较非主流的设备。

与常规硬盘相比,固态硬盘具有读写速度快、功耗低、无噪声、抗震动等优点。但价格较高,容量较低(目前容量几百 GB),一旦硬件损坏,数据难以恢复,耐用性也相对较差。

2.2.6 外设接口

计算机的外部设备,都是独立的物理设备,计算机的外围设备种类繁多,几乎都采用了机电传动设备。CPU 与外部设备、存储器的连接和数据交换都需要通过接口设备来实现,前者被称为 I/O 接口,而后者则被称为存储器接口。存储器通常在 CPU 的同步控制下工作,接口电路比较简单,而 I/O 设备品种繁多,其相应的接口电路也各不相同,因此习惯上说到的接口只是指 I/O 接口。

过去的 I/O 设备接口有多种类型,有串口、并口、高速、低速等。现在除了硬盘和显示器各有自己专用的接口之外,其他设备都逐步使用 USB 接口。

通用串行总线(Universal Serial Bus,USB)接口是一种全新的外部设备接口。从 1998 年开始,PC 主板支持 USB 接口。当今时代,USB 接口外部设备比比皆是,USB 接口已成为 PC 主板的标准配置。

USB1.0 的数据传输速率为 1.5 MB/s(慢速),用以连接低速设备(如键盘和鼠标),USB1.1 的速率为 1.5 MB/s(全速),可连接中速设备。与 USB1.1 保持兼容的 USB2.0 的数据传输速率 60 MB/s(即 480 Mb/s,高速),USB3.0 的数据传输速率则可达 640 MB/s(即 5 Gb/s,超速),可用来连接高速设备。最新的 USB4.0 数据传输速率则可达 10 GB/s。

USB 接口主要具有以下优点：

（1）可以热插拔。就是用户在使用外接设备时，不需要关机再开机等动作，而是在电脑工作时，直接将 USB 插上使用。

（2）携带方便。USB 设备大多以"小、轻、薄"见长，对用户来说，随身携带大量数据时，很方便。当然 USB 硬盘是首选。

（3）标准统一。早期常见的有 IDE 接口的硬盘，串口的鼠标键盘，并口的打印机扫描仪，可是有了 USB 之后，这些应用外设统统可以用同样的标准与个人电脑连接，这时就有了 USB 硬盘、USB 鼠标、USB 打印机等。

（4）可以连接多个设备。USB 在个人电脑上往往具有多个接口，可以同时连接几个设备，如果接上一个有 4 个端口的 USB Hub 时，就可以再连接 4 个 USB 设备，以此类推，很多设备可以同时连接在一台个人电脑上而不会有任何问题（最高可连接 127 个设备）。

（5）带有 USB 接口的 I/O 设备可以有自己的电源，也可以通过 USB 接口由主机提供电源（+5 V，100～500 mA）。

很多智能手机采用 USB OTG 接口。这个接口标准在完全兼容 USB2.0 标准的基础上，增添了电源管理（节省功耗）功能，它允许智能手机既可作为主机，也可作为外设操作（两用 OTG）。当作为外设连接到 PC 机时，由 PC 机对其进行控制、访问、数据传输和充电。当作为主机使用时，可以连接 U 盘、打印机、鼠标、键盘等外设，以达到扩充辅助存储器的容量、方便输入/输出的目的。

USB Type-C，简称 Type-C，是一种通用串行总线（USB）的硬件接口规范。Type-C 双面可插接口最大的特点是支持 USB 接口双面插入，正式解决了"USB 永远插不准"的世界性难题，正反面随便插。

苹果公司早期的 iPhone、iPad 没有 USB 接口，它使用的是 Lightning 接口。这个接口两侧都有 8 Pin 触点，而且不分正反面，无论你怎么插入都可以正常工作，使用起来非常方便。借助数据线可连接电脑传输数据和安装软件，连接充电器进行充电，连接音响设备播放音乐。也可以通过专门的基座连接各种外设，以扩充 iPad/iPhone 的功能。

2.2.7 系统总线

微机中总线一般有内部总线、系统总线和外部总线。内部总线是微机内部各外围芯片与处理器之间的总线，用于芯片一级的互连；而系统总线是微机中各插件板与系统板之间的总线，用于插件板一级的互连；外部总线则是微机和外部设备之间的总线，微机作为一种设备，通过该总线和其他设备进行信息与数据交换，它用于设备一级的互连。

系统总线又称内总线（Internal Bus）或板级总线（Board-Level Bus）或计算机总线（Microcomputer Bus）。因为该总线是用来连接微机各功能部件而构成一个完整微机系统的，所以称之为系统总线。系统总线是微机系统中最重要的总线，人们平常所说的微机总线就是指系统总线。根据系统总线上所传输的内容又可以分为数据总线、地址总线以及控制总线。

PC 机的总线曾经很长一段时间使用外围元件互连结构（Peripheral Component Interconnect，PCI），这是一种高性能的 32 位局部总线。它由 Intel 公司于 1991 年底提出，后来又联合 IBM、DEC 等 100 多家 PC 业界主要厂家，于 1992 年成立 PCI 集团，称为

PCISIG,进行统筹和推广PCI标准的工作。它主要用于高速外设的I/O接口和主机相连。

PCI-E(PCI Express)总线,采用的也是业内流行这种点对点串行连接,它是对PCI总线的改进,比起PCI以及更早期的计算机总线的共享并行架构,每个设备都有自己的专用连接,不需要向整个总线请求带宽,而且可以把数据传输率提高到一个很高的频率,达到PCI所不能提供的高带宽。

系统总线的重要性能指标就是总线的带宽(单位时间内可传输的最大数据量)。经历多次技术演变,从早期的ISA总线、EISA总线到PCI总线、PCI-X总线,再到现在广泛使用的PCI-Express总线,带宽越来越宽,性能越来越好。

2.3 软件系统

计算机系统由计算机硬件系统和计算机软件系统构成,两者缺一不可(如图2-14)。硬件是计算机各个物理组成设备的总称,是存储、处理数据的基础,它以二进制位(bit)的方式工作,功能简单,速度极快。软件是用户与硬件的接口,它指挥和控制着硬件的运行,完成各种指令和任务。没有软件,硬件就不能发挥作用,计算机系统也就没有什么用了。

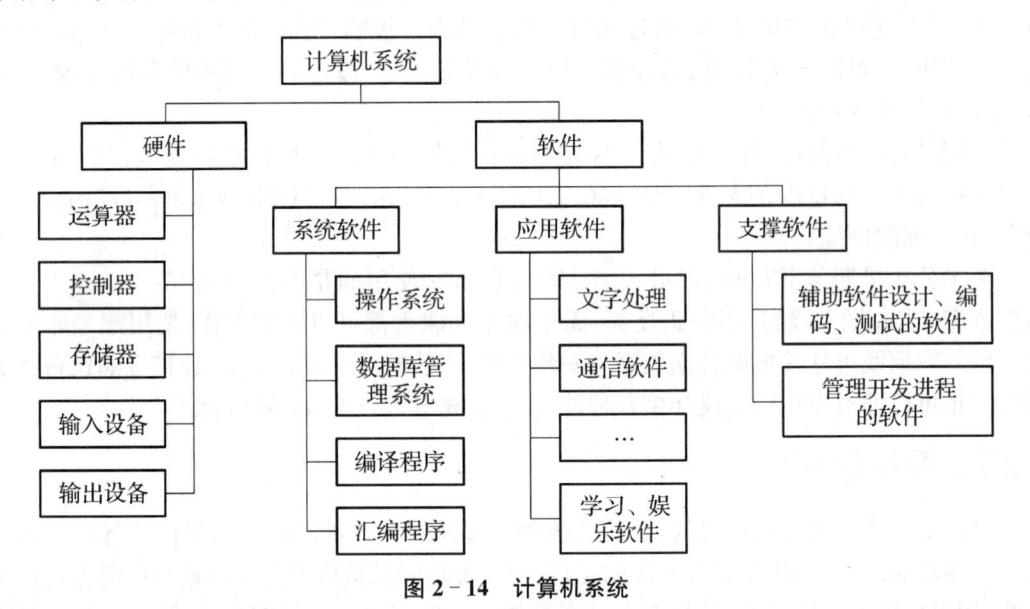

图 2-14 计算机系统

2.3.1 什么是计算机软件

软件是由开发人员通过编写程序等工作制作的,可以在硬件设备上运行的各种程序。软件是用户与硬件之间的接口界面,用户主要通过软件与计算机进行交流,软件是计算机系统设计的重要依据。为了方便用户,也为了使计算机系统具有较高的总体效用,在设计计算机系统时,必须考虑软件与硬件的结合以及用户对软件的要求。

软件由程序、数据和文档构成。也就是说,软件含有:

(1) 运行时,能够提供所要求功能和性能的指令或计算机程序集合。

(2) 程序能够满意地处理信息的数据结构。

（3）描述程序功能需求以及程序如何操作和使用所要求的文档。

软件和另一个名词"程序"经常混用。通常，程序是告诉计算机做什么和如何做的一组指令（语句），这些指令（语句）都是计算机（CPU）能够理解并能够执行的一些命令。

程序的特性：

（1）用于完成某一确定的信息处理任务；

（2）使用某种计算机语言描述如何完成该任务；

（3）预先存储在计算机中，启动运行后才能完成任务。

相比较而言，软件往往指的是设计比较成熟、功能比较完善、能够满足用户在功能上、性能上的要求、具有使用价值的计算机程序。通常，"软件"强调的是产品、工程、产业或学科等宏观方面的含义，"程序"则更侧重技术和实现层面的含义。因此，软件和程序本质上相同，在不会发生混淆的场合，软件和程序两个名称并不严格加以区分。

综上所述，通常把程序、程序运行需要的数据和软件文档，统称为软件。其中，程序是软件的主体，是计算机能够识别并运行的指令集；数据是程序运行过程中需要处理的对象和参数；文档是程序开发、维护和操作过程中的相关资料，如需求规格说明、设计规格说明书、系统帮助、使用指南等。现在，软件基本上都有完整的、规范的文档。

2.3.2　计算机软件的特点

在计算机系统中，软件和硬件是两种不同的产品，硬件是有形的物理实体，一般看得见、摸得着。而软件是人类的思维逻辑产品，与传统意义上的硬件制造不同，软件是无形的，它的正确与否、是好是坏，要在机器上运行才能知道。因此，它具有与硬件不同的如下特性：

（1）不可见性。

软件是原理、规则、方法的体现，人们无法直接触摸、观察和测量软件，程序和数据以二进制编码的形式表示、存储在计算机中，人们能够看见软件的物理载体，但是软件的价值不能依靠物理载体的成本来衡量。

（2）适应性。

一个成功的软件不仅能够满足特定的应用需求，而且还能适应一类应用问题的需要。例如微软的文字处理软件 WORD，能够建立论文、简历等文档，还能协助用户完成备忘录、网页、邮件等工作，而且发布了多个语言版本，不仅处理英文、汉字等，还可以进行韩文、日文、德文等多国文字的文档撰写。

（3）依附性。

软件的开发和运行常受到计算机硬件的限制，对计算机硬件有着不同程度的依赖性。软件不可以独立运行，必须架构在特定的计算机硬件、计算机网络上。大部分应用型软件，如文字处理软件，还要安装在其他软件也就是支撑软件的环境中。没有一定的硬件环境、软件平台，软件就有可能无法正常运行，甚至根本不能运行。比如，Android 的游戏安装包必须安装在 Android 手机环境中，在苹果手机上根本安装不了。

（4）无磨损性。

软件的使用没有硬件那样的机械磨损和老化问题。由于软件是逻辑的而不是物理的，所以软件不会磨损和老化。一个久经考验的优质软件可以长期使用下去。很多计算机用户在选择新机型时，提出的一个重要的条件往往是：原有的应用程序必须能在新机型的支撑环境下运行,即兼容性问题。

(5) 易复制性。

软件是被开发的或被设计的,它没有明显的制造过程,一旦开发成功,只需复制即可。软件以二进制表示,以光、电、磁等形式进行存储和传输,因而软件可以很方便地、毫无失真地进行复制。因为软件的易复制性,导致市场上的软件盗版行为比比皆是。软件开发商除了依法保护软件外,还经常采用加密狗、设置安装序列号等行为防止软件盗版行为。

(6) 复杂性。

软件的开发和维护工作是十分复杂的过程,随着信息技术的发展,软件的复杂性表现在规模越来越大,即总共的指令数或源程序行数越来越多,难度越来越大,程序的结构越来越庞大,智能度越来越高。

(7) 不断演变性。

软件在投入使用后,功能需求、运行环境和操作方法等方面都处于不断的变化中,一种软件在有更好的同类软件开发出来之后,它就面临着被市场淘汰的命运。为了延长软件的生存周期,软件在投入使用后,软件人员要不断地进行修改、完善、扩充新的功能、使用新的环境,使得软件版本不断升级。在软件的整个生存期中,一直处于维护状态,软件内部的逻辑关系复杂,软件在维护过程中还可能产生新的错误,常见的软件升级和打补丁,都是后期对软件错误的修改以及功能的升级。

(8) 脆弱性。

软件产品比较脆弱,在安装使用过程中会给计算机软件系统带来一定的安全性威胁。这是因为应用软件、系统软件或者通信协议、处理规程本身都存在着一定的设计上的缺陷或者安全漏洞,软件产品也不是"刚性"的产品,在复制、信息传递、文件共享等过程中,很容易被修改和破坏,表现得很脆弱。

2.3.3 计算机软件的分类

根据计算机软件的功能用途,通常将软件分为系统软件、应用软件和支撑软件(或工具软件)三大类。

1. 系统软件

系统软件是指控制和协调计算机及外部设备,支持应用软件开发和运行的系统,是无需用户干预的各种程序的集合,主要功能是调度、监控和维护计算机系统;负责管理计算机系统中各种独立的硬件,使得它们可以协调工作。

(1) 系统软件具有如下特性:

① 基础性。与计算机硬件关系密切,能对硬件进行统一的控制、调度和管理。

② 通用性。能为各种不同应用软件的开发和运行提供支持与服务。

③ 必要性。任何计算机系统中,系统软件都必不可少。在购买计算机时,通常计算机供应厂商会提供给用户一些最基本的系统软件,否则计算机无法工作。

(2) 系统软件通常包括以下几类:

① 操作系统;② 数据库管理系统(DBMS);③ 编译程序;④ 汇编程序;⑤ 实用工具。

2. 应用软件

人们日常使用的绝大多数软件都属应用软件。应用软件是为完成某一特定任务或特殊目的而开发的软件。它可以是一个特定的程序,也可以是一组紧密协作的软件集合体,或由众多独立软件组成的庞大软件系统。应用软件是基于系统软件工作的,因此不面向基础的硬件,只根据系统软件提供的各种资源进行运作。

应用软件包括专用软件和通用软件两大类。专用软件是指专门为某一个指定的任务设计或开发的软件,如专门求某个年级平均分数的软件等。通用软件是指可完成一系列相关任务的软件,如文字处理、电子表格、图形图像、媒体播放、各类手机应用APP软件等。常见通用应用软件如表2-1所示。

表 2-1 常见通用应用软件

类别	功能	流行软件举例
文字处理软件	文本编辑、文字处理、桌面排版等	WPS、Word、Adobe Acrobat 等
电子表格软件	表格设计、数值计算、制表、绘图等	Excel、WPS 等
演示软件	投影片制作与播放	PowerPoint、WPS 等
网页浏览软件	浏览网页、信息检索、电子邮件通信等	微软 IE、百度、搜狗、UC 浏览器、Firefox、Safari 等
音视频播放软件	播放各种数字音频和视频	Microsoft Media Player、Real Player、QuickTime、暴风影音、Winamp 等
通信与社交软件	电子邮件、IP电话、微博、微信等	Outlook、QQ、微信、Twitter 等
个人信息管理软件	记事本、日程安排、通讯录	Outlook、Lotus Notes
游戏软件	游戏和娱乐	休闲游戏、单机游戏等

3. 支撑软件

支撑软件(或工具软件)介于系统软件和应用软件之间,是协助开发人员开发软件的软件,也就是软件开发环境。例如,辅助软件设计、编码、测试的软件,以及管理开发进程的软件等。

2.3.4 操作系统概述

操作系统(Operation System,OS)是计算机中最重要的一种系统软件。它是计算机硬件与应用程序及用户之间的桥梁(见图2-15),它负责组织和管理计算机软硬件资源,合理安排计算机的工作流程,控制和支持应用程序的运行;并为用户提供方便的、有效的、友善的服务界面,使整个计算机系统高效率地工作。

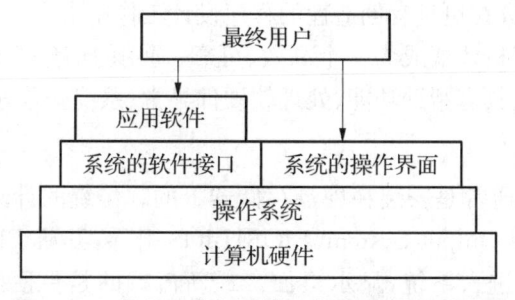

图 2-15 操作系统与计算机软件、硬件间的关系

1. 操作系统的作用

在系统软件中,操作系统是负责直接控制和管理硬件的系统软件,也是一系列系统软件的集合,主要有三方面的重要作用:

(1) 管理和分配计算机中的软硬件资源。

计算机资源可分为两大类:硬件资源和软件资源。硬件资源指组成计算机的硬件设备,软件资源主要指存储于计算机中的各种数据和程序。当多个软件同时运行时,系统的硬件资源和软件资源都由操作系统根据用户需求按一定的策略分配和调度。

从用户的角度看,操作系统用来管理复杂系统的各个部分,负责在相互竞争的程序之间有序地控制对 CPU、内存及其他 I/O 接口设备的分配。比如说,假设在一台计算机上运行的 4 个程序试图同时在同一台打印机上输出计算结果,如果头几行是程序 1 的输出,下几行是程序 2 的输出,然后又是程序 3、程序 4 的输出,那么最终结果将是一团糟。在操作系统管理下,可以将每个程序要打印的输出送到磁盘上的缓冲区,在一个程序打印结束后,将暂存在磁盘上的文件送到打印机输出,这样就可以避免这种混乱。从这个角度来看,操作系统是系统的资源管理者,用户通过操作系统来管理整个计算机资源,操作系统的主要功能有处理器管理、存储管理、文件管理、I/O 设备管理等。

(2) 提供友好的人机界面。

人机界面又称用户界面、用户接口或人机接口,通过键盘、鼠标、显示器、操纵杆、摄像头等及其软件应用程序实现用户与计算机间的交互。操作系统更向用户提供了一种图形用户界面(Graphical User Interface,GUI,又称图形用户接口),与早期计算机使用的命令行界面相比,图形界面对于用户来说在视觉上更易于接受。然而这界面若要通过在显示屏的特定位置,以"各种美观而不单调的视觉消息"提示用户"状态的改变",势必要比以往的简单消息呈现花上更多的计算能力。

(3) 提供高效的应用程序开发和运行平台。

人们常把没有安装任何软件的计算机称为裸机,在裸机上开发和运行应用程序,难度大、效率低、难以实现。安装了操作系统后,操作系统屏蔽了几乎所有的物理设备的技术细节,以规范的、高效的系统调用、库函数方式向应用程序提供服务和支持,从而为应用程序开发、应用软件的运行提供了一个高效率的平台。

从程序员的角度看,操作系统可以将硬件细节与程序员隔离开来,即硬件对于程序员来说是透明的,是一种简单的、高度抽象的设备驱动层。如果没有操作系统,程序员在开发软件的时候就必须陷入复杂的硬件实现细节,将大量的精力花费在这些重复的工作上,使得程序员无法把精力集中并放在更具有创造性的程序设计工作中去。

有了操作系统,计算机才能成为一个高效、可靠、通用的信息处理系统。除了上述 3 个主要作用外,操作系统还具有帮助功能、处理软硬件异常、系统安全等功能。

2. 操作系统的启动

计算机的操作系统通常是安装在硬盘存储器上的。传统的计算机通常都使用基本输入输出系统(Basic Input Output System,BIOS)BIOS 引导,开机 BIOS 初始化,然后 BIOS 自检,再引导操作系统,进入系统,显示桌面。最新流行的是更便捷快速的 UEFI 引导启动配置,它的全称是 Unified Extensible Firmware Interface,翻译成中文就是"统一可扩展固件接口"。

(1) 传统的 BIOS 引导启动。

当计算机开机加电启动工作时,CPU 首先执行预装在主板上 ROM(Read Only Memory)芯片上的 BIOS 中的加电自检(POST,即 Power On Self-Test)程序,如果硬件系统没有故障,则进一步执行系统引导(Boot)程序,指引 CPU 把操作系统从硬盘传送到主存储器 RAM(Random-Access Memory),加载操作系统。此后,操作系统接管并且开始控制整个计算机系统的活动,如图 2-16 所示。

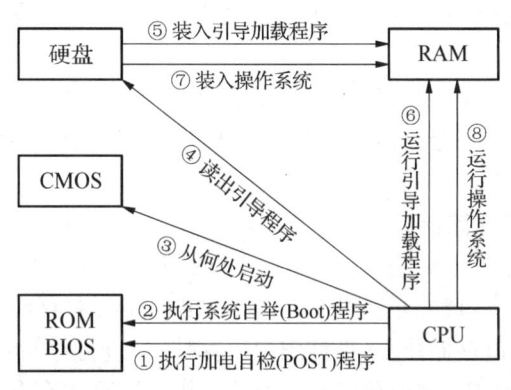

图 2-16 操作系统的 BIOS 引导加载过程

(2) 当前流行的 UEFI 引导启动。

UEFI 引导的流程是开机初始化 UEFI,然后,直接引导操作系统,进入系统,如图 2-18。和传统的 BIOS 引导(图 2-17)相比,UEFI 引导少了一道 BIOS 自检的过程,所以开机就会更快一些,这也使它成了计算机的新宠。

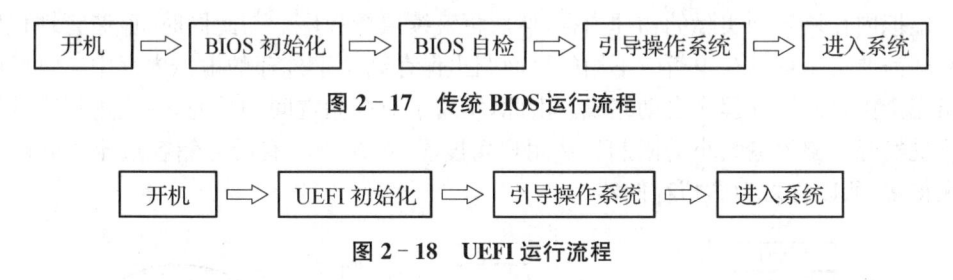

图 2-17 传统 BIOS 运行流程

图 2-18 UEFI 运行流程

简言之,UEFI 启动是新一代的 BIOS,是一种新的主板引导,功能更加强大,而且它是以图形图像模式显示,让用户更便捷地直观操作。现在市面上的新款计算机大部分都支持 UEFI 启动模式,甚至有的计算机都已抛弃 BIOS 而仅支持 UEFI 启动,也就是说 UEFI 正在逐渐取代传统的 BIOS 启动。

3. 操作系统的管理功能

操作系统承担着计算机软件、计算机硬件系统资源的调度和分配功能,以避免冲突,使得应用程序能够正常有序地运行。从硬件和软件资源管理的角度来看,操作系统的主要管理功能包括处理器管理、存储管理、文件管理、设备管理等。

(1) 多任务处理与处理器管理。

为了提高中央处理器(CPU)的利用率,操作系统需要支持多个程序同时运行,这称为多任务处理。任务就是装入内存启动执行的一个应用程序。例如,在 Windows 操作系统下,用户可以启动多个应用程序(如电子邮件、聊天工具、音乐播放、Word 等)并同时工作,它们可以互不干扰地独立运行。宏观上,这些任务是"同时"进行的,而微观上任何时刻只有一个任务正在被 CPU 执行,即这些程序是由 CPU 轮流执行的。

为了支持多任务处理,操作系统中有一个处理器调度程序负责把 CPU 时间分配给各个任务,CPU 速度非常快,所以看上去好像多个任务是"同时"执行的。调度程序一般采用"时间片轮转"的策略,即每个任务依次得到一个时间片的 CPU 时间,只要时间片结束,不管任务多重要,正在执行的任务就会被强行暂时中止,由调度程序把 CPU 交给下一个任务。

实际上,操作系统本身是与应用程序同时运行的,它们一起参与 CPU 时间片的分配。然而,不同程序的重要性不完全一样,它们获得 CPU 使用权的优先级也不同,这就使得处理器调度算法更加复杂。

(2) 存储管理与虚拟存储器。

虽然计算机的内存容量不断增加,但由于成本和安装空间等原因,其容量往往不能满足运行规模大、数据多的程序,特别是多任务处理时,更加需要对存储器进行有效的管理。现在,操作系统一般采用虚拟存储技术(也称虚拟内存技术)进行存储管理。

在 Windows 操作系统中,虚拟存储器是由计算机的物理内存和硬盘上的虚拟内存联合组成的。虚拟存储技术的基本思想如下(如图 2-19 所示):用户在一个假想的容量极大的虚拟存储器中编程和运行程序,程序及其数据被划分成一个个固定大小的"页面"。启动一个任务(应用程序)时,只要将当前要执行的一部分程序和数据页面装入真实物理内存,其余页面放在硬盘提供的虚拟内存中,然后开始执行程序。在程序执行过程中,如果需要执行的指令或访问的数据不在物理内存中,则由操作系统中的存储管理程序将所缺的页面从位于外存的虚拟内存调入到实际的物理内存,然后再继续执行程序。与此同时,存储管理程序也根据空间需要将物理内存中暂时不用的页面调出保存到位于外存的虚拟内存中。页面的调入调出完全由存储管理程序自动完成。由此,实现了对存储空间的扩充,使应用程序的存储空间不受实际存储容量大小的限制。从用户角度看,系统所具有的存储容量比实际的内存容量大得多,所以称之为虚拟存储器。

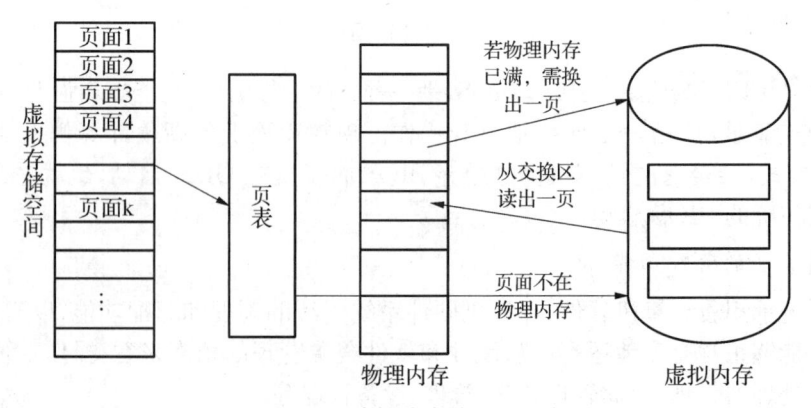

图 2-19 虚拟内存的工作原理

（3）文件管理。

文件管理是操作系统功能的一个组成部分，它负责管理计算机中的文件，使用户和程序能很方便地进行文件的存取操作。例如：

① 实现对文件方便而快速地按名存取；
② 对硬盘、光盘、优盘、存储卡等不同外存储器实现统一管理；
③ 统一本地文件/远程文件的存取操作；
④ 实现文件的安全存取等。

计算机中有数以千万计的文件，为了使它们能分门别类地有序存放，操作系统将其组织在若干文件目录中。Windows 中的文件夹就是文件目录，它采用多级层次结构，每个磁盘分区都是一个根文件夹，它包含若干文件夹。文件夹不但可以包含文件，还可以包含下一级的子文件夹，这样依次类推就形成了多级文件夹结构。文件和文件夹都包含有相应的说明信息，如名字、位置、大小、创建时间、属性等。同时，文件夹为文件的共享和保护提供了方便。

操作系统的文件管理的主要职责之一是在外存储器为创建或保存文件分配空间，为删除文件而回收空间，并对空闲空间进行管理。这些任务都是由文件管理程序完成的，有效管理外存储器的存储空间。

（4）设备管理。

操作系统的设备管理功能负责分配和回收外部设备以及控制外部设备按用户程序的要求进行操作。主要是对系统中的各种输入/输出设备进行管理，处理用户（或应用程序）的输入/输出请求，方便、有效、安全地完成输入/输出操作。

4. 操作系统的分类

操作系统可按照不同方式进行分类。

（1）按操作系统管理的原理进行分类。

① 批处理系统。批处理操作系统将作业组织成批并一次将该作业的所有描述信息和作业内容通过输入设备提交给操作系统，并暂时存入外存，等待运行。当系统需要调入新的作业时，根据当时的运行情况和用户要求，按某种调试原则，从外存中挑选一个或几个作业装入内存运行。

批处理系统可以分为简单批处理系统和多道批处理系统。简单批处理系统指在主存储器中只存放一批程序或一个程序。多道批处理系统指在主存中同时存放若干道用户作业，允许这些作业交替地在系统中运行，当 CPU 运行某个程序发生条件等待时，可以转向执行另外的程序，使另一个作业在系统中运行。

② 分时系统。分时系统是在多道批处理系统的基础上发展起来的。在分时系统中，用户通过计算机交互会话来联机控制作业运行，一个分时系统可以带几十甚至上百个终端，每个用户都可以在自己的终端上操作或控制作业的完成。从宏观上看，多用户同时工作，共享系统资源；从微观上看，各进程按时间片轮流运行，提高了系统资源利用率。

③ 实时系统。实时系统指计算机对特定输入做出快速反应，以控制发出实时信号的对象，即计算机及时响应外部事件的请求，在规定的短时间内完成该事件的处理，并控制所有实时设备和实时任务协调有致地运行。例如，导弹飞行控制、工业过程控制和各种订票业务

等场合,要求计算机系统对用户的请求立即做出响应,实时系统是专门适合这类环境的操作系统。

(2) 按计算机的体系结构进行分类。

随着计算机体系结构的发展,又出现了许多不同分类的新型操作系统,如个人操作系统、网络操作系统、分布式操作系统和嵌入式操作系统。

① 个人操作系统。个人操作系统是一种单用户的操作系统,主要供个人使用,功能强、价格便宜,在几乎任何地方都可安装使用。它能满足一般人操作、学习、游戏等方面的需求。个人操作系统的主要特点是:计算机在某一时间内为单个用户服务;采用图形界面人机交互的工作方式,界面友好;使用方便,用户即使不具备专门知识,也能熟练地操纵系统。

② 网络操作系统。网络操作系统是使网络上各计算机能方便有效地共享网络资源,为网络用户提供各种服务的软件和有关规程(如协议)的集合。网络操作系统提供网络操作所需的最基本的核心功能,如网络文件系统、内存管理及进程任务调度等。网络服务程序运行在网络操作系统软件之上,各计算机通过通信软件使网络硬件与其他计算机建立通信。通信软件还提供所支持的通信协议,以便通过网络发送请求或响应信息。

③ 分布式操作系统。随着程序设计环境、人机接口和软件工程等方面的不断发展,出现了由高速局域网互联的若干计算机组成的分布式计算机系统,需要配置相应的操作系统,即分布式操作系统。分布式计算机系统与计算机网络相似,它通过通信网络将独立功能的数据处理系统或计算机系统互联起来,可实现信息交换、资源共享和协作完成任务等,可以获得极高的运算能力及广泛的数据共享。

④ 嵌入式操作系统。嵌入式操作系统是嵌入式系统的软件组成部分。目前嵌入式系统已经渗透到人们生活中的每个角落,如 MP3、智能手机、数控家电、微型工业控制计算机等。嵌入式系统的构架可以分成 4 个部分:处理器、存储器、输入/输出(I/O)和软件(多数嵌入式设备的应用软件和操作系统都是紧密结合的)。

(3) 按用户数量进行分类。

按用户数目的多少,可分为单用户和多用户操作系统。单用户操作系统一次只能支持一个用户进程的运行,MS-DOS 是一个典型的单用户操作系统。多用户操作可以支持多个用户同时登录,允许运行多个用户的进程,比如 Windows 7,它本身就是个多用户操作系统,不管是在本地还是远程都允许多个用户同时处在登录状态。它向用户提供联机交互式的工作环境。

5. 常用的操作系统

(1) DOS 操作系统。

磁盘操作系统(Disk Operation System,DOS),是一种单用户、单任务的计算机操作系统,通常存放在磁盘上,主要功能是针对磁盘存储的文件进行管理。DOS 采用字符界面,必须通过键盘输入各种命令来操作计算机。也就是说人们是一个一个字母在黑色的电脑屏幕上打上命令,再回车把命令输送给电脑,就连画图也是这么做的。后来人们编程通过画图做出了菜单,通过菜单给计算机发命令就简单多了。

（2）Windows 操作系统。

Microsoft Windows，是美国微软公司研发的一套操作系统，它问世于 1985 年，起初仅仅是 Microsoft-DOS 模拟环境、MS-DOS 之下的桌面环境，后续版本逐渐发展成为个人电脑和服务器用户设计的操作系统，并最终获得了世界个人电脑操作系统软件的垄断地位。由于微软不断地更新升级系统版本，使得 Windows 操作系统不但易用，也慢慢地成为人们最喜爱的操作系统。系统可以在几种不同类型的平台上运行，如个人电脑、服务器和嵌入式系统等，其中在个人电脑领域应用最为普遍。

Windows 采用了图形化界面模式 GUI，比从前的 DOS 需要键入指令使用的方式更为人性化。随着电脑硬件和软件的不断升级，微软的 Windows 也在不断升级，从架构的 16 位、32 位再到 64 位，甚至 128 位，微软一直致力于 Windows 操作系统的开发和完善，系统版本不断持续更新升级。

Windows 是目前世界上用户最多且兼容性最强的图形界面操作系统，支持键鼠功能。其默认的平台是由任务栏和桌面图标组成的：任务栏由显示正在运行的程序、"开始"菜单、时间、快速启动栏、输入法以及右下角托盘图标组成；而桌面图标是进入程序的途径，默认系统图标有"我的电脑""我的文档""回收站"等，另外还会显示出系统自带的"IE 浏览器"图标。

（3）Unix 操作系统。

Unix 于 1969 年在贝尔实验室诞生，是一个强大的多用户、多任务的操作系统，支持多种处理器架构，是一个交互式分时操作系统。Unix 可以在微型机、工作站、大型机及巨型机上安装运行。由于 Unix 系统稳定可靠，因此在金融、保险等行业得到广泛应用。

（4）Linux 操作系统。

Linux 是一套免费使用和自由传播的类 Unix 操作系统，是一个基于 POSIX 和 Unix 的多用户、多任务、支持多线程和多 CPU 的操作系统。它能运行主要的 Unix 工具软件、应用程序和网络协议，支持 32 位和 64 位硬件。Linux 继承了 Unix 以网络为核心的设计思想，是一个性能稳定的多用户网络操作系统。

Linux 操作系统诞生于 1991 年 10 月 5 日，存在着许多不同的 Linux 版本，但它们都使用了 Linux 内核。Linux 可安装在各种计算机硬件设备中，比如手机、平板电脑、路由器、视频游戏控制台、台式计算机、大型机和超级计算机。

Linux 操作系统具有完全免费、兼容性强、多用户、多任务、界面友好、支持多种平台等优点。

（5）智能手机操作系统。

智能手机（平板）等也像电脑一样，有自己的操作系统。智能手机操作系统是一种运算能力及功能比传统功能手机更强的操作系统。因为可以像个人电脑一样安装第三方软件，这样智能手机就能不断焕发新生的、丰富的功能。智能手机能够显示与个人电脑所显示出来一致的正常网页，它具有独立的操作系统以及良好的用户界面，拥有很强的应用扩展性，能方便随意地安装和删除应用程序。

目前应用在智能手机上的操作系统主要有谷歌（Google）开发的安卓（Android）、苹果公司开发的 iOS，还有华为公司开发的鸿蒙（Harmony）等。

2.4 扩展：智能手机的组成和操作系统

2.4.1 智能手机的组成

1. 发展概述

手机是移动电话(Mobile Phone)的简称,它是个人移动通信系统的终端设备。按照移动通信网的技术划分,手机相应地分为 1G 手机(俗称"大哥大",模拟手机)、2G 手机(GSM 或 CDMA 手机)、3G 手机(分 3 种制式)、4G 手机(分 TDD-LTE 和 FDD-LTE,兼容 2G/3G)和 5G 手机(支持 Sub-6 Ghz 或毫米波,向下兼容 4G/3G);如果按照手机的功能划分,则可分为笨手机(Dumb Phone)、功能手机(Feature Phone)和智能手机(Smart Phone)三大类。笨手机只能用来打电话,很少有其他功能。功能手机除了通话功能之外,还具有收发短信、通讯录、计算器、收音、录音、日历与时钟、简单游戏、手电筒等功能,有些还可以拍照、播放 MP3、看电子书等。智能手机的功能比功能手机更加丰富多样,它可以像 PC 个人电脑一样安装第三方软件,不断扩充其功能。而功能手机一般不能随意安装和卸载软件。

智能手机可以认为是:智能手机＝电话＋电脑＋数码相机＋电子书＋音视频播放器＋定位器＋……它既是手机,又是电脑,又是相机,还是身份证和钱包。一般认为,智能手机有如下一些技术特点：

- 具有无线接入移动电话网和互联网的能力。
- 具有功能强大的操作系统,操作方便,使用效率高。
- 安装了丰富的应用软件,与通用计算机保持数据兼容。
- 扩展性好,可以方便地安装、卸载、升级和更新各种软件。
- 具有文字、图像、音频、视频处理的多媒体信息处理功能。

实际上,智能手机就是一台可以随身携带的真正的个人电脑,与台式 PC 相比,除了屏幕较小,不带键盘和大容量硬盘以外,其他如 CPU 速度、内存容量等已经相差无几。不仅如此,智能手机还有许多传统 PC 所不具备的能力,如 4G/5G 移动通信、环境感知、位置服务等。

2. 典型智能手机的技术参数

华为 Mate 70 和苹果 iPhone 16 是 2024 年市场上热销的两款智能手机。下面是它们的主要技术参数,其中一些术语在教材相关章节可以找到解释。

华为 Mate 70 系列手机于 2024 年 11 月 26 日在华为 Mate 品牌盛典上正式发布。以下是华为 Mate 70 系列的技术参数：

从外观上看,尺寸和重量:Mate 70 长 160.9 mm、宽 75.9 mm、厚 7.8 mm,重约 203 g(含电池)。不同机型尺寸重量略有差异,如 Mate 70 Pro 等可能因配置和材质不同而有所变化。颜色:Mate 70 有曜石黑、雪域白、云杉绿、风信紫 4 种配色;Mate 70 Pro+有金丝银锦、墨韵黑、羽衣白、飞天青 4 种颜色;Mate 70 RS 有瑞红、玄黑、皓白 3 种颜色。材质:Mate 70 后盖为锦纤材质,边框为铝合金;Mate 70 RS 等部分机型采用高钛玄武架构,实际为钛金属材质。

从屏幕角度,Mate 70 配备 6.7 英寸 OLED 直屏,分辨率 FHD＋2 688×1 216 像素,10.7 亿色,P3 广色域,支持 1～120 Hz LTPO 自适应刷新率,1 440 Hz 高频 PWM 调光,300 Hz 触控采样率,玻璃材质为第二代昆仑玻璃。Mate 70 Pro/Pro+/RS 采用 6.9 英寸 OLED 等深四曲屏,除 RS 版本采用玄武钢化玻璃外,其余均采用二代昆仑玻璃。

从性能上看,处理器:Mate 70 搭载麒麟 9010 处理器,Mate 70 Pro、Mate 70 Pro+、Mate 70 RS 搭载麒麟 9020 处理器。操作系统:运行 HarmonyOS 4.3 系统,购买鸿蒙 NEXT 先锋版,设备出厂可搭载 HarmonyOS 5.0。

从影像角度,Mate 70 后置 5 000 万像素超光变摄像头＋4 000 万像素超广角摄像头＋1 200 万像素潜望式长焦摄像头＋150 万多光谱通道红枫原色摄像头;前置 1 300 万像素超广角摄像头。Mate 70 Pro/Pro+/RS 后置摄像头配置与 Mate 70 类似,但 Pro+与 RS 支持 RYYB,进光量更高,且长焦镜头规格可能有所升级。

续航能力上,电池容量:Mate 70 电池容量为 5 300 mAh;Mate 70 Pro 电池容量为 5 500 mAh;Mate 70 Pro+和 Mate 70 RS 电池容量为 5 700 mAh。充电功率:Mate 70 支持 66 W 有线＋50 W 无线充电;Mate 70 Pro、Mate 70 Pro+、Mate 70 RS 均支持 100 W 有线＋80 W 无线充电方案。

其他方面,网络连接:Mate 70 和 Mate 70 Pro 支持 WiFi 6,Mate 70 Pro+和 Mate 70 RS 支持 WiFi 7,全系支持蓝牙 5.2、星闪技术以及北斗卫星消息等多种定位系统。感应器:包括姿态感应器、重力传感器、红外传感器、侧边指纹传感器、霍尔传感器、陀螺仪、指南针、环境光传感器、接近光传感器、Camera 激光对焦传感器、色温传感器等。

苹果 iPhone 16 系列手机于北京时间 2024 年 9 月 10 日凌晨在苹果 2024 秋季新品发布会上正式发布。以下是 iPhone 16 系列的技术参数:

从外观上看,尺寸和重量:iPhone 16 长 147.6 mm、宽 71.6 mm、厚 7.80 mm,重 170 g;iPhone 16 Plus 长 160.9 mm、宽 77.8 mm、厚 7.80 mm,重 199 g;iPhone 16 Pro 长 149.6 mm、宽 71.5 mm、厚 8.25 mm,重 199 g;iPhone 16 Pro Max 长 163 mm、宽 77.6 mm、厚 8.25 mm,重 227 g。颜色:iPhone 16 有群青色、深青色、粉色、白色和黑色 5 种配色;iPhone 16 Pro 系列有沙漠色等钛金属颜色。材质:iPhone 16 和 iPhone 16 Plus 采用铝金属边框搭配融色玻璃背板;iPhone 16 Pro 和 iPhone 16 Pro Max 是钛金属边框与亚光质感玻璃背板。

从屏幕角度,iPhone 16/Plus 分别为 6.1 英寸、6.7 英寸 OLED 全面屏,分辨率 2 556×1 179、2 796×1 290 像素,460 ppi,60 Hz 刷新率,支持 HDR 显示、原彩显示等。iPhone 16 Pro/Max 屏幕尺寸为 6.3 英寸、6.9 英寸,120 Hz 刷新率,其余参数与标准版类似。

从性能上看,处理器:全系搭载 A18 芯片,基于第二代 3 纳米制程工艺。运行内存:全系 8 GB 运行内存。

从影像角度,iPhone 16/Plus 后置 4 800 万像素主摄(f/1.6 光圈)＋1 200 万像素超广角(f/2.2 光圈),支持 2 倍光学变焦、最高 10 倍数码变焦;前置 1 200 万像素摄像头。iPhone 16 Pro/Max 后置在 iPhone 16 基础上,Pro 和 Pro Max 版的超广角镜头升级到 4 800 万像素,支持 5 倍光学变焦。

续航能力上,电池容量:iPhone 16 电池是 3 561 mAh,iPhone 16 Plus 电池是 4 674 mAh,iPhone 16 Pro 电池是 3 582 mAh,iPhone 16 Pro Max 电池是 4 685 mAh。充电:支持 MagSafe、Qi2 和 Qi 无线充电,最高支持 15 V 3 A(45 W)快充,30 分钟最多可充至 50%电量

(Pro Max/Plus 为 35 分钟)。

其他方面,网络连接:支持 Wi-Fi 7 标准,全系采用高通 SDX71M 基带,支持 5G(sub-6 GHz),具备 4×4 MIMO 技术,蓝牙 5.3。其他功能:支持 SOS 紧急联络和车祸检测功能,配备操作按钮和相机按键。

3. 华为 Mate 70 的硬件分析

智能手机对硬件的要求很高。例如,需要使用高速度、低功耗、具有多媒体信息处理能力的 32/64 位 CPU 芯片;需要有容量较大的内存和辅助存储器;需要有分辨率高、面积较大的触摸式显示屏;需要有多种无线通信和联网功能;还需要配备大容量电池等。以华为 Mate 70 智能手机为例,我们看一下它的硬件电路结构。其硬件电路主要分布在主板、副板上,通过排线连接各个组件:

(1) 主板电路:是手机硬件电路的核心部分,集成了麒麟 9010 或麒麟 9020 处理器、运行内存、存储芯片等。还设有多个 BTB 连接器母座,用于连接前置摄像头、副摄模组、副板排线、Type-C 接口排线、双电池单元排线、指纹开机键、红枫原色摄像头、主摄、长焦摄像头模组等。此外,主板上还有六轴陀螺仪等传感器,以及丝印为"HKAe"、"8LDR"等的 IC 芯片,还有顺络电子的叠层陶瓷电感、信号滤波器、LTCC 滤波器等电子元件。

(2) 副板电路:位于手机底部,通过排线与主板相连,主要负责连接一些外部接口和组件,如 SIM 卡托、扬声器等。

(3) 电池电路:华为 Mate 70 标准版搭载 5 300 mAh 大电池,采用双电池单元设计,通过排线与主板上的 BTB 连接器母座连接,为手机各组件供电,还集成了无线充电接收线圈,支持 50 W 无线充电和 7.5 W 无线反向充电。

(4) 摄像头电路:前置 1 300 万像素超广角摄像头、后置 5 000 万像素超光变摄像头、4 000 万像素超广角摄像头、1 200 万像素潜望式长焦摄像头和 150 万像素红枫原色摄像头,各摄像头通过排线与主板上对应的 BTB 连接器母座连接,实现图像信号的传输和控制。

(5) 其他电路:包括电源管理电路,负责对电池充电和对各组件供电进行管理;显示电路,连接屏幕与主板,控制屏幕的显示;音频电路,处理声音信号,连接扬声器、麦克风等音频组件;还有射频电路,负责手机的通信功能,包括 5G、Wi-Fi、蓝牙等信号的收发。

2.4.2 智能手机的操作系统

1. iOS 操作系统简介

iOS(原名 iPhone OS)操作系统是苹果公司开发的操作系统,早先用于 iPhone 手机,后来用于 iPod Touch 播放器、iPad 平板电脑和 Apple TV 播放器。它只支持苹果自己的硬件产品,不支持非苹果硬件设备。

iOS 是苹果公司 Mac 电脑(包括台式机和笔记本)使用的 OSX 操作系统经修改而形成的。OSX 和 iOS 的内核都是 Darwin。与 Linux 一样,Darwin 也是一种"类 Unix"系统,具有高性能的网络通信功能、支持多处理器和多种类型的文件系统。

iOS 的用户界面采用多点触控操作,用户通过手指在触摸屏上滑动、轻按、挤压、旋转等对系统进行操作,控制智能手机的运行。它只有 2 个主要的按键:轻按 home 键用于退出应用程序回到主界面,长按可开启 Siri 程序,连续按 2 次可以显示所有处于后台状态的应用程序;power按键用于锁定屏幕,长按可开/关机器。屏幕的主界面是排成方格形式的应用程序图标,有4～6个程序图标被固定在屏幕底部。屏幕顶部是状态栏,能显示时间、电池电量和通信信号强度等信息,从屏幕顶部向下刷屏可以显示推送通知栏,从屏幕底部向上刷屏可以显示控制中心面板,用户能快速控制各种系统功能的开/关(包括飞行模式、蓝牙、无线网络等),调整屏幕亮度,播放音乐或暂停等。

iOS具有推送通知的功能。即不管应用程序是否在运行,推送通知功能可通知用户某个应用程序(如短信、微信、邮件等)有新的信息。通知的形式有几种,可以发送文本通知,可以发出声音进行提醒,也可以在APP图标上添加一个数字标记。这样,用户就能及时打开应用程序收看有关信息并进行处理。推送通知不会干扰正在进行的操作。

iOS操作系统内置了苹果公司自行开发的许多常用的APP(因设备不同有所差异),如邮件、Safari浏览器、音乐、视频、日历、照片、相机视频电话(Facetime)、图像处理(Photo Booth)、地图(Apple Map)、天气、备忘录、杂志、提醒事项、时钟、计算器、指南针、语音备忘录、App Store、游戏中心、设置、通讯录、iTunes、Siri等。

其中智能助理软件Siri很有特色。用户可以通过语音或文字输入询问餐厅、电影院等生活信息,了解相关评论,并可直接订位和购票。Siri能依据用户默认的家庭地址或用户当时所在位置来提供信息(称为基于位置的服务)。Siri使用语音识别技术把用户的口语转化成文字,用语音合成技术把文字回答转化成语音输出。为了给用户提供尽可能正确的回答,Siri还需要使用问题分析、网页搜索、知识计算、知识库等多种人工智能技术。

iOS的另一个特色是云存储服务(iCloud),它可以让每个用户在"云端"免费存储5 GB的数据,如照片、电子邮件、通讯录、日程表和文档等,并能以无线方式将它们推送到其他iOS设备上。当用户用iPad拍摄了照片或书写了日程安排,iCloud能将这些内容自动推送到用户的Mac电脑、iPhone手机上,甚至还可以做用户在另一个设备上被中断的工作,例如在iPhone上写了一半的邮件,回家坐在Mac电脑前可再继续写下去,只要这些设备都登录到同一个iCloud账户即可。

iOS可以安装运行第三方开发的应用软件,但这些软件必须通过苹果应用商店(App Store)审核。App Store是苹果公司所创建和维护的应用程序发布平台,软件开发者可以将开发的软件和游戏上传到App Store审核,委托它发售。用户可以直接下载到iOS设备,也可以通过Mac或PC电脑下载到iPhone手机中。

正常情况下iOS操作系统的用户身份不是系统管理员,所以权限较低,有些操作不允许进行。所谓"越狱"(jailbreaking)就是让用户获取iOS最高权限(用户身份改变为"根用户",相当于Windows中的管理员)。完成越狱后用户就能完全掌控iOS系统,可随意修改系统文件,安装插件,下载安装一些App Store所没有的软件。越狱工具通常会在已越狱成功的iOS中安装一款名为Cydia的软件作为越狱成功的标志,它可以帮助安装不被App Store接受的程序。不过,越狱有一定风险,通过Cydia安装的应用程序会获取系统权限,也许会给设备带来损害。如果进行了"不完美越狱",那么设备将无法重新启动。苹果公司的政策是对越狱的设备不再保修。另外,iOS的每一次版本更新都会清除所有的非法软件,使越狱无效。

2. Android操作系统简介

安卓(Android)是一个以Linux内核为基础的开放源代码的操作系统,早先由Android

公司开发,现在由 Google 公司为首的开放手持设备联盟(OHA)开发和维护。Google 最初是为智能手机而开发,后来逐渐拓展到平板电脑及其他领域(包括电视机、游戏机、数码相机等)。截至 2023 年的统计,Android 约占全球智能手机操作系统 70%~75%的份额,已经成为全球第一大操作系统。

Android 操作系统是免费开源的(部分模块除外),任何厂商都可以不经过 Google 和 OHA 的授权免费使用 Android 操作系统。但除非经 Google 认证其产品符合 Google 兼容性定义文件的要求,制造商不能在自己的产品上随意使用 Google 标志和 Google Play 软件商店的应用程序。

Android 操作系统的内核基于 Linux 内核开发而成,具有典型的 Linux 系统功能。为了能让 Linux 在移动设备上良好地运行,Google 对其进行了修改和扩充。例如增加了一个名为"wake-locks"的移动设备电源管理模块,用于管理电池性能。Android 系统自 2008 年发布以来,几乎每年都有新版本发布,2024 年 10 月的最新版本是 Android15。

安卓应用程序的后缀是".APK"(或".apk"),APK 是 Android Package 的缩写,即 Android 安装包,它是 zip 格式(压缩格式),安装时经解压缩得到 dex 文件才能由 Dalvik 虚拟机运行。每一个 APP 运行在一个 Dalvik 虚拟机里,而每一个虚拟机都是一个独立的进程,有自己的虚存空间,从而最大限度地保护 APP 的安全和独立运行。自安卓 5.0 版开始,Google 公司研发的一种新的虚拟机 Android RunTime(ART,安卓运行环境)取代了早先的 Dalvik 虚拟机,提高了 APP 的运行效率,也减少了手机的电量消耗。

我国内地销售的国产或进口的 Android 智能手机,由于多方面的原因,一般都不提供 Android 系统所附带的用户界面和应用程序(称为谷歌移动服务,GMS),而是替换为自行开发的功能相似的用户界面和应用程序。如华为的 EMUI(Emotion User Interface)、小米的 MIUI、三星的 SAMSUNG-Touchwiz、宏达国际电子的 HTC Sense 等,它们以用户为中心,让智能手机的使用更简单、更方便、更人性化、更有乐趣。其水准大体可与安卓原生系统和 iOS 系统相媲美。

与苹果公司相似,Google 通过网上商店 Google Play(谷歌市场)向用户提供应用程序和游戏供购买或免费下载。同时,用户亦可以通过第三方网站(如亚马逊公司的 Amazon Appstore)下载应用程序。Apple 软件商店的数字媒体非常丰富,音乐、电影、电子书琳琅满目,游戏软件丰富多彩,但各种应用软件却不如谷歌市场多(有些好的应用软件需越狱后在 Cydia 平台寻找),这是因为与 iOS 系统相比,在开放的 Android 上比较容易开发出各种方便实用的应用软件。

由于 Android 操作系统的开放性和可移植性,尽管它大多搭载在使用 32 位或 64 位 ARM 架构 CPU 的硬件设备上,但它同样也可支持使用 32 位或 64 位 X86 架构 CPU 的硬件产品。因此,它已经广泛应用在各种电子产品中,包括智能手机、PC 和笔记本电脑、电视机、机顶盒、电子书阅读器、MP3/MP4 播放器、游戏机、智能手表、汽车电子设备及导航仪等设备。即使是苹果公司的 iOS 设备,比如 iPhone、iPod Touch 以及 iPad 产品,也都可以安装 Android 操作系统,并且可以通过双系统启动工具来运行 Android 操作系统,微软的 Windows Phone 产品也一样。

正因为 Android 操作系统的开放性和自由性,一些恶意程序和病毒也随之出现。有些是通过短信方式感染智能手机的木马程序,有些伪装成应用程序,有些则隐藏在一些正规的应用程序之中。为此现在已有多种防护软件(如 Avast、F-Secure、Kaspersky、Trend Micro、

Symantec、金山毒霸等)用来防止安卓设备中毒。

总之,iOS 和 Android 两个操作系统的内核都属于类 Unix 系统,其操作系统发行版本的功能也大同小异。作为两个不同的操作系统产品,它们各具特色,你追我赶,在软件版本的进化过程中相互取长补短,不断发展和完善。

3. HarmonyOS 操作系统简介

鸿蒙操作系统(HarmonyOS)由华为于 2019 年正式发布,是华为自主研发的全场景分布式操作系统,目标是为手机、平板、智能家居、车载设备等提供统一的操作系统,解决多设备协同与碎片化问题。

鸿蒙操作系统有以下特点:

(1) 采用分布式架构。

跨设备无缝协同:手机、平板、电视等设备可共享算力与功能(如手机调用平板摄像头、多屏协作)。

统一控制中心:通过"超级终端"界面,一键拖拽连接附近设备(类似苹果的"连续互通",但更开放)。

(2) 微内核设计。

相比安卓的宏内核,鸿蒙采用微内核,安全性更高(代码量少,漏洞风险低),响应速度更快。

(3) 一次开发,多端部署。

开发者只需编写一次代码,即可适配手机、手表、电视等不同设备,降低开发成本。

(4) 流畅性能。

宣称比安卓更省电、更流畅,通过方舟编译器优化应用执行效率,减少卡顿。

(5) 兼容安卓生态。

早期版本兼容安卓 APK 应用(通过鸿蒙的"AOSP 兼容层"),但逐步转向鸿蒙原生应用(HAP 格式)。

华为鸿蒙操作系统(HarmonyOS)的诞生和发展与中国科技企业的自主化战略、国际环境变化以及物联网时代的技术需求密切相关。2019 年 5 月,美国将华为列入"实体清单",禁止谷歌向华为提供 GMS(Google Mobile Services),导致华为手机海外市场严重受挫(无法使用 Google Play、Gmail 等核心服务)。华为也深刻意识到依赖安卓系统的风险,必须研发自主操作系统以保障业务连续性。在 2019 年 8 月,华为在开发者大会(HDC)上发布了 HarmonyOS 1.0,率先应用于智慧屏(电视)。2021 年发布 HarmonyOS 2.0,正式覆盖到手机等移动终端,标志着鸿蒙操作系统正式进入市场。2022 年 7 月,HarmonyOS 3.0 发布,万物互联成为新标签,"鸿蒙世界"概念被首次提出。2023 年 8 月,HarmonyOS 4.0 发布,具备元服务、分布式万物互联等特点,同时推出 HarmonyOS NEXT 预览版。2024 年 10 月 22 日,华为正式发布华为原生鸿蒙操作系统(HarmonyOS NEXT)。

鸿蒙的诞生不仅是华为应对危机的"备胎转正",更是中国在操作系统领域打破垄断的里程碑,其成败将深刻影响全球科技格局。

截至 2024 年,鸿蒙全球设备搭载量超 7 亿台(含手机、IoT 设备),成为全球第三大移动操作系统。其主要用户集中于中国,海外市场仍待突破。

本章小结

计算机系统一般由计算机硬件系统和计算机软件系统组成。本章主要介绍计算机的简单发展历史和软硬件系统。硬件系统方面,首先根据冯·诺依曼的存储程序及程序控制原理,将计算机组成分为5大部件,即运算器、控制器、存储器、输入设备和输出设备,接下来分别深入介绍了这5个部件相关概念及其典型应用等。软件方面,介绍了软件的基本概念、特点、分类等,并重点介绍了系统软件中的操作系统。同时还拓展了智能手机的组成和操作系统。

习题与自测题

一、简答题

1. 简述计算机发展的历史与现状。
2. 计算机硬件系统由哪几部分组成?各部分的功能是什么?
3. 什么是指令?什么是指令系统?指令的执行过程是什么?
4. CPU 由哪些部件组成?
5. CPU 有哪些性能指标?
6. I/O 总线和 I/O 接口分别指什么?
7. 什么是计算机软件?
8. 计算机软件有哪些主要特性?
9. 计算机软件的分类?
10. 结合上机实践和手机应用,说一说您使用的操作系统的类型和特点。

二、选择题

1. 近 30 年来微处理器的发展非常迅速,下面关于微处理器发展的叙述不准确的是(　　)。
   A. 微处理器中包含的晶体管越来越多,功能越来越强大
   B. 微处理器中 Cache 的容量越来越大
   C. 微处理器的指令系统越来越标准化
   D. 微处理器的性能价格比越来越高

2. 下面关于 PC 的 CPU 的叙述中,不正确的是(　　)。
   A. 为了暂存中间结果,CPU 中包含几十个甚至上百个寄存器,用来临时存放数据
   B. CPU 是 PC 不可缺少的组成部分,它担负着运行系统软件和应用软件的任务
   C. 所有 PC 的 CPU 都具有相同的指令系统
   D. 一台计算机至少包含 1 个 CPU,也可以包含 2 个、4 个、8 个甚至更多个 CPU

3. CPU 主要由寄存器组、运算器和控制器 3 个部分组成,控制器的基本功能是(　　)。
   A. 进行算术运算和逻辑运算
   B. 存储各种数据和信息
   C. 保持各种控制状态
   D. 指挥和控制各个部件协调一致地工作

4. 下面列出的 4 种半导体存储器中,属于非易失性存储器的是( )。
   A. SRAM　　　　　B. DRAM　　　　　C. Cache　　　　　D. Flash ROM
5. CPU 使用的 Cache 是用 SRAM 组成的一种高速缓冲存储器。下列有关该 Cache 的叙述正确的是( )。
   A. 从功能上看,Cache 实质上是 CPU 寄存器的扩展
   B. Cache 的存取速度接近于主存的存取速度
   C. Cache 的主要功能是提高主存与辅存之间的数据交换的速度
   D. Cache 中的数据是主存很小一部分内容的映射
6. 关于 I/O 接口,下列( )的说法是最确切的。
   A. I/O 接口即 I/O 控制器,它负责对 I/O 设备进行控制
   B. I/O 接口用来将 I/O 设备与主机相互连接
   C. I/O 接口即主板上的扩充槽,它用来连接 I/O 设备与主存
   D. I/O 接口即 I/O 总线,用来连接 I/O 设备与 CPU
7. 为了提高机器的性能,PC 的系统总线在不断地发展。下列英文缩写中与 PC 总线无关的是( )。
   A. PCI　　　　　B. SA　　　　　C. EISA　　　　　D. RISC
8. 下列有关 USB 接口的叙述,错误的是( )。
   A. USB 接口是一种串行接口,USB 对应的中文为"通用串行总线"
   B. USB 3.0 的数据传输速度比 USB 2.0 快很多
   C. 利用"USB 集线器",一个 USB 接口最多只能连接 63 个设备
   D. USB 既可以连接硬盘、闪存等快速设备,也可以连接鼠标、打印机等慢速设备
9. 下列设备中可作为输入设备使用的是( )。
   ① 触摸屏　② 传感器　③ 数码相机　④ 麦克风　⑤ 音响　⑥ 绘图仪　⑦ 显示器
   A. ①②③④　　　B. ①②⑤⑦　　　C. ③④⑤⑥　　　D. ④⑤⑥⑦
10. 数码相机是除扫描仪之外的另一种重要的图像输入设备,它能直接将图像信息以数字形式输入计算机进行处理。目前,数码相机中将光信号转换为电信号使用的器件主要是( )。
    A. Memory Stick　　　　　　　　B. DSP
    C. CCD　　　　　　　　　　　　D. D/A
11. 显示器是 PC 不可缺少的一种输出设备,它通过显卡与 PC 相连。在下面有关 PC 显卡的叙述中,不正确的是( )。
    A. 显示器是由监视器和显示适配器及有关的电路和软件组成
    B. 分辨率是衡量显示器的一个重要指标,像素数越多,分辨率就越高
    C. 显卡的用途是将计算机系统所需要的显示信息进行转换驱动,并向显示器提供行扫描信号,控制显示器的正确显示,是连接显示器和个人电脑主板的重要部件
    D. 目前显卡用于显示存储器与系统内存之间传输数据的接口都是 AEGP 接口
12. 下列选项中,不属于显示器组成部分的是( )。
    A. 显示控制器(显卡)　　　　　　B. CRT 或 LCD 显示器
    C. CCD 芯片　　　　　　　　　　D. VGA 接口

13. 从目前技术来看,下列打印机中打印速度最快的是(　　)。
   A. 点阵打印机　　　B. 激光打印机　　　C. 热敏打印机　　　D. 喷墨打印机
14. 下面不属于硬盘存储器主要技术指标的是(　　)。
   A. 数据传输速率　　　　　　　　　　B. 盘片厚度
   C. 缓冲存储器大小　　　　　　　　　D. 平均存取时间
15. 利用计算机进行图书馆管理,属于计算机应用中的(　　)。
   A. 数值计算　　　B. 数据处理　　　C. 人工智能　　　D. 辅助设计
16. 下列软件中,(　　)不属于应用软件。
   A. Word　　　　　　　　　　　　　B. Excel
   C. Windows 10　　　　　　　　　　D. AutoCAD
17. 下列不属于计算机软件的组件是(　　)。
   A. 程序　　　　　　　　　　　　　　B. 数据
   C. 相关的文档　　　　　　　　　　　D. 存储软件的光盘

三、填空题

1. 从逻辑功能上看,计算机由_____、_____、_____、_____与_____五大基本部件组成。
2. 一个完整的计算机系统,是由_____和_____两大部分组成的。
3. CPU 的性能指标由_____、_____、_____、_____、_____等来决定的。
4. 常用的输入设备有_____、_____、_____,常用的输出设备有_____、_____。
5. 扫描仪是基于_____原理设计的,它使用的核心器件大多是_____。
6. 当前流行的操作系统的启动方式是_____。
7. 目前流行的手机操作系统有_____、_____、_____。

四、判断题

1. 计算机运行程序时,CPU 所执行的指令和处理的数据都直接从外存中取出,处理结果也直接存入外存。(　　)
2. RAM 代表随机存取存储器,ROM 代表只读存储器,关机后前者所存储的信息会丢失,后者则不会。(　　)
3. 集成电路均使用半导体硅材料制造。(　　)
4. 扫描仪的主要性能指标包括分辨率、色彩深度和扫描幅面等。(　　)
5. CPU 所能执行的全部指令称为该 CPU 的指令系统,不同厂家生产 CPU 的指令系统相互兼容。(　　)
6. 操作系统是计算机系统中最重要的应用软件。(　　)
7. Word、Excel、AutoCAD 等软件都属于应用软件。(　　)

第 3 章

人工智能的程序设计基础

3.1 程序设计语言

3.1.1 程序设计语言概述

程序设计语言是人与计算机之间进行沟通交流、让计算机执行特定任务的工具。从计算机发展的历史长河来看,程序设计语言经历了机器语言、汇编语言到高级语言的演变。如图 3-1 所示为 3 种语言的程序片段。

```
B8  7F  01           MOV  AX  383
BB  21  02           MOV  BX  545
03  D8               ADD  BX  AX           S=1055-(383+545)
B8  1F  04           MOV  AX  1055
2B  C3               SUB  AX  BX
```

(a) 机器语言程序(16 进制)　　(b) 汇编语言程序　　(c) 高级语言程序

图 3-1　3 种语言编写的计算"1055 -(383 + 545)"的程序片段

1. 机器语言

计算机刚问世时,机器语言作为第一代程序设计语言应运而生。它由二进制代码 0 和 1 组成,是计算机硬件能够直接理解和执行的指令集。每一条机器语言指令都由操作码和操作数/操作数地址构成,用以指导计算机执行特定操作。例如早期的计算机通过打孔纸带输入数据,有孔代表 0,无孔代表 1。机器语言的优势在于无需翻译,计算机可直接执行,占用内存少且执行速度快。然而,其缺点也极为明显,编程工作量巨大,对于人类来说难学、难记、难修改,而且不同计算机的指令系统不同,通用性差,仅适合专业人员使用。在自动化领域和实时控制处理系统中,机器语言发挥着重要作用,同时在计算机系统分析、反汇编程序研究和系统结构研究等领域也具有重要地位。

2. 汇编语言

为解决机器语言难以理解和记忆的问题,汇编语言诞生了。它使用助记符来代替机器语言中的二进制代码，比如用 ADD 表示加法操作，在一定程度上提高了编程的可读性和可维护性。但汇编语言依旧依赖于具体的计算机硬件，移植性较差，编写程序时仍需对底层硬件有深入了解。汇编语言需要通过汇编器转换成机器语言，计算机才能执行。

3. 高级语言

随着计算机应用场景的不断拓展，对编程效率和程序可维护性的要求越来越高，高级语言便应运而生。高级语言采用更接近人类自然语言和数学表达式的语法和符号，极大地降低了编程门槛，提高了开发效率。像 C、C++、Java、Python 等都是常见的高级语言。

高级语言编写的程序需要通过编译器或解释器转换为机器语言才能被计算机执行，根据转换方式的不同，又分为编译型语言和解释型语言。编译型语言如 C、C++，在程序执行前，需通过编译器将源代码一次性编译成目标机器代码，执行速度快，但开发调试相对复杂；解释型语言如 Python，在程序运行时，由解释器逐行读取并解释执行源代码，开发调试方便，灵活性高，但执行效率相对较低。

3.1.2　常见程序设计语言特点

1. C 语言

作为经典的高级语言，C 语言具有高效、灵活、可移植性强等特点。它允许直接访问硬件资源，适用系统软件、嵌入式系统开发等对性能要求苛刻的领域。C 语言的语法简洁，但对程序员的编程能力和对计算机底层原理的理解要求较高。

2. C++

在 C 语言的基础上发展而来，既保留了 C 语言的高效性和对硬件的直接操作能力，又引入了面向对象编程的特性，如类、对象、继承、多态等，使代码的可维护性和可扩展性大大增强。C++常用于大型游戏开发、图形图像处理、高性能服务器开发等领域。

3. Java

具有"一次编写，到处运行"的特性，这得益于 Java 虚拟机（JVM）对不同操作系统的支持。Java 是完全面向对象的语言，提供了丰富的类库和强大的内存管理机制，注重安全性和稳定性，广泛应用于企业级应用开发、安卓移动应用开发等领域。

4. Python

以简洁、易读、易写著称，采用缩进来表示代码块，代码结构清晰。Python 拥有丰富的库和模块，涵盖数据处理、科学计算、机器学习、Web 开发等多个领域，极大地提高了开发效率。同时，Python 具有良好的跨平台性，可在 Windows、Linux、macOS 等多种操作系统上运行，在数据科学、人工智能、自动化脚本等领域备受青睐。

3.2　程序设计基础

3.2.1　程序设计方法

在程序设计方法的发展过程中，主要经历了结构化程序设计和面向对象的程序设计。

1. 结构化程序设计方法

结构化程序设计语言是以"数据结构＋算法"程序设计范式构成的程序设计语言,典型的主要有 C、Pascal 等语言,这类语言开发过程通常会大量定义函数和结构体。

(1) 结构化程序设计的原则。

结构化程序设计的重要原则是自顶向下、逐步求精、模块化及限制使用 goto 语句。

(2) 结构化程序设计的基本结构。

结构化程序设计是使用"顺序结构""选择结构"和"循环结构"3 种基本结构就足以表达各种其他形式结构的程序设计方法(图 3-2)。它们的共同特征是:严格地只有一个入口和一个出口。遵循结构化程序的设计原则,按结构化程序设计方法设计出的程序具有如下优点:

① 程序易于理解、使用和维护;

② 提高了编程工作的效率,降低了软件开发成本。

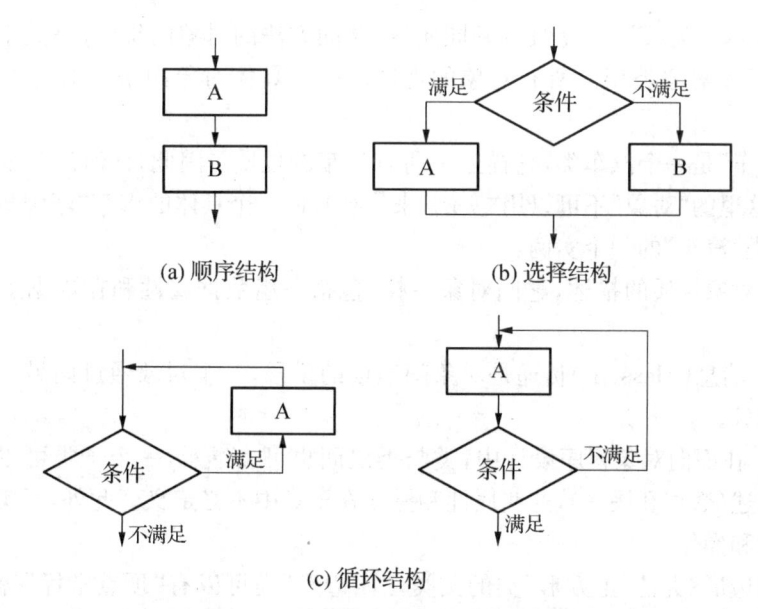

(a) 顺序结构　　(b) 选择结构

(c) 循环结构

图 3-2　结构化程序设计的基本结构

2. 面向对象的程序设计方法

面向对象程序设计语言是以"对象＋消息"程序设计范式构成的程序设计语言,是一种把面向对象的思想应用于软件开发过程中,指导开发活动的系统方法,简称 OO(Object-Oriented)方法。就是基于对象概念,以对象为中心,以类和继承为构造机制来认识、理解、刻画客观世界和设计、构建相应的软件系统。比较流行的面向对象语言有 Java、C++、Python 等。

(1) 面向对象方法的优点:

① 与人类习惯的思维方法一致;② 稳定性好;③ 可重用性好;④ 容易开发大型软件产品;⑤ 可维护性好。

(2) 面向对象方法的基本概念:

① 对象,面向对象方法中的对象由两部分组成:

• 数据,也称为属性,即对象所包含的信息,表示对象的状态;

• 方法,也称为操作,即对象所能执行的功能、所能具有的行为。

对象的基本特点归纳如表3-1所示。

表3-1 对象的基本特点

特点	描述
标识唯一性	对象是可区分的,且由对象的内在本质来区分,而不是通过描述区分
分类性	指可以将具有相同属性和操作的对象抽象成类
多态性	指同一个操作可以是不同对象的行为,不同对象执行同一操作产生不同的结果
封装性	从外面看只能看到对象的外部特性,对象的内部对外是不可见的
模块独立性好	由于完成对象功能所需的元素都被封装在对象内部,所以模块独立性好

② 类和实例。类(Class)是具有共同属性、共同方法的对象的集合,是关于对象的抽象描述,反映属于该对象类型的所有对象的性质。一个具体对象则是其对应类的一个实例(Instance)。

例如,"汽车"是一个汽车类,它描述了所有汽车的性质。因此,任何汽车都是类"汽车"的一个对象(这里的"对象"不可以用"实例"来代替),而一个具体的汽车"车牌号为×××的红旗轿车"是类"汽车"的一个实例。

类是关于对象性质的描述,它同对象一样,包括一组数据属性和在数据上的一组合法操作。

③ 消息。消息(Message)传递是对象间通信的手段,一个对象通过向另一对象发送消息来请求其服务。

④ 继承。在面向对象程序设计中,类与类之间也可以继承,一个子类可以直接继承其父类的全部描述(数据和操作),这些属性和操作在子类中不必定义。此外,子类还可以定义它自己的属性和操作。

例如,"四边形"类是"正方形"类的父类,"四边形"类可以有"顶点坐标"等属性,有"移动""旋转""求周长"等操作。而"正方形"类除了继承"四边形"类的属性和操作外,还可定义自己的属性和操作,"长""宽"等属性和"求面积"等操作。

继承具有传递性,如果类 Z 继承类 Y,类 Y 继承类 X,则类 Z 继承类 X。

需要注意的是,类与类之间的继承应根据需要来做,并不是任何类都要继承。

⑤ 多态性。在面向对象的软件技术中,多态性是指子类对象可以像父类对象那样使用,同样的消息既可以发送给父类对象也可以发送给子类对象。

例如,在一般类"Polygon"(多边形)中定义了一个方法"Show"显示自身,但并不确定执行时到底画一个什么图形。特殊类 Square 和类 Rectangle 都继承了 Polygon 类的显示操作,但其实现的结果却不同,把名为 Show 的消息发送给一个 Rectangle 类的对象是在屏幕上画矩形,而将同样消息名的消息发送给一个 Square 类的对象则是在屏幕上画一个正方形。

总的说来,结构化语言以业务的处理流程来思考,重在每个步骤功能问题;面向对象语言以对象的属性和行为来思考,重在抽象和对象间的协作问题。

此外,数据库结构化查询语言 SQL(Structured Query Language)是为关系数据库管理系统开发的一种查询语言,随着信息技术的发展 SQL 语言得到了广泛的应用。SQL 与其他高级语言的选择并不冲突,反而是紧密结合的。应用软件无论用到哪种高级编程语言来开发,如果软件中使用数据库来存储数据,那么 SQL 的运用是必不可少的。

3.2.2 程序设计风格

1. 代码布局

(1) 缩进:使用固定的缩进规则,如 4 个空格或 1 个制表符,使代码的层次结构清晰可见,便于阅读和理解代码的逻辑关系。

(2) 空格:在运算符、函数参数、语句块等之间合理使用空格,增强代码的可读性,避免出现过于紧凑或混乱的代码布局。

(3) 空行:利用空行分隔不同功能的代码块,使代码的结构更加清晰,便于快速定位和区分不同的代码部分。

2. 命名规范

(1) 变量命名:选择具有描述性的变量名,清晰地表达变量的用途和含义,遵循骆驼命名法(如 userName)或下划线命名法(如 user_name)等规范。

(2) 函数命名:函数名应能准确反映其功能,采用动宾结构或其他清晰的表达方式,如 calculateSum、processData 等。

(3) 常量命名:通常使用全大写字母加下划线的方式命名,如 MAX_VALUE、PI 等,与变量和函数名区分开来。

3. 注释

(1) 单行注释:用于对一行代码或代码片段进行简短的解释说明,一般以//开头,如//计算两个数的和。

(2) 多行注释:用于对函数、类、模块等较大代码单元进行详细的功能描述、参数说明、返回值说明等,通常以/* 开头,以 */结尾。

4. 代码复用

(1) 函数复用:将常用的功能封装成函数,在需要的地方调用,避免重复编写相同的代码,提高代码的可维护性和可扩展性。

(2) 模块复用:把相关的函数、类等组织成模块,通过模块导入的方式在不同的项目或代码文件中复用,实现代码的模块化和分层架构。

3.3 Python 程序设计基础

3.3.1 Python 概述

Python 是一种面向对象、解释型的高级程序设计语言,由吉多·范罗苏姆(Guidovan Rossum)在 20 世纪 80 年代末开发。它以其简洁、易读、易写的特点,在数据科学、人工智能、Web 开发、自动化脚本等众多领域得到了广泛应用。

Python 语言的特点

（1）简洁易读：Python 采用缩进来表示代码块，代码结构清晰，例如一个简单的打印语句 print("Hello, World !")，直观明了。

（2）丰富的库和模块：Python 拥有庞大的标准库以及众多第三方库，如用于数据处理的 NumPy、Pandas，用于科学计算的 SciPy，用于机器学习的 Scikit-learn 等，能大大提高开发效率。

（3）跨平台性：Python 程序可以在 Windows、Linux、macOS 等多种操作系统上运行，具有良好的移植性。

（4）动态类型：在 Python 中，变量的类型在运行时才确定，例如 x＝5，之后 x＝"hello" 也是合法的，无需显式声明类型转换。

Python 语言可应用于许多领域或实践中，尤其是以下 3 个方面：

① 数据科学与数据分析：Python 凭借其强大的数据处理和分析库，成为数据科学家的首选语言。通过 NumPy 和 Pandas 可以高效地处理和分析大规模数据，Matplotlib 和 Seaborn 用于数据可视化。

② 人工智能与机器学习：Scikit-learn 提供了丰富的机器学习算法和工具，TensorFlow 和 PyTorch 是深度学习领域的主流框架，使得 Python 在人工智能开发中占据重要地位。

③ Web 开发：Django 和 Flask 是 Python 的两个著名 Web 框架，能够快速搭建功能强大的 Web 应用程序。

3.3.2　Python 开发环境

1. 安装 Python 解释器

Python 语言解释器是一个轻量级的小尺寸软件，可以从 Python 的官方网站下载，网址如下：

http://www.python.org/downloads/

网站下载页面如图 3-3 所示。页面默认展示最新稳定版本的 Windows 系统解释器，读者也可根据自己的实际需求选择不同操作系统下的解释器版本。随着 Python 语言的发展，解释器版本也会不断更新。需要注意的是，Python3.9.2 及之后的版本不能在 Windows 7 及之前的操作系统上使用。

图 3-3　Python 解释器下载页面

双击启动所下载的 Python 解释器会启动如图 3-4 所示的引导安装对话框。请在安装时勾选矩形框内的 Add python.exe to PATH 复选框,然后根据个人需求选择 Install Now 或 Customize installation,直至安装过程结束,屏幕显示 Setup was successful 字样。安装完毕后,可以在操作系统的【开始】菜单中找到"Python3.13.3"程序列表,单击打开即可看到附带的 4 个工具选项,如图 3-5 所示。

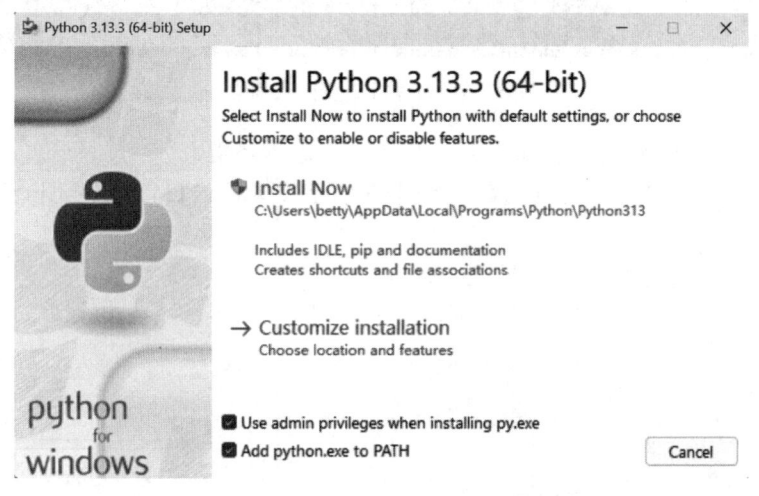

图 3-4　Python3.13.3 解释器安装界面

图 3-5　Python3.13.3 开始选项卡

2. 运行 Python 程序

Python 安装包自带有 2 种编程方式。一种是通过 Python 命令行进行交互式编程开发,另一种则是 Python 集成开发环境(Python's Integrated Development Environment, IDLE)。

(1) 交互式编程环境。

交互式是指 Python 解释器能够即刻运行用户输入的每行代码,并展示运行结果。这种方式适用于调试少量代码。

交互式有 2 种启动和运行方式:

① Windows 命令行工具。在【开始】菜单中打开【Windows 工具】,找到【命令提示符】,或可直接通过搜索"命令提示符"程序,双击运行。

在光标闪烁处输入"python",并在" <<<"提示符后输入程序代码即可,如图 3-6 所示。

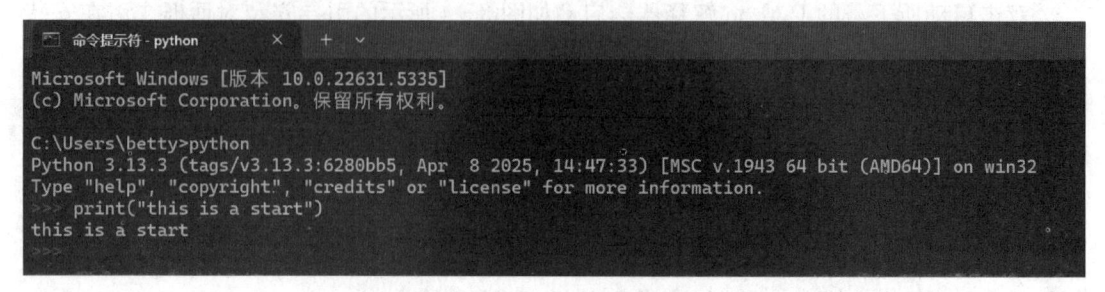

图 3-6 命令行工具交互编程

调试结束可通过 exit( )或 quit( )退出 Python 编程环境。

② 调用自带的 IDLE。可通过【开始】菜单找到 IDLE 入口,双击打开,运行代码如图 3-7 所示。

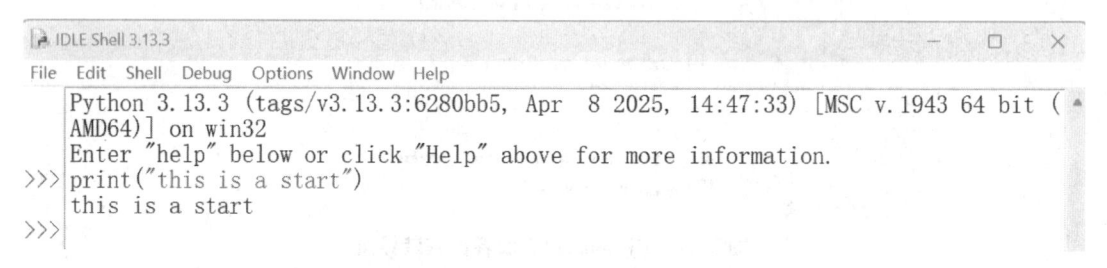

图 3-7 Python 自带 IDLE 开发环境

(2) 文件式编程环境。

文件式是一种批量处理代码的编程方式,因此也称为批量式。指的是用户可将所有代码写在一个或多个文件中,然后通过 python 解释器批量执行得到输出结果。文件式也有两种运行方式,与交互式方法相对应:

① 使用命令行工具运行代码文件。可通过任意文本编辑软件编辑全部程序代码,并保存为"*.py"的文件格式。在 Windows 命令行工具中进入代码文件所在的目录,运行相应的代码文件即可,如图 3-8 所示。

图 3-8 命令行工具运行"1.py"文件

② 调用自带的 IDLE。打开 IDLE 程序后,在菜单中选择【File】→【New File】,或者快捷键 Crtl+N 新建一个窗口,在窗口编辑区输入代码并保存。选择【Run】→【Run Module】,或者键盘 F5 键运行该文件,如图 3-9 所示。

```
1.py - D:/python/1.py (3.13.3)
File  Edit  Format  Run  Options  Window  Help
print("this is a test")
```

图 3-9　IDLE 进行文件式编程

3.3.3　Python 语法元素分析

下面,我们将通过一个简单例子来说明 Python 的结构和语法元素。如图 3-10 所示,Python 的基本语法元素有注释、缩进、标识符、数据类型、控制结构、模块与函数等。

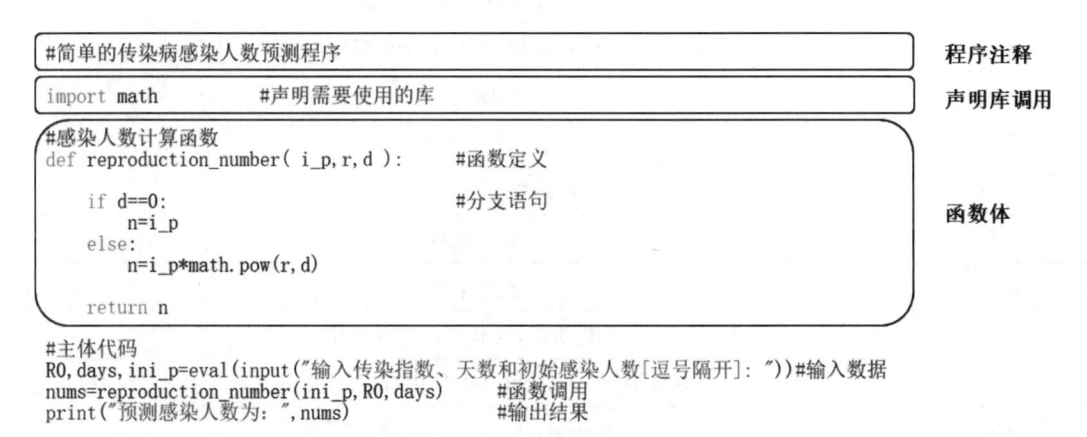

```
#简单的传染病感染人数预测程序                          程序注释
import math            #声明需要使用的库              声明库调用
#感染人数计算函数
def reproduction_number( i_p, r, d ):    #函数定义
    if d==0:                              #分支语句
        n=i_p                                              函数体
    else:
        n=i_p*math.pow(r,d)
    return n
#主体代码
R0, days, ini_p=eval(input("输入传染指数、天数和初始感染人数[逗号隔开]："))#输入数据
nums=reproduction_number(ini_p, R0, days)      #函数调用
print("预测感染人数为：", nums)                   #输出结果
```

图 3-10　Python 代码分析

1. 格式框架——缩进

缩进是每一行代码开始前的空白区域,利用不同的缩进距离可划分程序语句之间的层次与包含关系,从而使代码结构更清晰。缩进结构一般服从以下两个要求：

（1）缩进越多,代码语句级别越低。级别低的语句从属于（包含于）级别高的语句。顶行编写的语句级别最高,无需缩进。

（2）缩进可用 Tab 键或是 4 个空格来实现。两种方式一般不混用。

Python 语言严格遵守缩进规范。例如在图 3-10 的示例中,if 分支语句从属于函数定义语句,即 if 语句为函数体中的一部分。

2. 注释

注释是程序员在代码编辑时书写在代码附近的解释说明性信息,用于提升代码的可读性。注释是一种辅助性的文字,会自动被编译器或解释器忽略而不被执行。Python 中单行注释一般以"#"开头,如图 3-10 中所示；也可以使用成对的三个单引号"'''"进行多行注释。

3. 标识符与保留字

标识符是程序设计语言中用于为各种类型的数据对象或程序元素,如变量、函数、类等,进行命名的有效字符串集合。在 Python 中,标识符有字母、下划线和数字构成,但首字符不能是数字,且大小写敏感,同时不可与保留字同名。

保留字(keyword)，也称为关键字，是一种被编程语言内部定义并赋予了特殊含义的标识符。关键字不能被用于任何对象或元素的命名，且同样区分大小写。不同版本 Python 中保留字内容有细微变化，最新版本 3.13.3 中共有 35 个保留字，具体含义如表 3-2 所示。

表 3-2　保留字简单释义表

保留字	说明
and	表示逻辑与运算
as	表示"作为"，用于对导入的模块或变量指定一个别名
assert	断言，用于调试代码，测试条件是否为真，若为假则引发 AssertionError
async	用于声明一个异步函数
await	与 async 搭配，用于异步编程
break	中断循环
class	定义类对象
continue	继续执行下一次循环
def	定义函数
del	删除对象
elif	条件语句，与 if、else 搭配使用
else	条件语句，与 if、elif 搭配使用，也可用于异常
expect	异常语句，与 try、finally 搭配使用
False	布尔数据类型，假
finally	异常语句，与 try、except 搭配使用
for	循环语句
from	与 import 搭配使用，用于导入模块
global	声明全局变量
if	核心条件语句，可与 elif、else 搭配使用，也可独立使用
import	导入模块，可与 from 搭配使用
in	判断变量是否在一个序列中
is	判断变量是否为某个类的实例
lambda	定义匿名函数
None	无，表示空对象或空值
nonlocal	用于在函数或其他作用域中使用外层(非全局)变量
not	逻辑非运算
or	逻辑或运算
pass	空操作的占位符
raise	异常引发语句，手动引发一个指定的异常

(续表)

保留字	说明
return	函数返回语句
True	布尔数据类型，真
try	包含可能会出现异常的语句，与 except、finally 搭配使用
while	循环语句
with	用于处理资源管理，可简化语句
yield	从函数中依次返回值

4. 变量与数据类型

类似于数学中的"变量"概念，Python 程序中也使用变量这一概念用于表示存储具体数据的对象。Python 语言中变量不需要提前声明，但其命名依然要遵循标识符的命名规则，变量类型则由赋值类型决定。赋值语句使用"="实现，例如"a = 20"语义为"="右侧的 20 数据赋予左侧变量 a。

Python 支持多种数据类型，基本的数据类型有数值类型、布尔类型和字符串，组合数据类型有列表、元组、字典和集合。

(1) 基本数据类型。

数值类型包括了整数(int)、浮点数(float)和复数(complex)三个类型，对应于数学中的整数、实数和复数的概念。整数可以用十进制、二进制、八进制以及十六进制来表示。不同的进制以不同的引导符作为标识，0b 或 0B 代表二进制，0o 或 0O 代表八进制，0x 或 0X 代表十六进制，默认结果以十进制显示，例如：

```
#整数变量
>>> a = 20
#整数变量可表示二进制数字
>>> b = 0b1011
>>> b
11
#整数变量可表示不同进制之间的计算结果
>>> c = 3 + 0o73 * 0x1A
>>> c
1537
```

浮点数指带有小数的数字，Python 中的浮点数类型还可使用科学记数法表示。例如：

```
#浮点数变量
>>> a = 3.14
#浮点数变量使用科学记数法
>>> b = 3.14e3
>>> b
3140.0
```

复数类型由实部和虚部两部分组成,虚部用 j 表示,例如:

```
#复数变量
>>> a = 3 + 7j
#获取复数实部
>>> a.real
3.0
#获取复数虚部
>>> a.imag
7.0
#使用 complex 函数创建一个新的复数
>>> b = complex(4,-5)
>>> b
(4-5j)
```

Python 中的数值运算符整理如表 3-3 所示。

表 3-3　Python 数值运算符

运算符	说明
+	加法
-	减法
*	乘法
/	除法(结果为浮点数)
//	除法(结果为整数)
%	求余运算
**	幂次运算

布尔类型(bool)是存储逻辑值的数据类型,通过 True 和 False 两个保留字来表示,同时为了方便进行数学运算,分别对应于数值 1 和 0。

```
#布尔变量
>>> a,b = True,False
>>> b
False
>>> c = a + 2    #布尔类型参与运算
>>> c
3
```

字符串(str)是由 0 个或多个字符组成的有序字符序列,通常由一对单引号或双引号表示。同时也能够进行一些特有的字符串运算。

```
#字符串变量
>>> a,b ='hello','friend'
>>> b
'friend'
>>> c = a +" " + b          #字符串连接运算
>>> c
'hello friend'
>>> d ='啦,' * 3 + c         #字符串重复运算
>>> d
'啦,啦,啦,hello friend'
```

由于是有序序列,因此可以对其中的字符进行索引、切片等操作。索引即获取字符串中某个指定字符的操作。字符串拥有正向递增和反向递减两种索引体系,如图 3-11 所示.

例如"这"是"这是一场盛大的晚会:"中第 0 个(或第 10 个)字符。

切片是一种可以截取字符串中一个子串区间的操作方法,语法格式为[N:M],表示获取从 N 号索引到 M 号索引的子字符串(不包括 M,类似于数学半开区间[N,M))。其中切片语法中索引体系可混用。也可以设定步长 K 进行截取,语法格式为[N:M:K]。例如:

图 3-11 字符串索引体系

```
#字符串索引与切片
>>> a ="这是一场盛大的晚会:"
>>> a[0]                    #字符串索引
'这'
>>> a[1:3]                  #字符串切片
'是一'
>>> a[6:-1]                 #字符串切片混用索引体系
'的晚会'
>>> a[0:-1:2]               #设定步长的切片
'这一盛的会'
```

Python 的字符串类型还提供了许多内置方法方便用户可以快速实现对字符串的查找、替换、分割等各种操作,读者可自行通过其他渠道进行更深入的了解。

(2) 组合数据类型。

数值类型与布尔类型均仅能表示一个数据,这些表示单一数据的类型即为基本数据类型。然而实践中通常要面临处理多个数据的情况,这就需要将多个数据以更有效的方式组织起来并进行统一标识,这种能够表示多个数据的类型即为组合数据类型。

组合数据类型一般分为以下 3 类:序列、集合和映射,如图 3-12 所示。

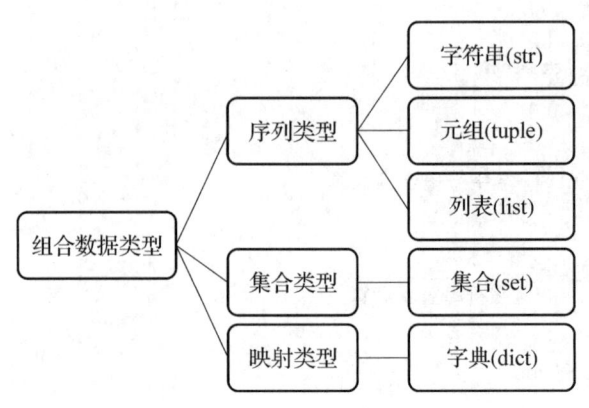

```
                            ┌── 字符串(str)
              ┌── 序列类型 ──┼── 元组(tuple)
              │              └── 列表(list)
组合数据类型 ──┼── 集合类型 ──── 集合(set)
              └── 映射类型 ──── 字典(dict)
```

图 3-12　组合数据类型

① 序列类型。

序列是一个一维的元素向量,元素之间有先后顺序,可通过序号进行索引访问。由于元素之间存在明确的位置关系,因此序列类型可支持关系操作运算符(in)、长度计算函数(len)以及切片([])操作。典型的序列类型有字符串(str)、元组(tuple)和列表(list)。因字符串常用且单个字符串仅表达一个含义,因此字符串通常也被看作是基本数据类型。

序列类型数据均可以使用如图 3-11 中所示的 2 种索引体系,还有 12 个通用的操作符和函数,如表 3-4 所示。

表 3-4　序列通用函数与运算

操作符	说明
x in s	若 x 是 s 的元素则返回结果 True,否则返回 False
x not in s	若 x 不是 s 的元素则返回结果 True,否则返回 False
x + s	连接 x 与 s
s * n 或 n * s	将序列 s 复制 n 次
s[i]	索引,返回 s 中第 i 号元素
s[i:j]	切片,返回 s 中第 i 到 j 号元素(不含 j 号)
s[i:j:k]	按步长 k 进行切片
len(s)	计算序列 s 的元素个数
min(s)	s 的最小值
max(s)	s 的最大值
s.index(x[, i[, j]])	x 在 s 中首次出现项的索引号(索引号在 i 或其后且在 j 之前)
s.count(x)	x 在 s 中出现的总次数

列表是一种序列类型,创建后可以随意被修改。使用方括号[]或 list()可实现列表对象的创建,元素之间用逗号","分隔,各元素类型可以不同,无长度限制,使用灵活。列表特有的函数或方法如表 3-5 所示。

表 3-5 列表函数与运算

函数或方法	说明
ls[i] = x	替换列表 ls 的 i 号元素为 x
ls[i: j: k] = lt	用列表 lt 替换 ls 切片后所对应元素子列表
del ls[i]	删除列表 ls 中第 i 元素
del ls[i: j: k]	删除列表 ls 中 i 到 j 号之间以 k 为步长的元素
ls += lt	更新列表 ls,将列表 lt 元素增加到列表 ls 中
ls *= n	更新列表 ls,其元素重复 n 次
ls.append(x)	在列表 ls 最后增加一个元素 x
ls.clear()	删除列表 ls 中所有元素
ls.copy()	生成一个新列表,赋值 ls 中所有元素
ls.insert(i, x)	在列表 ls 的第 i 位置增加元素 x
ls.pop(i)	将列表 ls 中第 i 位置元素取出并删除该元素
ls.remove(x)	将列表 ls 中出现的第一个元素 x 删除
ls.reverse()	将列表 ls 中的元素反转

列表编程示例如下:

```
>>> ls = ["Alice", "Bob", "car", 99]        #创建一个 4 元素的列表
>>> ls[1:2] = [1, 2, 3]                      #将 1~2 号之间的元素替换为 1,2,3
>>> ls
['Alice', 1, 2, 3, 'car', 99]
>>> del ls[1:3]                              #删除 1~3 号之间的元素
>>> ls
['Alice', 3, 'car', 99]
>>> ls *2                                    #将列表复制 2 遍
['Alice', 3, 'car', 99, 'Alice', 3, 'car', 99]
>>> ls.append('c')                           #在列表结尾添加一个新元素
>>> ls
['Alice', 3, 'car', 99, 'c']
>>> del ls[4]                                #删除 4 号位置元素
>>> ls
['Alice', 3, 'car', 99]
```

元组是一种特殊的序列,一旦创建就不能修改,非常适合表达固定数据项、函数的多返回值、多变量同步赋值、循环遍历等情境中。例如:

```
>>> tp = "Alice", "Bob", "car", "happy"     #创建一个新的元组对象,圆括号可省略
>>> tp
('Alice', 'Bob', 'car', 'happy')
```

```
>>> x = (99,'abc', tp)              #元组元素仍然可以是元组
>>> x
(99,'abc', ('Alice','Bob','car','happy'))
>>> x[-1][2]                        #元组索引
'car'
>>>(1,2,3)+ tp                      #元组连接操作
(1, 2, 3,'Alice','Bob','car','happy')
```

② 集合类型。

集合是一种包含 0 或多个不重复元素的无序数据组合。为了保障集合元素的唯一性，元素创建后不可修改，因此只能是固定的不可变数据类型，例如整数、浮点数、字符串、元组等，列表、字典等可变数据类型（集合自身也是可变数据类型，除非进行特殊处理）不能作为集合元素出现。

集合可通过"{ }"或 set( )函数创建，其运算方式与数学中的集合概念保持一致，如图 3-13 所示。对应运算符及说明详见表 3-6。

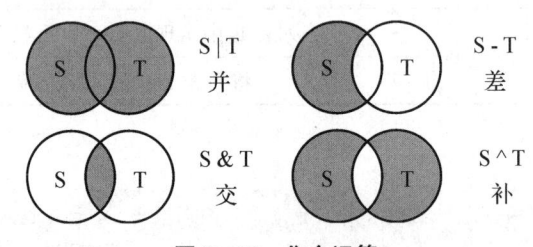

图 3-13 集合运算

表 3-6 集合运算符与说明

操作符及应用	说明
S | T	并，返回一个新集合，包括在集合 S 和 T 中的所有元素
S - T	差，返回一个新集合，包括在集合 S 但不在 T 中的元素
S & T	交，返回一个新集合，包括同时在集合 S 和 T 中的元素
S ^ T	补，返回一个新集合，包括集合 S 和 T 中的非相同元素
S <= T 或 S < T	返回 True/False，判断 S 和 T 的子集关系
S >= T 或 S > T	返回 True/False，判断 S 和 T 的包含关系

集合类型一般有 10 种操作函数或方法，如表 3-7 所示。

表 3-7 集合函数与方法

操作函数或方法	说明
S.add(x)	如果 x 不在集合 S 中，将 x 增加到 S
S.discard(x)	移除 S 中元素 x，如果 x 不在集合 S 中，不报错
S.remove(x)	移除 S 中元素 x，如果 x 不在集合 S 中，产生 KeyError 异常
S.clear()	移除 S 中所有元素

(续表)

操作函数或方法	说明
S.pop()	随机弹出 S 的一个元素,S 为空时产生 KeyError 异常
S.copy()	返回集合 S 的一个副本
len(S)	返回集合 S 的元素个数
x in S	判断 S 中元素 x,x 在集合 S 中,返回 True,否则返回 False
x not in S	判断 S 中元素 x,x 不在集合 S 中,返回 True,否则返回 False
set(x)	将其他类型变量 x 转变为集合类型

由于集合是无序的,因此无法通过索引来访问,编程示例如下:

```
>>> A = {'a', 'b', 'c', '1', '2', 456}      #分别使用两种方式创建集合对象
>>> B = set("xxyyy77121")
>>> A
{'a', 'c', 456, '1', '2', 'b'}
>>> B
{'y', '1', 'x', '7', '2'}
>>> B - A                                    #集合求差集
{'x', '7', 'y'}
>>> A.pop()                                  #集合自带的 pop() 方法
'a'
>>> A
{'c', 456, '1', '2', 'b'}
```

③ 映射类型。

映射类型是一种反映数据之间对应关系的特殊数据类型,字典是映射类型的代表。字典元素以"键:值"对的形式组成,键值对(key,value)属于二元关系,其中键表示属性或类别,值为属性对应的内容。与集合类似,字典也使用"{}"来进行表示。字典中特有的函数和方法共有 9 种,如表 3-8 所示。

表 3-8 字典类型函数与方法

函数或方法	描述
del d[k]	删除字典 d 中键 k 对应的数据值
d.keys()	返回字典 d 中所有的键信息
d.values()	返回字典 d 中所有的值信息
d.items()	返回字典 d 中所有的键值对信息
d.get(k, <default>)	键 k 存在,则返回相应值,不存在则返回<default>值
d.pop(k, <default>)	键 k 存在,则取出相应值,不存在则返回<default>值
d.popitem()	随机从字典 d 中取出一个键值对,以元组形式返回
d.clear()	删除所有的键值对
d1.update(d2)	将两个字典中的键值对进行合并,d2 字典中的键值对会复制添加到 d1 字典对象中

字典类型可使用"{}"或 dict( )函数创建,通过"[ ]"可实现索引、新增、修改等操作,编程示例如下:

```
>>> d = {"江苏":"南京", "湖北":"武汉", "河南":"郑州"}    #新建一个字典
>>> d["江苏"]                                          #访问江苏的值
'南京'
>>> d.keys()                                          #获取所有键信息
dict_keys(['江苏', '湖北', '河南'])
>>> d.values()
dict_values(['南京', '武汉', '郑州'])                    #获取所有值信息
>>> d.get("江苏","广州")                                #访问江苏,若不存在返回南京
'南京'
>>> d.get("广东","广州")                                #访问广东,若不存在返回广州
'广州'
>>> d = dict(one = 1, two= 2)                        #通过 dict( )函数创建一个字典
>>> d
{'one': 1, 'two': 2}
>>> d['three'] = 3                                    #添加一个新元素
>>> d
{'one': 1, 'two': 2, 'three': 3}
>>> d['three'] = 4                                    #修改指定元素
>>> d
{'one': 1, 'two': 2, 'three': 4}
```

5. 控制结构

程序控制结构包括顺序结构、分支结构和循环结构 3 种类型。

(1) 顺序结构。

顺序结构是一种最简单且常用的程序结构,程序编译器或解释器按照代码语句的先后顺序依次执行。通常在顺序结构中,最基本的语句包含赋值语句以及输入输出语句,其中常用输入函数为 input( ),输出函数可使用 print( )。编程示例如下:

```
>>> a = 33
>>> b = int(input('请输入一个整数:'))
请输入一个整数:45
>>> print(a + b)
78
```

(2) 选择结构。

分支结构即为选择,当程序逻辑中面临多个条件不同的操作时,可通过分支语句来解决。分支通过 if-elif-else 语句实现,根据情况,又可分为单分支 if、双分支 if…else,以及多分支 if…elif…else 3 种表达形式,编程示例如下:

```
height = 2.0
```

```
if height > 1.95:            #单分支
    print("超高")
age = 16
if age <= 18:                #双分支
    print("未成年")
else:
    print("成年")

score = 85
if score >= 90:              #多分支
    print("优秀")
elif score >= 80:
    print("良好")
else:
    print("及格")
```

(3) 循环结构。

循环结构是在程序逻辑满足一定条件时，重复执行部分操作，直至不再满足条件，或者满足某个终止条件。循环主要有 for 循环和 while 循环。

① for 循环。

for 循环常用于遍历序列，即已知循环次数。for 语句语法结构为：

```
for <循环变量> in <遍历结构>:
    循环语句块
```

编程示例如下：

```
# for 语句用法演示
fruits = ["apple", "banana", "cherry"]
for fruit in fruits:
    print(fruit)
for i in range(1,11):
    print('当前计数为:', i)
```

② while 循环。

while 循环在条件为真时持续执行代码块，其语法结构如下：

```
while 条件表达式:
    循环语句块
```

通常在循环语句块内写有可改变条件表达式结果的代码语句，最终令其结果为假来结束循环，否则将会进入死循环。示例如下：

```
# while 语句示例
```

```
count = 0
while count < 5:
    print(count)
    count += 1
```

③ continue 与 break。

若希望循环可以提前结束,如强制退出或是尽可能少执行一些操作,则可以使用 continue 和 break 语句。

continue 可跳出当前循环周期内剩余的语句,直接开始新一轮的循环。示例代码如下:

```
# continue 语句应用示例
for i in range(1,11):
    if i % 2 == 0:              #若循环计数为偶数,则直接跳过无输出
        continue
    print('当前计数为:', i)
```

continue 语句仅能跳出本次循环,而 break 可用于跳出整个循环,即强制终止循环。代码示例如下:

```
# break 语句应用示例
for i in range(1,11):
    if i % 5 == 0:              #当循环计数为 5 时终止循环
        break
    print('当前计数为:', i)
```

6. 函数与模块

(1) 函数定义。

函数是一段可重用的,用于实现单一或相关联功能的代码段,通过函数名实现相关代码的调用与执行,因此函数也可以看作是一段具有名字的子程序,可在需要的地方执行而无需重复编写代码。函数类似于黑盒子,使用者无需了解函数内部的实现原理和过程,仅需要提供必须的输入即可。函数可以降低编程难度,提高代码的重复利用率。

Python 中已经自带了很多高效、便利的函数和方法供用户使用,如内置函数 abs( )、input( )、eval( )等,标准库中的函数如 math 库 sqrt( )等。用户也可以自定义函数。Python 使用 def 保留字定义函数。语法结构为:

```
def <函数名>(参数列表):
    函数体
    return <返回值列表>
```

函数名可以是任意有效的标识符,参数列表是调用该函数时必要的输入值,参数可以为 0 或多个,参数之间以逗号分隔。在函数定义中的参数称为形式参数,简称"形参"。而在函数调用时由用户给定的实际输入数据称为实际参数,简称"实参"。return

返回值可以为 0 个或多个，如无返回值，则 return 语句可省略不写。函数定义示例如下：

```
#函数的定义与调用
def add_numbers(a, b):           #定义一个加法函数,参数列表"a, b"为形参
    return a + b

result = add_numbers(3, 5)       #调用加法函数,参数列表"3, 5"为实参
print(result)
```

（2）函数参数。

将实参传递给形参的过程称为参数传递。函数调用可使用的参数有必选参数、可选（默认）参数、关键字参数、可变参数等多种类型。

① 必选参数。必选参数是指在函数调用时，必须按照函数定义中的参数顺序、数量以及类型依次传入函数体中的参数类别。

② 可选参数。用户可以在定义函数时直接设置参数的默认值，从而在调用函数时，如果某个参数具有默认值，则用户可选择不向函数传递该参数信息。此时，函数体内将以该参数的默认值进行代码执行。因此，设置了默认值的参数一般称为可选参数，或默认参数。Python 强制约定可选参数必须排列在必选参数之后。例如：

```
def fact(n, m = 1):
    s = 0
    for i in range(1, n + 1):
        s += i
    return s / m
print(fact(10))                  #实参中忽视可选参数
print(fact(10, 5))               #实参中传递所有参数
```

运行结果为：

```
55.0
11.0
```

③ 关键字参数。调用函数时，若实参的书写顺序完全符合形参的设定，则这种参数传递的方式称为"位置传递"。如上例中的 fact(10,5)。用户也可在实参列表中忽视原有的形参顺序，为了保证参数传递的匹配性，需要在实参书写时带上参数名称，通过赋值语句构造参数表达式来传递参数数值，这种参数传递方式称为"名称传递"。实参中通过指定参数名称来传递数值的参数即为关键字参数。例如：

```
fact( m = 5 , n = 10)            # m = 5 , n = 10 即为关键字参数
```

④ 可变参数。若用户在定义函数时不能确定需要使用多少个参数，则可以使用可变参数。其语法结构为：

```
def <函数名>(<参数列表>, *args_tuple, **args_dict):
    函数体
    return <返回值列表>
```

其中，*args_tuple、**args_dict 均为可变参数。*args_tuple 用于接收任意多个实参，并将它们放入一个元组中；**args_dict 用于接收多个类似于关键字参数的显示赋值实参，并将它们放入字典中。示例代码如下：

```
def var(a, b='Hello', *c, **d):
    print('必选参数 a:', a)
    print('可选参数 b:', b)
    print('元组可变参数 c:', c)
    print('字典可变参数 d:', d)
    print('-----------------------------------------------')
var(5)
var(5, 'world', '!', 123)
var(5, 'world', '!', 123, 456, d1='aaa', d2='bbb')
```

运行结果如下所示：

```
必选参数 a: 5
可选参数 b: Hello
元组可变参数 c: ()
字典可变参数 d: {}
-----------------------------------------------
必选参数 a: 5
可选参数 b:  world
元组可变参数 c: ('!', 123)
字典可变参数 d: {}
-----------------------------------------------
必选参数 a: 5
可选参数 b:  world
元组可变参数 c: ('!', 123, 456)
字典可变参数 d: {'d1': 'aaa', 'd2': 'bbb'}
-----------------------------------------------
```

从本例的结果来看，函数在进行参数传递时，首先从左至右依次匹配必选参数、可选参数；若匹配后仍有多余参数，则默认以元组形式统一处理；若多余参数还存在显示赋值的关键字参数类型，则统一转换为字典类型进行处理。

(3) 变量作用域。

变量的作用域即为变量的有效作用范围。一个变量被定义后，只能在一个指定的范围内有效。根据变量的作用范围可将变量分成局部变量和全局变量两种类型。

① 局部变量。除非特别说明，否则函数体内部定义的变量均为局部变量，即尽在函数

内部有效。若函数外部有同名变量,则会被视为完全不同的另一个变量,类似于生活中的同名不同人。例如:

```
def s(*a):
    sum = 0
    for i in range(len(a)):
        sum += a[i]
    return sum
print('总和为:', s(1,2,3,4,5))
print('总和为:', sum)
```

运行结果为:

```
总和为: 15
总和为: <built-in function sum>
```

可以观察到,在函数外使用局部变量会被系统报错。

② 全局变量。全局变量的作用范围是从变量定义之后的所有代码,即,全部变量在函数内外均可用。例如:

```
sum = 0
def s(*a):
    sum = 0
    for i in range(len(a)):
        sum += a[i]
    print('函数内同名变量 sum:', sum)        #代码运行时使用的局部变量 sum
    return sum
s(1,2,3,4,5)
print('函数外同名变量 sum:', sum)            #代码运行时使用的全局变量 sum
```

运行结果为:

```
函数内同名变量 sum: 15
函数外同名变量 sum: 0
```

上例中,函数内外定义两个同名的 sum 变量。函数内部的 sum 为局部变量,函数外的 sum 变量为全局变量。当函数调用时,全局变量暂时失效,由局部变量完成运算,因此打印输出为 15。离开函数后,局部变量 sum 失效,全局变量重新启用,因此打印输出为 0。

若函数内希望能正常使用全局变量,则可以通过关键字 global 进行声明,例如:

```
sum = 0
def s(*a):
    global sum                             #函数内声明全局变量
    for i in range(len(a)):
        sum += a[i]
```

```
        print('函数内变量 sum:', sum)
        return sum
s(1,2,3,4,5)
print('函数外变量 sum:', sum)
```

运行结果为:

```
函数内同名变量 sum: 15
函数外同名变量 sum: 15
```

(4) 模块。

函数是可重复使用的代码块,而模块(module)则是函数功能的扩展。模块是把变量、函数以及类等对象或结构组织起来的一个 Python 文件,后缀名为".py"。如图 3-14 所示,random 模块就是一个 py 文件。模块内可使用多个函数或其他 Python 程序,也可被其他程序引入,以使用该模块中的函数和方法,从而实现代码复用。

由模块概念引申出另外两个概念:包和库,三者共同构成了 Python 的开发环境。

库(Library)也是从 C 语言中沿用过来的一个概念,指一组模块的集合,通常包含了一系列预定义的函数、类和方法,用于实现特定的功能。Python 库可分为标准库和第三方库两种类型。标准库是随解释器直接安装到操作系统中的官方功能模块,包含了大家熟悉的 math 模块、random 模块、sys 模块等;第三方库则是需要用户自行下载、安装才能使用的功能模块,如中文分词的 jieba 库。

包(Package)是指一种将多个模块组织在一起的机制。在 Python 中,一个包可以包含多个模块以及一个_init_.py 文件,如图 3-15 所示(该文件可以是空的,但它必须存在,用以标识目录下的文件为包)。

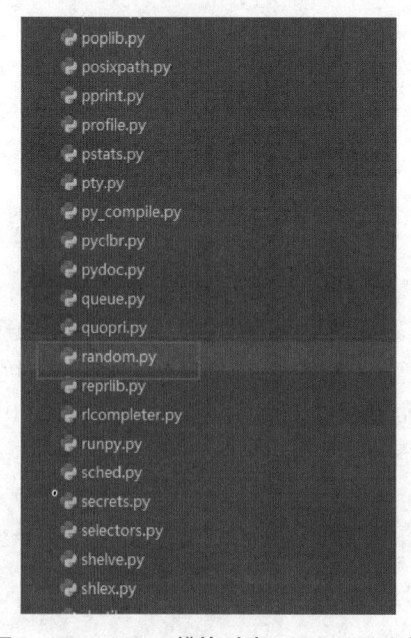

图 3-14 random 模块对应 random.py 文件   图 3-15 包结构中的_init_.py 文件

库、包、模块均可以统称为模块。若想使用模块必须进行导入。使用 import、from 关键字构建语句可以进行导入，常见导入语法如下：

```
import 模块名
import 模块名 as 别名
from 模块名 import 对象(函数)名
```

模块导入后可通过"."来调用模块内的函数或对象，例如：

```
>>> import math            #常规导入 math 标准库
>>> math.sqrt(9)           #通过"."调用其中的 sqrt()函数
3.0

>>> import math as m       #导入 math 标准库并将其重命名为 m
>>> m.sqrt(25)             #调用 sqrt()函数时使用"m"这个新的库名
5.0
>>> math.pi                #原库名依然可使用
3.141592653589793

>>> from math import sqrt  #使用 from 语句仅导入 math 库中的 sqrt()函数
>>> sqrt(16)               #使用时与内置函数一样直接调用函数名即可
4

>>> from math import *     #"*"类似于通配符可导入所有函数
>>> fabs(-9)
9.0
```

第三方库使用前需要用户先进行下载安装，这个操作需使用 Python 自带的 pip 工具来完成。pip 的语法格式如下：

```
pip 命令可选参数
```

用于安装的命令为"install"，用于卸载的命令为"uninstall"，可选参数一般为需安装或卸载的模块名。如在命令行窗口中输入以下代码可以完成第三方库 matplotlib 的下载安装。

```
pip install matplotlib
```

3.3.4　Python 面向对象编程

前述 Python 编程的思想均是以功能和处理过程为设计重点，将复杂的问题分解为若干个步骤，每个步骤即为一个更小的子问题。将这些子问题逐一以函数或代码语句解决后，就可以得到最终问题的解，这种方式称为结构化编程。然而这种模式存在一定的局限性，不足以满足日益复杂的软件开发需求。因此，面向对象的编程模式应运而生，它更切合人的思维模式，使得程序的逻辑与层次结构更加灵活和清晰。Python 作为一种面向对象的编程语言,自然可以实现面向对象的编程方式。

1. 类和对象

面向对象编程的核心思想是对象。对象是一种相对独立的存在,每一个对象都有所属的"类",类是对象的一种抽象化形式,对象是类的实例。具体来说,类是某一类对象的统称,具有相同的特征(属性)、相同的行为,类是创建对象的模板,描述了对象的结构、行为和状态,是对现实世界中实体的高度抽象。对象则是一个会占有资源、具有功能的独立个体。例如,"人类"是类,一名叫 Bob 的男性则是人类中的一个对象。对象具有独立性、功能性和交互性的特点。独立性是指对象和对象之间存在明确的边界,功能性是指对象可表现出特定的行为、操作或功能,交互性则是指对象之间可以存在交互关系,如运算或继承。

类是属性和方法的集合,对应于变量和函数的概念。

类的属性是用于存储对象状态、特征的变量。这些变量可以是任意数据类型,既可以是基础数据类型,也可是其他对象。

类中定义的函数即为方法。通过调用方法可以修改对象属性,也可以与其他对象交互。类似模块,可使用"."访问对象或类内的属性和方法,基本语法结构如下:

```
# 属性访问
<对象名>.<属性名>
<类名>.<属性名>
# 方法调用
<对象名>.<方法名>(参数列表)
<类名>.<方法名>(参数列表)
# 由于类的属性和方法又可以分成不同的形式,因此上述两种属性和方法的访问方式在使用上存在
一些不同,详见后续章节:类的创建!
```

Python 中所有数据类型和语法结构都是类,每个变量都是对象。

2. 面向对象的程序设计

面向对象程序设计(Object-Oriented Programming,OOP),也叫对象式编程,是一种区别于过程式、生态式的编程思想。OOP 把问题求解抽象为以对象为中心的计算机程序,将对象当作程序的基本单元,通过对象互动完成软件功能。

从代码复用角度来看,对象式编程采用类和对象的组织形式,相比传统函数,其封装级别更高,在代码复用方面具备明显优势。例如在复杂项目开发中,若以函数作为复用单元,程序员间的协作需依赖庞大的函数库,会导致程序规模急剧膨胀。若将函数与变量合理地组织成类,以此为基础开展协作,可以有效提升团队协作效率。尽管过程式编程理论上能够解决对象式编程所能处理的所有问题,但对象式编程在复杂场景下展现出的高效性和便捷性是不可替代的。

面向对象程序设计有三大基本特征:封装、继承和多态。

封装作为面向对象编程的重要机制,在类的创建过程中,将属性与方法紧密绑定,形成一个独立的逻辑单元——对象,巧妙地隐藏对象内部的实现细节。其核心目的在于保护对象状态与行为,避免外部随意访问修改,仅通过预定义接口进行交互。

继承机制允许新创建的子类(派生类)继承父类(基类)的属性与方法,这是以类为单位

的高效代码复用方式。借助继承，开发者能够在现有类基础上轻松扩展新功能，无需重复编写已有代码，常用于构建代码复用体系、实现功能扩展以及创建类的层次结构。子类不仅能继承父类成员，还可通过添加新属性方法，甚至重写方法（方法重载）实现功能拓展。

多态则是指不同类在接收相同调用方法时，能够各自做出针对性响应。同一操作作用于不同类会产生不同行为，这种特性通过方法重载（override）得以实现。多态极大提升了代码灵活性与可复用性，同一函数或方法可适配不同类型对象，同时降低系统各部分耦合度，有效保障类接口变化不会影响现有代码运行。

限于篇幅，本书仅介绍对象式编程的基本概念，简单介绍类和对象的创建语法。

3. 类的创建

（1）类的定义。

Python语言使用关键字class定义一类，具体语法结构如下：

```
class <类名>:
    类体语句
```

其中，类名可以是任意有效的标识符，但为了与普通变量和函数有所区分，一般习惯性将首字母大写。例如：

```
class Stu:
    pass
```

如果类的每个实例在创建时都需要完成一些操作，可以给类添加一个特殊的方法——构造方法，语法格式如下：

```
class <类名>:
    def __init__( self, <参数列表> ):
        <语句块>
        <语句块>
```

构造方法，是类定义中的一个特殊函数，固定采用__init__( )作为名字，由双下划线开始和结束。"构造"概念来源于Java/C++语言中的构造器，作用是在创建对象时自动调用，接收参数完成对象的初始化。第一参数默认为self，表示实例自身，用于组合访问实例相关的属性和方法。类实例化的语法和示例如下：

```
#语法结构
<对象名> = <类名>([参数列表])

#示例
class Stu:
    def __init__( self, name ):
        print( name )
stu1 = Stu("小明")
stu2 = Stu("牛牛")
```

上述代码执行结果为：

```
小明
牛牛
```

(2) 类的属性。

Python 类中的属性根据是否被所有对象共有分为两种类型：类属性和实例属性。

类属性是类的共有属性，被所有实例对象共享。实例属性则是实例化对象的属性，由各个实例独享。属性定义语法结构如下：

```
class <类名>:
    <类属性变量名> = <类属性初始值>
    def __init__( self, <参数列表> ):
        self.<实例属性变量名> = <实例属性初始值>
```

例如，生成一个既包含类属性又包含实例属性的 Stu 类：

```
class Stu:
    num = 0
    def __init__( self, name, age):
        self.name = name
        self.age = age
        Stu.num += 1        #构造方法内部不能直接访问num,需要结合类名
stu1 = Stu("小明", 7)
stu2 = Stu("牛牛", 8)
print("现有学生人数:", Stu.num)
print(stu1.name,stu2.name)
```

运行结果为：

```
现有学生人数:2
小明    牛牛
```

在上述代码示例中，num 是 Stu 的类属性，在构造方法内部需使用 Stu.num 来进行访问。name 和 age 是示例属性，被每个对象各自维护。

一般来说，类属性可有两种访问方式：<类名>.<类属性>和<对象名>.<类属性>，即类属性是所有对象共享，因此使用类名或对象名访问均可。而实例属性名仅可使用<对象名>.<实例属性名>来进行访问。

根据属性是否允许被外部代码直接访问，属性又可以分为公开属性和私有属性两种。采用属性名前的双下划线来标识私有属性。设置为私有属性后，无法再通过对象名在外部代码中直接访问。例如：

```
class Stu:
    __num = 0           #设置 num 为私有类属性
    def __init__( self, name, age):
```

```
        self.name = name
        self.age = age
        Stu.__num += 1
stu1 = Stu("小明", 7)
stu2 = Stu("牛牛", 8)
print("现有学生人数:", Stu.num)
print(stu1.name,stu2.name)
```

上述代码运行后会出现异常报错,结果如下:

```
Traceback (most recent call last):
  File "D:/python/test.py", line 9, in <module>
    print("现有学生人数:", Stu.num)
AttributeError: type object 'Stu'has no attribute 'num'
```

(3) 类的方法。

与类的属性相似,Python 类中的方法根据是否共有等因素,可分为类方法、实例方法和保留方法等多种方法类型,本书限于篇幅仅介绍这 3 种。

类方法是所有实例对象都共享使用的方法。实例方法是每个对象使用的方法,内容由对象自身独享和维护。两种方法的语法格式如下所示:

```
class <类名>:                          #类方法
    @classmethod
    def <方法名>( cls, <参数列表>)
--------------------------------------------------------
class <类名>:                          #实例方法
    def <方法名>( self, <参数列表>)
```

通过观察可以总结出类方法与实例方法在语法表达上的特征的区别与联系:

① 类方法需要使用装饰器@classmethod 来标识本方法是类方法,而实例方法则不需要特殊标注;

② 类方法至少包含一个参数表示类对象,该参数一般为 cls;实例方法也至少包含一个参数表示自身实例,该参数一般为 self;

③ 类方法既可以通过类名访问,也可以通过对象名访问,即<类名>.<方法名>( ) 或<对象名>.<方法名>2 种语法均可;

④ 实例方法仅能通过<对象名>.<方法名>( )的方式来访问。

例如,在以下代码中同时实现了 2 种方法:

```
class Stu:
    num = 0
    def __init__( self, name , age):
        self.name = name
```

```
            self.age = age
            Stu.num += 1

    @classmethod
    def get_head_teacher( cls ):
        print("班主任是李老师。")

    def height_standard( self ):
        height = self.age *5 + 80
        print("{}身高标准是:{}".format( self.name, height ))
stu1 = Stu("小明", 7)
stu2 = Stu("牛牛", 8)
print( "现有学生人数:", Stu.num )
print( stu1.name, stu2.name )
Stu.get_head_teacher( )
stu1.height_standard( )
stu2.height_standard( )
```

运行结果为:

```
现有学生人数: 2
小明 牛牛
班主任是李老师。
小明身高标准是:115
牛牛身高标准是:120
```

保留方法是由双下划线开始和结束的方法(不同于私有方法,本书暂不介绍),保留方法名字不可随意修改,需要使用系统中的保留名字。保留方法一般都对应类的某种操作,由 Python 编译器赋予特定含义,在操作产生时调用。语法格式如下所示:

```
class <类名>:
    def <保留方法名>(<参数列表>)
```

例如,生成一个包含保留方法的 Stu 类,令 len( ) 函数对对象名进行长度计算:

```
class Stu:
    num = 0
    def __init__( self, name , age):
        self.name = name
        self.age = age
        Stu.num += 1
    def __len__(self):
        return len(self.name)
```

```
stu1 = Stu("强强", 7)
stu2 = Stu("小星星", 8)
print("现有学生人数:", Stu.num)
print("{}的名字字数是:{}个字".format(stu2.name,len(stu2)))
```

运行结果为：

```
现有学生人数: 2
小星星的名字字数是:3个字
```

3.3.5　Python 编程实例

1. 冒泡排序

冒泡排序是非常经典的排序算法之一，其核心思想是将循环序列中的元素进行两两比较，每个循环周期中可以确定未排序元素中的最小值及其排序位置，直至循环结束，所有元素放置在准确的位置上，详见 4.1.4。具体代码如下：

```
def bubblesort( arr ):
    n = len( arr )
    for i in range( n ):            #遍历列表中所有元素
        for j in range( 0, n - i - 1 ):      # j 表示每次遍历需要两两比较比较的次数
            if arr[j] > arr[j + 1]:           #比较相邻两个元素,将较小的一方向"前"移动
                arr[j],arr[j + 1] = arr[j + 1],arr[j]

arr = [32, 4, 7, 91, 23, 18, 67]
str_arr =','.join([str(i) for i in arr])      #列表推导式,创建序列的字符串表达式
print("初始数据序列为:\n{}".format(str_arr))
bubblesort( arr )
str_arr =','.join([str(i) for i in arr])
print("冒泡排序后的序列为:\n{}".format(str_arr))
```

运行结果如下所示：

```
初始数据序列为:
32,4,7,91,23,18,67
冒泡排序后的序列为:
4,7,18,23,32,67,91
```

2. 汉诺塔

汉诺塔（Tower of Hanoi），又称河内塔，是一个源于印度古老传说的益智玩具。大梵天创造世界的时候做了 3 根金刚石柱子，在一根柱子上从下往上按照大小顺序摞着 64 片黄金圆盘。大梵天命令婆罗门把圆盘从下面开始按大小顺序重新摆放在另一根

柱子上。并且规定，在小圆盘上不能放大圆盘，在3根柱子之间一次只能移动一个圆盘。

现在将3根柱子分别命名为 A, B, C, 遵循上述游戏规则，在给定盘子数量 N 的前提下，如何通过 Python 程序计算所需的步骤。具体代码如下所示：

```
steps = 0
def hanoi( src, des, mid, n):          #采用递归思想实现
    global steps
    if n == 1:                          #若只有一个圆盘，直接移动即可
        steps += 1
        print("第{:> 2} 步: {}->{}".format(steps, src, des))
    else:           #只要还剩不止一个圆盘，就将问题拆成两个子问题继续求解
        hanoi( src, mid, des, n - 1)
        steps += 1
        print("第{:> 2} 步: {}->{}".format(steps, src, des))
        hanoi( mid, des, src, n - 1)
N = eval(input("请输入圆盘个数:"))
hanoi("A", "C", "B", N)
```

运行结果如下：

```
请输入圆盘个数:3
第 1 步: A -> C
第 2 步: A -> B
第 3 步: C -> B
第 4 步: A -> C
第 5 步: B -> A
第 6 步: B -> C
第 7 步: A -> C
```

3. 凯撒密码解密

凯撒密码是一种最简单且最广为人知的加密技术。它是一种替换加密的技术，明文中的所有字母都在字母表上向后(或向前)按照一个固定数目进行偏移后被替换成密文。例如将每个字母向前偏移19位，就产生这样一个明密对照表(以大写字母为例)：

明：A B C D E F G H I J K L M N O P Q R S T U V W X Y Z
密：T U V W X Y Z A B C D E F G H I J K L M N O P Q R S

这个加密表下，明文与密文的对照关系就变成：

明文：THE FAULT, DEAR BRUTUS, LIES NOT IN OUR STARS BUT IN OURSELVES.

密文：MAX YTNEM, WXTK UKNMNL, EBXL GHM BG HNK LMTKL UNM BG HNKLXEOXL.

现在某国收到一份情报信息为：Yt gj, tw sty yt gj, ymfy nx f vzjxynts.

已知明文中有一个单词是"question"，且采用的是凯撒加密的方法，偏移量未知。请编程计算偏移量，并用得到的偏移量解密收到的密文。

具体代码如下：

```
def caesar_decrypt( text, offset):           #解密函数
    """接收一个加密的字符串text和一个整数偏移量offset为参数，采用字母表和数字中前面第offset个字符代替当前字符的方法对字符串中的字母和数字进行替换，实现解密效果，返回值为解密的字符串。"""
    lower = "abcdefghijklmnopqrstuvwxyz"     # 小写字母,也可以导入string模块创建
    upper = lower.upper()        # 大写字母
    digit = "1234567890"         # 数字
    #将所有原始字符连接在一起形成所有明文字符的序列
    before = lower + upper + digit
    #将偏移后的字符连接在一起形成明文对应的密文序列,"\"为代码分行
    after = lower[offset:] + lower[:offset] + upper[offset:] + \
            upper[:offset] + digit[offset:] + digit[:offset]
    table = dict(zip(after,before))          #创建密文-明文的字典变量
    decrypt_text = ''
    for i in text:           #循环读取密文中字符,对照密-明表计算出对应的明文字符
        decrypt_text += table.get(i,i)
    return decrypt_text


def find_offset(key_text, ciphertext):       #计算偏移量函数
    """接收一个单词和一个加密字符串为参数，尝试用[0,25]之间的数为偏移量进行解密。如果key_text在解密后的明文里，则说明解密成功。
    找出偏移量数值并返回这个整数偏移量。"""
    for i in range(26):
        d_text = caesar_decrypt( ciphertext, i )
        if key_text in d_text:
            return i

if __name__ == '__main__':
    key_message = 'question'                 #密文中的已知单词
    cipher_text = 'Yt gj,tw sty yt gj,ymfy nx f vzjxynts.'       #截获的密文
    secret_key = find_offset(key_message, cipher_text)   #破解密码,得到密钥
    print(f'密钥是{secret_key}')
    target_text = 'Fyyfhp ts Ujfwq Mfwgtw ts Ijhjrgjw 2, 6496'  #新密文,需要解密
    print('新密文解密的结果:', caesar_decrypt( target_text, secret_key ))   #解密,打印明文
```

运行结果如下：

密钥是 5
新密文解密的结果:Attack on Pearl Harbor on December 7, 1941

关于面向对象编程还有很多知识无法在本书中展开介绍,读者可自行通过专业书籍或网络途径进行详细了解。

本章小结

本章聚焦程序设计基础,系统阐述了程序设计语言、方法、风格及 Python 基础知识。

在程序设计语言方面,介绍了机器语言、汇编语言和高级语言的特性,剖析了 C、C++、Java、Python 等常见语言的优势。程序设计方法包含结构化与面向对象两种,前者遵循自顶向下等原则,由顺序、选择、循环结构构成;后者以对象为核心,具备与人类思维一致、稳定性佳等优点,涵盖对象、类、继承等关键概念。

针对当前主流的编程语言,本章介绍了 Python 开发环境搭建、基础语法元素,简单涉及了一些面向对象编程知识,并通过冒泡排序、汉诺塔等实例更好地理解编程以及程序设计语言,同时为第 4 章算法的相关内容提供了语法知识基础。

习题与自测题

一、选择题

1. 以下什么语言编写的程序能够被计算机直接识别?(   )
   A. 机器语言   B. 汇编语言
   C. 低级语言   D. 高级语言

2. 以下关于机器语言的说法,正确的是(   )。
   A. 机器语言是用助记符来表示指令的语言
   B. 机器语言编写的程序可以在任何计算机上运行
   C. 机器语言是计算机能直接识别和执行的语言
   D. 机器语言程序容易编写和调试

3. (   )用助记符来代替机器指令的操作码和操作数。
   A. 机器语言   B. 汇编语言
   C. 低级语言   D. 高级语言

4. 汇编语言和高级语言相比,以下说法错误的是(   )。
   A. 汇编语言更接近机器语言
   B. 高级语言的可移植性更好
   C. 汇编语言的执行效率比高级语言低
   D. 高级语言编程效率通常比汇编语言高

5. 以下属于高级语言的是(   )。
   A. 二进制语言   B. 指令集语言
   C. Python   D. 8086 汇编语言

6. 以下关于编译和解释的说法，正确的是（　　）。
A. 编译型语言的执行速度一定比解释型语言慢
B. 解释型语言在执行时不需要将源代码转换为机器码
C. 编译是将高级语言源代码一次性转换为目标机器码的过程
D. 解释器会在每次执行程序时都重新对整个程序进行解释

7. 以下（　　）语言通常是编译型语言。
A. Python　　　　　　　　　　　　B. JavaScript
C. Java　　　　　　　　　　　　　 D. Ruby

8. 以下关于Python语言的描述，错误的是（　　）。
A. 是一种解释型语言　　　　　　　B. 具有动态类型系统
C. 不支持面向对象编程　　　　　　D. 代码简洁易读

9. 以下Python代码定义函数方式正确的是（　　）。
A. function my_func()：　　　　　B. def my_func()：
C. define my_func()：　　　　　　D. def my_func

10. Python语言是一种（　　）的计算机程序设计语言。
A. 面向对象　　　B. 面向进程　　　C. 面向过程　　　D. 面向服务

11. import保留字的作用是（　　）。
A. 引入程序之外的功能模块
B. 改变当前程序的命名空间
C. 每个程序都必须有这个保留字
D. 当调用程序时需要使用该保留字

12. 关于Python注释，以下选项描述错误的是（　　）。
A. Python注释语句不被解释器过滤掉，也不被执行
B. 注释可以辅助程序调试
C. 注释可以用于标明作者和版权信息
D. 注释用于解释代码原理或者用途

13. 以下关于Python语言中，"缩进"说法正确的是（　　）。
A. 缩进统一为4个空格
B. 缩进是非强制的，仅为了提高代码可读性
C. 缩进可以在任何语句之后，表示语句之间的包含关系
D. 缩进在程序中长度统一且强制使用

14. 下面关于字典描述错误的是（　　）。
A. 字典中键值对存在顺序
B. 字典是键值对的集合
C. 字典表达了一种映射关系
D. 键与值之间采用冒号分隔，键值对之间采用逗号分隔

15. 下面代码的执行结果是（　　）。
```
def area(r, pi = 3.14159)
    return pi *r *r
```

area(3.14,4)

A. 50.24　　　　　B. 出错　　　　　C. 无输出　　　　　D. 39.438 4

16. 关于下面代码,选项中描述正确的是(　　)。

```
def fact(n,m = 1):
    s = 1
    for i in range(1,n + 1):
        s *= i
    return s //m
print(fact( m = 5, n = 10 ))
```

A. 按可变参数调用　　　　　　　　B. 参数按照名称传递
C. 执行结果为 10886400　　　　　　D. 按位置参数调用

17. 哪个选项的结果关于循环结构的描述是错误的?(　　)
A. 循环是程序根据条件判断结果向后反复执行的一种运行方式
B. 循环是一种程序的基本控制结构
C. 死循环无法退出,没有任何作用
D. 条件循环和遍历循环结构都是基本的循环结构

18. 哪个选项给出了下列程序的输出次数?(　　)

```
k = 10000
while k> 1:
    print(k)
    k = k/2
```

A. 1000　　　　　B. 15　　　　　C. 14　　　　　D. 13

19. 关于 Python 的分支结构,说法错误的是(　　)。
A. Python 中 if-elif-else 语句描述多分支结构
B. Python 中 if-else 语句用来形成二分支结构
C. 分支结构可以向已经执行过的语句部分跳转
D. 分支结构使用 if 保留字

20. 下面代码的输出结果是(　　)。

```
for i in "Python":
    print(i, end =",")
```

A. P y t h o n　　　　　　　　　B. Python
C. P,y,t,h,o,n　　　　　　　　　D. P,y,t,h,o,n,

21. 下面代码的输出结果是(　　)。

```
list1 = [1,2,3]
list2 = [4,5,6]
print(list1 + list2)
```

A. [1,2,3,4,5,6]　　　　　　　　B. [1,2,3]
C. [4,5,6]　　　　　　　　　　　D. [5,7,9]

22. 下面代码的输出结果是(　　)。

d = {'a': 1, 'b': 2, 'b': '3'}
print(d['b'])

A. 1　　　　　　　B. 2　　　　　　　C. 3　　　　　　　D. {'b': 2}

23. 给定字典 d,以下选项中对 x in d 描述正确的是(　　)。

A. x 是一个二元元组,判断 x 是不是字典 d 中的键值对

B. 判断 x 是不是字典 d 中的键

C. 判断 x 是不是字典 d 中的值

D. 判断 x 是不是在字典 d 中以键或值方式存在

二、编程题

1. "物不知数"出自《孙子算经》。题目为:今有物不知其数,三三数之剩二,五五数之剩三,七七数之剩二,问物几何?"意思是说有一些物品,不知道有多少个,3 个 3 个数的话,还多出 2 个;5 个 5 个数则多出 3 个;7 个 7 个数也会多出 2 个。现假设物品总数不超过 n(n <= 1000),请编程计算满足条件的物品个数并输出。

2. 有若干只鸡、兔同在一个笼子里,从上面数,有 35 个头,从下面数,有 94 只脚。问笼中各有多少只鸡和兔? 请编一个程序,用户在同一行内输入两个整数 h 和 f(两数之间用空格隔开),代表头和脚的数量,编程计算笼中各有多少只鸡和兔。假设鸡和兔都正常,无残疾。若有解则按照"有 c 只鸡,r 只兔"的格式输出解;若无解则输出 Data Error!

3. 已知变量 s="学而时习之,不亦说乎? 有朋自远方来,不亦乐乎? 人不知而不愠,不亦君子乎?",编程统计并输出字符串 s 中汉字和标点符号的个数。

4. 在我国古代的《算经》里有一个著名的不定方程问题:鸡翁一值钱五,鸡母一值钱三,鸡雏三值钱一。百钱买百鸡,问鸡翁、鸡母、鸡雏各几何?

5. 获得输入正整数 n,判断 n 是否为质数,如果是则输出 True,否则输出 False。

第4章

问题求解与计算思维

4.1 算法与数据结构

在计算机科学领域,算法与数据结构是两个紧密相连的核心概念。数据结构是数据的组织、存储和管理方式,它决定了数据如何被有效地存储和访问;而算法则是解决特定问题的一系列明确步骤,它利用数据结构来处理数据,实现特定的功能。两者相辅相成,共同构成了计算机程序的基础。一个好的数据结构可以使算法的效率大大提高,而一个高效的算法则能充分发挥数据结构的优势。

4.1.1 算法概述

1. 算法的定义

算法是对特定问题求解步骤的一种描述,它是指令的有限序列,其中每一条指令表示一个或多个操作。算法具有以下 5 个重要特性:

(1) 有穷性:一个算法必须总是(对任何合法的输入值)在执行有穷步之后结束,且每一步都可在有穷时间内完成。

(2) 确定性:算法中每一条指令必须有确切的含义,读者理解时不会产生二义性。并且在任何条件下,算法只有唯一的一条执行路径,即对于相同的输入只能得出相同的输出。

(3) 可行性:一个算法是可行的,即算法中描述的操作都是可以通过已经实现的基本运算执行有限次来实现的。

(4) 输入:一个算法有零个或多个输入,这些输入取自某个特定的对象集合。

(5) 输出:一个算法有一个或多个输出,这些输出是同输入有着某些特定关系的量。

2. 算法的表示方法

常见的算法表示方法有自然语言、流程图、伪代码等。

(1) 自然语言:使用人们日常使用的语言(如汉语、英语)来描述算法。优点是通俗易懂,缺点是容易出现歧义,表达不够简洁和准确。

(2) 流程图：用一些图框和流程线来表示各种操作。它直观形象，易于理解，但绘制比较烦琐，对复杂算法的描述不够简洁。

(3) 伪代码：一种介于自然语言和计算机语言之间的文字和符号描述。它既具有自然语言的灵活性和可读性，又具有计算机语言的简洁性和准确性，是描述算法较为常用的方法。

3. 算法的时间复杂度和空间复杂度

在分析算法的性能时，主要关注两个方面：时间复杂度和空间复杂度。

(1) 时间复杂度：是指执行算法所需要的计算工作量。通常用大 O 符号表示，它描述了算法执行时间随输入规模增长的变化趋势。例如，一个算法的时间复杂度为 $O(n)$，表示该算法的执行时间与输入规模 n 成正比；时间复杂度为 $O(n^2)$，则表示执行时间与 n 的平方成正比。

(2) 空间复杂度：是指执行这个算法所需要的内存空间。同样用大 O 符号表示，它主要考虑算法在运行过程中临时占用的存储空间大小。有些算法在执行过程中需要额外的大量空间来存储中间结果，而有些算法则可以在原地进行操作，空间复杂度较低。

4.1.2 数据结构概述

1. 数据结构的定义

数据结构是相互之间存在一种或多种特定关系的数据元素的集合。它包含 3 个方面的内容：数据的逻辑结构、数据的存储结构和数据的运算。

(1) 逻辑结构：是指数据元素之间的逻辑关系，它是从具体问题抽象出来的数学模型，与数据的存储无关。常见的逻辑结构有线性结构（如线性表、栈、队列）、树形结构（如二叉树、树）和图形结构（如无向图、有向图）。

(2) 存储结构：是指数据元素及其关系在计算机内存中的表示（又称映像）。它分为顺序存储结构和链式存储结构。顺序存储结构是把逻辑上相邻的数据元素存储在物理上相邻的存储单元里，元素之间的逻辑关系由存储单元的邻接关系来体现；链式存储结构则是通过指针来表示数据元素之间的逻辑关系，每个数据元素除了存储自身的数据外，还需要存储一个或多个指针，用来指向其逻辑上相邻的元素。

(3) 数据的运算：是指对数据结构中数据元素进行的操作，如插入、删除、查找、排序等。这些运算的实现依赖数据的存储结构。

2. 数据结构的表示

数据结构包含两个要素，即"数据"和"结构"。

"数据"是需要处理的数据元素的集合，说明本问题中有哪些数据，通常用 D 表示。一般来说，这些数据元素，具有某个共同的特征。例如，早餐、午餐、晚餐这 3 个数据元素有一个共同的特征，即它们都是一日三餐的名称，从而构成了一日三餐名的集合。

"结构"，就是集合中各个数据元素之间存在的关系，通常用 R 表示。在数据处理领域中，通常把两两数据元素之间的关系用前后件关系（或直接前驱与直接后继关系）来描述。例如，在考虑一日三餐的时间顺序关系时，"早餐"是"午餐"的前件（或前驱），而"午餐"是"早餐"的后件（或直接后继）；同样，"午餐"是"晚餐"的前件，"晚餐"是"午餐"的后件。

两个元素的前、后件关系常用一个二元组来表示，例如，如果把一日三餐看作一个数据结构，则可表示成：

$$B = (D, R)$$
$$D = \{早餐, 午餐, 晚餐\}$$
$$R = \{(早餐, 午餐), (午餐, 晚餐)\}$$

又例如，一般医生的专业技术等级的数据结构，可表示成：

$$B = (D, R)$$
$$D = \{主任医师, 副主任医师, 主治医师, 住院医师\}$$
$$R = \{(主任医师, 副主任医师), (副主任医师, 主治医师),$$
$$(主治医师, 住院医师)\}$$

一个数据结构除了用二元关系表示外，还可以用图形来表示。用中间标有元素值的方框来表示数据元素，一般称之为数据节点，简称为节点。对于每一个二元组，用一条有向线段从前件指向后件。

例如，一日三餐的数据结构可以用如图4-1(a)所示的图形来表示。又例如，医生专业技术等级的数据结构可以用如图4-1(b)所示的图形来表示。

早餐 ⇒ 午餐 ⇒ 晚餐

(a)一日三餐数据结构的图形表示

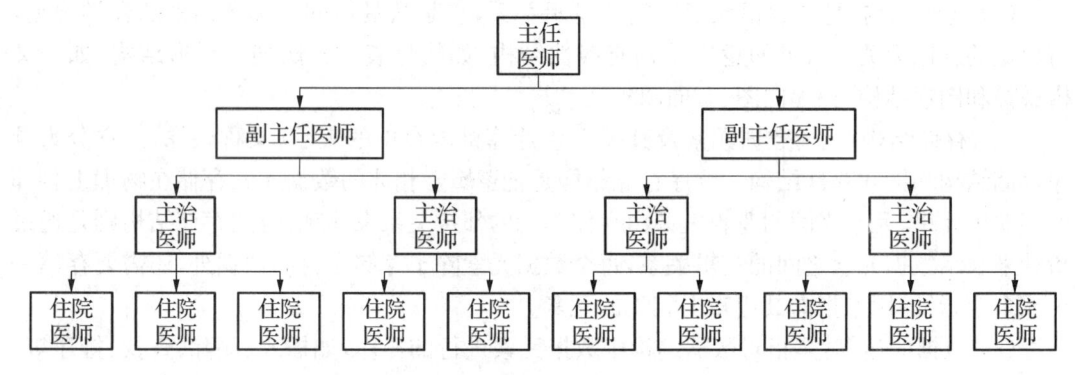

(b)医生专业技术等级数据结构的图形表示

图4-1 数据结构的图形表示

由前、后件关系还可引出以下3个基本概念，如表4-1所示。

表4-1 节点基本概念

基本概念	含义	例子
根节点	数据结构中，没有前件的节点	在图4-1(a)中，"早餐"是根节点；在图4-1(b)中，"主任医师"是根节点
终端节点（或叶子节点）	数据结构中，没有后件的节点	在图4-1(a)中，"晚餐"是终端节点；在图4-1(b)中，"住院医师"是终端节点
内部节点	数据结构中，除了根节点和终端节点以外的节点	在图4-1(a)中，"午餐"是内部节点；在图4-1(b)中，"副主任医师"和"主治医师"是内部节点

3. 数据结构的类型

根据数据结构中各数据元素之间前、后件关系的复杂程度,一般将数据结构划分为线性结构和非线性结构两大类型,如表 4-2 所示。线性结构与非线性结构的图形表示见图 4-2。如果一个数据结构中没有数据元素,则称该数据结构为空的数据结构。

表 4-2 线性结构与非线性结构

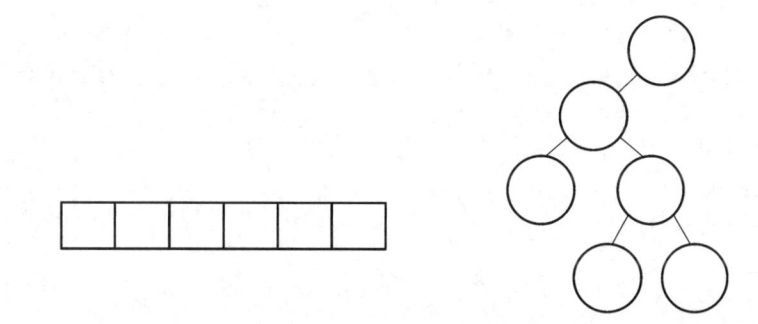

基本概念	数据元素之间的关系	数据结构类型	例子
线性结构	除开始和末尾元素外,每个数据元素只有一个前件、一个后件	线性表、链表、堆栈、队列	图 4-1(a) 一日三餐数据结构
非线性结构	除开始和末尾元素外,每个数据元素只有一个前件、但有多个后件	树、二叉树	图 4-1(b) 医生专业技术等级结构
	除开始和末尾元素外,每个数据元素可有多个前件、也可有多个后件	图	

(a) 线性结构示意图 (b) 非线性结构示意图

图 4-2 线性结构与非线性结构示意图

4.1.3 常见的数据结构

1. 线性表

线性表是一种最简单、最常用的数据结构。它是由 n 个数据元素($n \geqslant 0$)组成的有限序列,每个数据元素都有一个前驱(除第一个元素外)和一个后继(除最后一个元素外)。线性表的存储结构有顺序存储和链式存储两种,分别称为顺序表和链表。

(1) 顺序表。

顺序表是将线性表中的元素按照顺序依次存储在一块连续的内存空间中。以 Python 中的列表(本质上类似顺序表)为例,假设有一个存储整数的顺序表[1,3,5,7,9],它有如下特点:

随机访问高效:由于元素在内存中连续存储,通过索引可以快速定位到元素。例如要访问索引为 2 的元素,直接通过内存地址计算就能获取,时间复杂度为 $O(1)$。在处理需要频繁随机访问数据的场景,如数据库索引查询中部分操作,顺序表优势明显。

存储密度高:因为元素紧密排列,没有额外的指针开销,所以存储密度高,能充分利用内存空间。

插入和删除操作代价大:当在顺序表中间插入或删除元素时,需要移动大量元素。比如在上述顺序表中插入元素 4 到索引为 1 的位置,从索引 1 开始的后续元素都要向后移动一位,时间复杂度为 $O(n)$。这在元素数量较多时,效率较低。

(2) 链表。

链表由一系列节点组成,每个节点包含数据域(data)和指针域(next),指针域指向下一个节点(单向链表如图 4-3)。

图 4-3　线性单链表示意图

以 Python 实现的单向链表为例:

```
class ListNode:
    def __init__(self, val = 0, next = None):
        self.val = val
        self.next = next
# 创建链表 1 -> 2 -> 3
node1 = ListNode(1)
node2 = ListNode(2)
node3 = ListNode(3)
node1.next = node2
node2.next = node3
```

它有如下特点:

插入和删除操作灵活:在链表中插入或删除节点,只需修改指针指向,无需移动大量数据。例如在上述链表中,要在 node1 和 node2 之间插入一个值为 1.5 的节点,只需创建新节点,修改新节点和 node1、node2 的指针指向即可,时间复杂度为 $O(1)$(前提是已知插入位置的前驱节点)。这在需要频繁进行插入和删除操作的场景,如实时消息队列处理中,链表表现出色。

内存分配灵活:链表节点在内存中无需连续存储,可根据需要动态分配内存。这对于内存资源紧张或数据量动态变化的情况很友好。

随机访问效率低:访问链表中的元素时,需要从头节点开始遍历,直到找到目标节点,时间复杂度为 $O(n)$。比如要访问链表中第 5 个节点,就需要依次遍历前 4 个节点。这使得链表在需要频繁随机访问数据的场景下效率较低。

(3) 顺序表和链表的插入、删除操作对比。

顺序表和链表在插入和删除操作上存在明显的差异,下面从时间复杂度、操作过程、空间开销等方面进行详细对比:

插入操作对比

① 时间复杂度。

• 顺序表

顺序表是用一组地址连续的存储单元依次存储线性表的数据元素。在顺序表中进行插入操作时,如果要在第 i 个位置插入一个元素,需要将第 i 个位置及之后的所有元素依次向后移动一个位置,然后再将新元素插入到第 i 个位置。

最好情况下,若在表尾插入元素(即 $i=n+1$,n 为表长),不需要移动元素,时间复杂度为 $O(1)$;最坏情况下,若在表头插入元素(即 $i=1$),需要移动 n 个元素,时间复杂度为 $O(n)$;平均情况下,需要移动约 $n/2$ 个元素,时间复杂度为 $O(n)$。

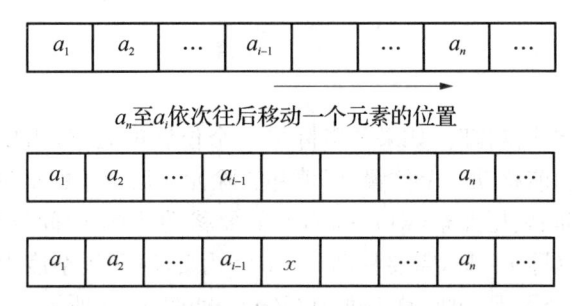

图 4-4 顺序表中在元素 a_i 之前插入 x 示意图

- 链表

链表是通过指针将一系列数据节点连接起来的存储结构。在链表中进行插入操作时,只需要修改指针即可。如果已知要插入位置的前驱节点,在该位置插入一个新节点,只需要进行两步指针操作:将新节点的指针指向原位置的节点,然后将前驱节点的指针指向新节点。

无论是在表头、表中还是表尾插入元素,只要能快速找到插入位置的前驱节点,时间复杂度均为 $O(1)$。但如果要在第 i 个位置插入元素,需要先遍历链表找到第 $i-1$ 个节点,这个遍历过程的时间复杂度为 $O(1)$,平均时间复杂度为 $O(n)$。

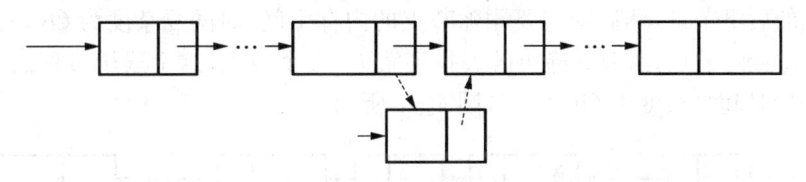

图 4-5 单链表中在结点 a_i 前插入 x 结点示意图

② 操作过程。
- 顺序表

插入操作涉及元素的移动,会导致大量的数据拷贝。例如,在数组[1,2,3,4,5]的第 3 个位置插入元素"6",需要将第 3 个位置及之后的元素"3,4,5"依次向后移动一个位置,得到[1,2,_,3,4,5],然后将"6"插入到空出的位置,最终结果为[1,2,6,3,4,5]。

- 链表

插入操作主要是修改指针。假设链表节点结构为 data 和 next 指针,要在节点"p"之后插入新节点 s,只需要执行 s -> next = p -> next; p -> next = s; 即可。

③ 空间开销
- 顺序表

插入操作可能需要额外的空间来存储移动后的元素。如果顺序表的存储空间已满,插入元素时还需要进行扩容操作,通常需要重新分配更大的存储空间,并将原有的元素复制到新的存储空间中,这会带来较大的空间开销。

• 链表

插入操作只需要为新节点分配少量的额外空间,用于存储节点的数据和指针,空间开销相对较小。

删除操作对比

① 时间复杂度。

• 顺序表

在顺序表中进行删除操作时,如果要删除第 i 个位置的元素,需要将第 $i+1$ 个位置及之后的所有元素依次向前移动一个位置,以填补删除元素后留下的空位。

最好情况下,若删除表尾元素(即 $i=n$),不需要移动元素,时间复杂度为 $O(1)$;最坏情况下,若删除表头元素(即 $i=1$),需要移动 $n-1$ 个元素,时间复杂度为 $O(n)$;平均情况下,需要移动约 $(n-1)/2$ 个元素,时间复杂度为 $O(n)$。如图 4-6 所示。

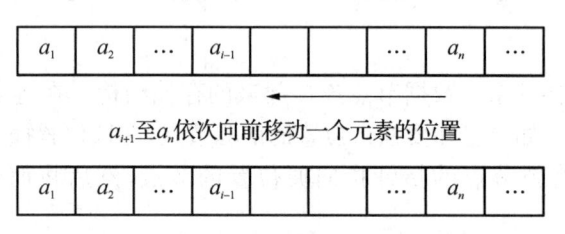

| a_1 | a_2 | ... | a_{i-1} | | ... | a_n | ... |

a_{i+1} 至 a_n 依次向前移动一个元素的位置

| a_1 | a_2 | ... | a_{i-1} | | ... | a_n | ... |

图 4-6 顺序表中删除元素 a_i 示意图

• 链表

如果已知要删除节点的前驱节点,删除该节点只需要修改指针,将前驱节点的指针指向要删除节点的后继节点,然后释放要删除节点的内存空间,时间复杂度为 $O(1)$。但如果要删除第 i 个位置的节点,需要先遍历链表找到第 $i-1$ 个节点,这个遍历过程的时间复杂度为 $O(1)$,平均时间复杂度为 $O(n)$。如图 4-7 所示。

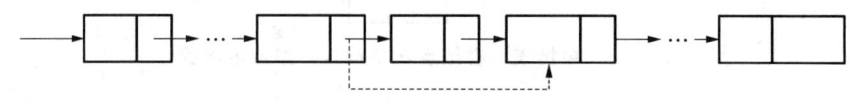

图 4-7 单链表中删除元素 a_i 示意图

② 操作过程。

• 顺序表

删除操作涉及元素的移动。例如,在数组[1,2,3,4,5]中删除第 3 个位置的元素"3",需要将第 4 个位置及之后的元素"4,5"依次向前移动一个位置,最终结果为[1,2,4,5]。

• 链表

删除操作主要是修改指针。假设要删除节点"p"的后继节点"q",只需要执行 p -> next = q -> next; free(q); 即可。

③ 空间开销。

• 顺序表

删除操作本身不会减少存储空间,但可能会导致存储空间的浪费。例如,删除元素后顺序表的实际元素个数远小于存储空间大小,会造成空间的闲置。
- 链表

删除操作会释放被删除节点的内存空间,不会造成空间的浪费,空间利用率较高。

综上所述,顺序表的插入和删除操作在平均情况下需要移动大量元素,时间复杂度较高,但在随机访问元素时效率较高;链表的插入和删除操作主要是修改指针,时间复杂度较低,但在随机访问元素时需要遍历链表,效率较低。在实际应用中,需要根据具体的需求来选择合适的存储结构。

2. 栈和队列

栈和队列是两类特殊线性表,也被称为操作受限的线性表。

(1) 栈。

栈是一种特殊的线性表,它只能在表的一端进行插入和删除操作,这一端称为栈顶(Top),另一端称为栈底(Bottom)。栈的操作遵循后进先出(Last In First Out,LIFO)的原则。形象地说,就像往一个桶里放东西,最后放进去的东西会最先被拿出来。

① 栈的运算。

栈的基本运算主要有 3 种:进栈、出栈和读栈顶元素。

进栈(Push):将元素添加到栈顶的操作。假设我们有一个空栈,依次将元素 A、B、C 入栈,那么元素 C 会处于栈顶位置。

出栈(Pop):从栈顶移除元素的操作。当对上述栈执行出栈操作时,首先被移除的是元素 C,然后是 B,最后是 A。

读栈顶元素(Top):能够查看栈顶元素,但不将其移除。通过这个操作,我们可以在不改变栈结构的情况下,得知当前栈顶的元素是什么。

图 4-8 是栈的进栈、出栈示意图。

② 栈的存储结构。

栈的存储结构通常也可以采用顺序方式和链接方式来实现。

顺序栈:使用数组实现,通常将数组下标为 0 的一端作为栈底,用一个变量 top 来指示栈顶元素的位置。初始时,top 可设为 -1,表示栈为空。随着元素

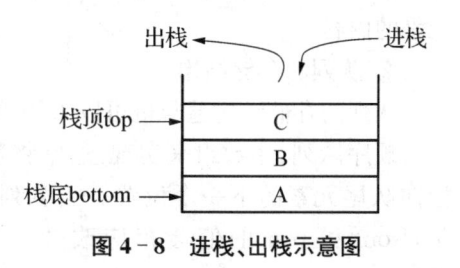

图 4-8 进栈、出栈示意图

的入栈和出栈,top 的值会相应地变化。例如,当有元素入栈时,top 增加;元素出栈时,top 减小。

链栈:利用单链表实现,一般将链表的尾节点作为栈底,头指针指向的节点作为栈顶,且不需要头节点。当 top 为 NULL 时,表示栈为空。与顺序栈相比,链栈的优点是不存在栈满的情况(除非内存耗尽),可以灵活地存储任意数量的元素。

③ 栈的应用。

栈在计算机科学和其他领域中有广泛的应用,以下是一些常见的应用场景:

表达式求值:在计算数学表达式时,栈可用于处理运算符的优先级。例如,对于表达式"3+4*2",通过栈可以正确地按照先乘除后加减的顺序进行计算。

函数调用栈:在程序执行过程中,函数调用的相关信息(如参数、返回地址等)会被压入栈中。当函数执行完毕,这些信息会从栈中弹出,以确保程序能够正确地返回和继续

执行。

浏览器历史记录：当用户在浏览器中浏览网页时，每访问一个新页面，就相当于将该页面的地址压入栈中。当用户点击"后退"按钮时，就从栈中弹出当前页面的地址，返回到上一个页面，这符合栈的后进先出原则。

(2) 队列。

队列也是一种特殊的线性表，它只允许在表的一端进行插入操作，在另一端进行删除操作。允许插入的一端称为队尾(Rear)，允许删除的一端称为队头(Front)。队列的操作遵循先进先出(First In First Out,FIFO)的原则，就像日常生活中排队一样，先到的人先接受服务，后到的人排在队尾等待。如图 4-9 所示是队列的示意图。

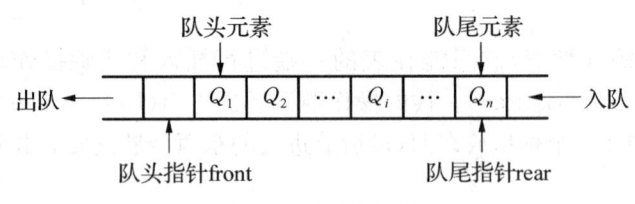

图 4-9　队列示意图

① 队列的基本运算。

队列的基本运算主要包括入队、出队、获取队头元素等。

入队(Enqueue)：将新元素添加到队尾的操作。当有新元素需要加入队列时，就把它插入到队尾的位置，使队列的长度增加 1。

出队(Dequeue)：从队头移除元素的操作。它会删除队头的元素，同时队列的长度减 1。

获取队头元素(Front)：该操作返回队头元素的值，但并不删除队头元素，只是查看队头元素的内容。

② 队列的存储结构。

队列的存储结构通常也可以采用顺序方式和链接方式来实现。

顺序队列：用数组来实现，通常将数组下标为 0 的一端作为队头，用一个变量 rear 来指向队尾元素的下一个位置。当队列为空时，front 和 rear 相等。随着元素的入队和出队，front 和 rear 的值会相应改变。例如，元素入队时，rear 增加；元素出队时，front 增加。

链队列：通过带头节点的单链表实现，头节点指向队头，用 front 指向头节点，rear 指向队尾。当 front 和 rear 都指向头节点时，表示队列为空。链队列在插入和删除操作上的时间复杂度与单链表相同，均为 $O(1)$。

循环队列：为了解决普通顺序队列的"假溢出"问题（即当队尾指针已经到达队列的末尾，但队列前面还有空闲空间时，无法继续插入元素的情况），引入了循环队列。循环队列是把顺序队列首尾相连，形成一个环状的空间（如图 4-10 所示）。在循环队列中，仍然使用两个指针 front 和 rear 分别指向队头和队尾元素的下一个位置。

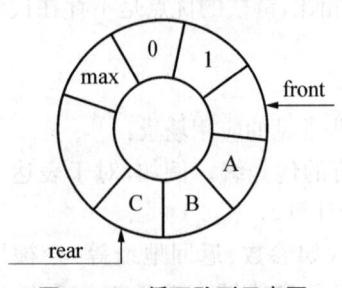

图 4-10　循环队列示意图

判断队列空和满的方法：

- 当 front == rear 时,队列可能为空。
- 为了区分队列空和满的情况,通常采用牺牲一个存储单元的方法,即当(rear+1) % max_size == front 时,表示队列已满,其中 max_size 是循环队列的最大容量。

可以使用循环链表来实现循环队列。循环链表是一种链表,其中最后一个节点的指针指向链表的头节点,从而形成一个环形结构,使得链表中的每个节点都有一个后继节点,不存在尾节点为 NULL 的情况。循环链表的逻辑状态如图 4-11 所示。

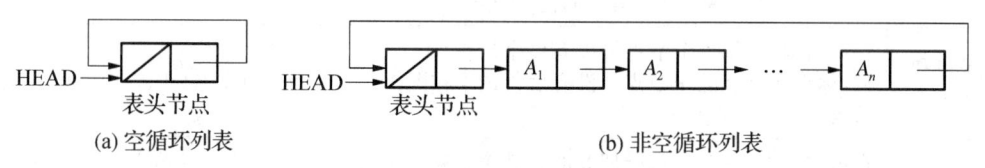

(a) 空循环列表　　　　　　(b) 非空循环列表

图 4-11　循环链表的逻辑状态

在循环链表中,只要指出表中任何一个节点的位置,就可以从它出发访问到表中其他所有的节点。并且,由于表头节点是循环链表所固有的节点,因此,即使在表中没有数据元素的情况下,表中也至少有一个节点存在,从而使空表和非空表的运算统一。

③ 队列的应用。

任务调度:在操作系统中,多个任务需要按照一定的顺序被执行,队列可以用于存储待执行的任务,按照任务到达的先后顺序进行调度。

消息队列:在网络通信、分布式系统等场景中,消息的发送和接收通常使用队列来实现。发送方将消息放入队列,接收方从队列中取出消息进行处理,保证消息的顺序性和可靠性。

打印机任务队列:在计算机连接打印机进行打印任务处理时,多个打印任务会形成一个队列,打印机按照队列中的顺序依次处理打印任务。

3. 树与二叉树

(1) 树的基本概念。

树(Tree)是一种重要的非线性结构。树是由 $n(n \geqslant 0)$ 个有限节点组成的一个具有层次关系的集合。它有以下特点:

① 有且仅有一个特定的称为根(Root)的节点,它没有前驱节点。

② 除根节点外,其余节点被分为 $m(m \geqslant 0)$ 个互不相交的有限集合 T_1、T_2、…、T_m,其中每个集合本身又是一棵树,并且称为根的子树。

例如,一个家族中的族谱关系:A 有后代 B,C;B 有后代 D,E,F;C 有后代 G;E 有后代 H,I。则这个家族的成员及血统关系可用图 4-12 这样一棵倒置的树来描述。树的相关术语如在树中,树中的节点数等于树中所有节点的度之和再加 1。例如:一棵度为 m 的树,总的节点数为 N,度为 0 的节点数为 N_0,度为 1 的节点数为 N_1,…,度为 m 的节点数为 N_m。则:

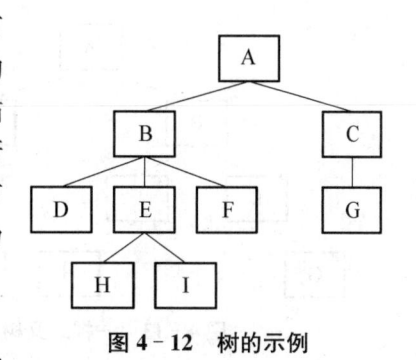

节点数:$N = N_0 + N_1 + N_2 + \cdots + N_m$
分支数:$N - 1 = N_0 * 0 + N_1 * 1 + N_2 * 2 + \cdots + N_m * m$

图 4-12　树的示例

可推导出：$N_0 = N_2 + 2*N_3 + \cdots (m-1)*N_m + 1$

树的相关术语如表 4-3 所示。

表 4-3 树的相关术语

基本概念	含义	例子
父节点(根)	在树结构中，每一个节点只有一个前件，称为该节点的父节点；没有前件的节点只有一个，称为树的根节点，简称树的根	在图 4-12 中，节点 A 是树的根节点
子节点和叶子节点	在树结构中，每一个节点可以有多个后件，称为该节点的子节点。没有后件的节点称为叶子节点	在图 4-12 中，节点 D、H、I、F、G 均为叶子节点
度	在树结构中，一个节点所拥有的后件个数称为该节点的度，所有节点中最大的度称为树的度	在图 4-12 中，根节点 A 和节点 E 的度为 2，节点 B 的度为 3，节点 C 的度为 1，叶子节点 D、H、I、F、G 的度为 0。所以，该树的度为 3
深度	定义一棵树的根节点所在的层次为 1，其他节点所在的层次等于它的父节点所在的层次加 1。树的最大层次称为树的深度	在图 4-12 中，根节点 A 在第 1 层，节点 B、C 在第 2 层，节点 D、E、F、G 在第 3 层，节点 H、I 在第 4 层。该树的深度为 4
子树	在树中，以某节点的一个子节点为根构成的树称为该节点的一棵子树	在图 4-12 中，节点 A 有 2 棵子树，它们分别以 B、C 为根节点。节点 B 有 3 棵子树，它们分别以 D、E、F 为根节点，其中，以 D、F 为根节点的子树实际上只有根节点一个节点

(2) 二叉树。

二叉树是一种特殊的树结构，其每个节点最多有两个子节点，分别被称为左子节点和右子节点。从形式化定义来讲，二叉树是 $n(n \geqslant 0)$ 个节点的有限集合，该集合要么为空集（即空二叉树），要么由一个根节点以及两棵互不相交的、分别称为根节点的左子树和右子树的二叉树组成。如图 4-13 所示是一棵二叉树。

二叉树的递归定义使其在算法设计与实现中具有独特优势。例如，在处理二叉树的遍历、插入和删除节点等操作时，可借助递归的方式实现。以一个简单的数学表达式树为例，对于表达式(a+b)*c，其可用二叉树表示，如图 4-14，根节点为乘法运算符"*"，左子树的根节点是加法运算符"+"，"+"的左、右子节点分别为操作数 a 和 b，而"*"的右子节点是操作数 c。这种递归特性使得二叉树在处理复杂问题时，能够将大问题分解为多个小问题逐一解决，提高算法的效率和可读性。

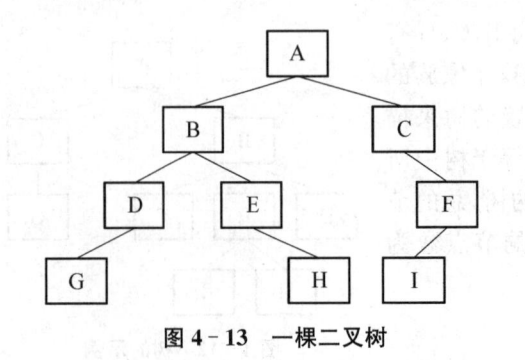

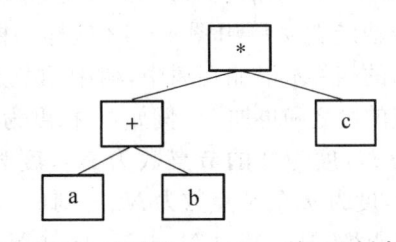

图 4-13 一棵二叉树

图 4-14 表达式(a+b)*c 的二叉树表示

性质 1:第 i 层最多有 2^{i-1} 个节点。

运用数学归纳法可证明该性质。当 $i=1$ 时,$2^{1-1}=1$,即第 1 层(根节点所在层)最多有 1 个节点,这是显然成立的。假设第 k 层最多有 2^{k-1} 个节点,由于二叉树每个节点最多有 2 个子节点,所以第 $k+1$ 层的节点数最多是第 k 层节点数的 2 倍,即 $2\times 2^{k-1}=2^{(k+1)-1}$ 个节点。例如,在一个深度为 4 的二叉树中,第 3 层最多有 $2^{3-1}=4$ 个节点。此性质表明了二叉树每一层节点数量的上限规律,为分析二叉树的结构和性能提供了基础。

性质 2:深度为 k 的二叉树最多有 2^k-1 个节点。

该性质由前一个性质推导而来。深度为 k 的二叉树,其节点总数是每一层最多节点数之和,即 $1+2+2^2+\cdots+2^{k-1}$,根据等比数列求和公式 $S_n=\dfrac{a(1-r^n)}{1-r}$(其中 $a=1,r=2,n=k$),可得 $S_k=\dfrac{1\times(1-2^k)}{1-2}=2^k-1$。例如,深度为 5 的二叉树最多有 $2^5-1=31$ 个节点。这一性质确定了不同深度二叉树所能容纳的最大节点数量,对于估算二叉树的存储需求和算法复杂度具有重要意义。

性质 3:对任何一棵二叉树 T,如果其终端节点数为 n_0,度为 2 的节点数为 n_2,则 $n_0=n_2+1$。

我们可以通过推导来证明这个性质。设二叉树中度为 1 的节点数为 n_1,总节点数为 N。因为二叉树中每个节点都有一个父节点(除了根节点),所以总节点数 N 等于分支数加 1,而分支数又等于度为 1 的节点数 n_1 加上度为 2 的节点数 n_2 的 2 倍(度为 2 的节点有 2 个分支),即 $N=n_1+2n_2+1$。又因为 $N=n_0+n_1+n_2$,将两式联立可得 $n_0+n_1+n_2=n_1+2n_2+1$,化简后得到 $n_0=n_2+1$。例如,已知一棵二叉树度为 2 的节点有 5 个,那么叶子节点就有 $5+1=6$ 个。该性质揭示了二叉树中叶子节点和度为 2 的节点之间的数量关系,有助于在处理二叉树相关问题时,通过已知的节点信息推算其他节点的数量。

性质 4:若完全二叉树的节点数为 n,其深度为 $\lfloor \log_2 n \rfloor+1$。

这是因为深度为 k 的满二叉树节点数是 2^k-1,对于完全二叉树,其节点数 n 满足 $2^{k-1}\leqslant n<2^k$,对不等式两边取以 2 为底的对数可得 $k-1\leqslant \log_2 n<k$,所以 $k=\lfloor \log_2 n \rfloor+1$。例如,有一个完全二叉树节点数为 10,$\lfloor \log_2 10 \rfloor+1=3.32+1\approx 4$,其深度为 4。此性质为确定完全二叉树的深度提供了便捷方法,在涉及完全二叉树的算法设计和分析中经常用到。

(3) 满二叉树和完全二叉树。

① 满二叉树。

深度为 k 且含有 2^k-1 个节点的二叉树被称为满二叉树。在满二叉树中,每一层的节点数都达到了最大值,即第 i 层有 2^{i-1} 个节点,从外观上看,它就像一个完美的金字塔形状,没有任何空缺。例如,深度为 3 的满二叉树(如图 4-15),其节点数为 $2^3-1=7$ 个,第 1 层有 1 个节点,第 2 层有 2 个节点,第 3 层有 4 个节点。满二叉树的这种特性使得它在一些特定的算法和数据存储场景中具有优势,比如在构建哈夫曼树时,如果初始数据可以构成满二叉树,那么在编码和解码过程中能够实现更高效的操作。

② 完全二叉树。

深度为 k,有 n 个节点的二叉树当且仅当其每一个节点都与深度为 k 的满二叉树中编号从 1 到 n 的节点一一对应时,称为完全二叉树。完全二叉树的特点是从根节点到倒数第二层是满的,最后一层的节点从左到右依次排列,不会出现某个节点有右子节点而没有左子节点的情况。例如,一个深度为 4 的完全二叉树(如图 4-16),若节点数为 11,它的前 3 层是满的,第 4 层从左到右依次排列 4 个节点。完全二叉树在实际应用中非常广泛,比如堆排序算法中使用的堆就是一种完全二叉树结构,利用完全二叉树的特性可以高效地实现堆的插入、删除和调整操作。

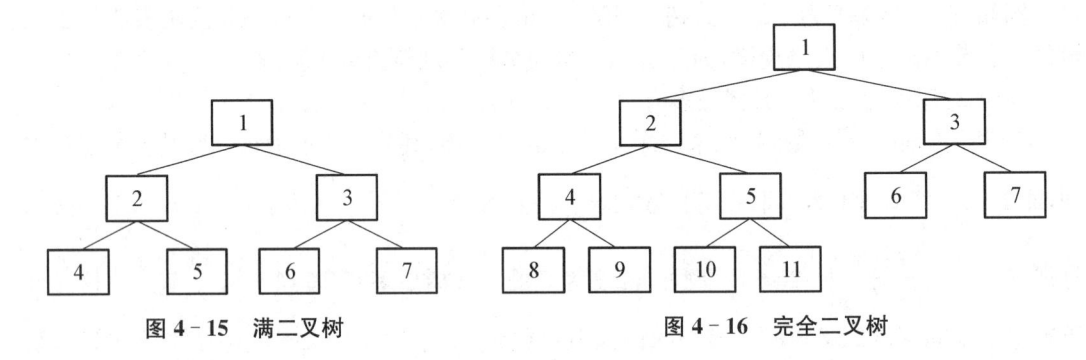

图 4-15 满二叉树

图 4-16 完全二叉树

(4) 二叉树的遍历。

二叉树的遍历是指按照一定的顺序访问二叉树中的每个节点,且每个节点仅被访问一次。常见的遍历方式有以下 3 种:

① 前序遍历(Pre-order Traversal)。

先访问根节点,然后前序遍历左子树,最后前序遍历右子树。其递归算法如下:

```
def pre_order_traversal(root):
    if root:
        print(root.value)    # 访问根节点
        pre_order_traversal(root.left)    # 递归遍历左子树
        pre_order_traversal(root.right)   # 递归遍历右子树
```

例如,对于前面提到的数学表达式树 $(a+b)*c$(见图 4-14),前序遍历的结果是"$*+abc$",这种遍历顺序与前缀表达式(波兰表达式)一致。在实际应用中,前序遍历可用于构建表达式树的前缀表达式,在编译器的语法分析阶段,通过对表达式树的前序遍历可以生成相应的前缀表达式,便于后续的计算和处理。

② 中序遍历(In-order Traversal)。

先中序遍历左子树,然后访问根节点,最后中序遍历右子树。递归算法如下:

```
def in_order_traversal(root):
    if root:
        in_order_traversal(root.left)    # 递归遍历左子树
        print(root.value)    # 访问根节点
        in_order_traversal(root.right)   # 递归遍历右子树
```

对于数学表达式树 $(a+b)*c$(见图 4-14),中序遍历的结果是"$a+b*c$",这与我们日常书写的数学表达式顺序一致。在二叉搜索树中,中序遍历可以得到一个有序的序列,利用这一特性,可以方便地对二叉搜索树进行排序和查找操作。例如,在一个存储学生成绩的二叉搜索树中,通过中序遍历可以得到按照成绩从小到大排列的学生成绩序列。

③ 后序遍历(Post-order Traversal)。

先后序遍历左子树,然后后序遍历右子树,最后访问根节点。递归算法如下:

```
def post_order_traversal(root):
    if root:
        post_order_traversal(root.left)    # 递归遍历左子树
        post_order_traversal(root.right)   # 递归遍历右子树
        print(root.value)   # 访问根节点
```

对于表达式树(a+b)*c(见图4-14),后序遍历的结果是"ab+c*",这与后缀表达式(逆波兰表达式)一致。在计算表达式的值时,后缀表达式可以方便地利用栈进行计算,而后序遍历正好可以生成后缀表达式。例如,在计算器程序中,通过对表达式树进行后序遍历生成后缀表达式,然后利用栈来计算表达式的值。

除了递归遍历,二叉树还可以通过栈、队列等数据结构实现非递归遍历。例如,使用栈实现前序遍历的非递归算法时,先将根节点入栈,然后循环取出栈顶节点并访问,再将其右子节点和左子节点依次入栈(先右后左,这样出栈时就是先左后右的顺序)。非递归遍历在一些对空间复杂度要求较高或者需要手动控制遍历过程的场景中非常有用,比如在嵌入式系统中,由于内存资源有限,使用非递归遍历可以避免递归调用带来的栈溢出问题。不同的遍历方式在实际应用中各有其用途,如在表达式求值、文件系统目录遍历、数据库索引查询等场景中发挥着重要作用。

树结构在计算机科学中有着广泛的应用,如操作系统的文件系统管理、数据库索引构建、编译原理中的语法分析等。后续我们还将深入探讨树结构的遍历算法以及更多复杂的树结构类型,如平衡二叉树、B树、红黑树等,这些树结构在不同的应用场景中都有着独特的优势和作用。

4. 图

图是一种比树更为复杂的非线性结构。图可以被定义为一个二元组 $G=(V,E)$,其中 V 是顶点(Vertex)的有限非空集合,E 是边(Edge)的有限集合。边是顶点的无序对或有序对,若边是无序对,用圆括号表示,如 (v_i,v_j);若边是有序对,则用尖括号表示,如 $\langle v_i,v_j \rangle$,其中 v_i 是弧尾,v_j 是弧头。

日常生活中,图结构有着广泛的应用实例。比如,城市交通网络可以看作是一个图,其中城市是顶点,城市之间的道路就是边;社交网络中,用户是顶点,用户之间的好友关系则构成了边。

(1) 图的基本术语。

• **无向图**:若图中所有边都是无序对,即边没有方向,这样的图称为无向图。例如,在一个表示城市之间航线的无向图中,任意两个城市间的航线是双向的,从城市 A 到城市 B 的航线和从城市 B 到城市 A 的航线是同一条边。

• **有向图**:若图中所有边都是有序对,即边有方向,此图为有向图。在一个表示权力关系的有向图中,$\langle A,B \rangle$ 表示 A 对 B 有支配权,方向不能颠倒。

• **完全图**:对于无向图,若任意两个不同顶点之间都存在一条边,则称该图为无向完全图,含有 n 个顶点的无向完全图有 $n(n-1)/2$ 条边;对于有向图,若任意两个不同顶点之间都存在方向相反的两条弧,则称该图为有向完全图,含有 n 个顶点的有向完全图有 $n(n-1)$ 条弧。

- **子图**:设有两个图 $G=(V,E)$ 和 $G'=(V',E')$,若 $V'\subseteq V$ 且 $E'\subseteq E$,则称 G' 是 G 的子图。例如,一个大型社交网络中的某个小团体构成的图,就是整个社交网络图的子图。
- **度、入度和出度**:在无向图中,顶点的度是指关联于该顶点的边的数目。在有向图中,顶点的入度是以该顶点为弧头的弧的数目,出度是以该顶点为弧尾的弧的数目,顶点的度等于其入度与出度之和。例如在一个任务依赖关系的有向图中,某个任务节点的入度表示有多少个前置任务,出度表示该任务是多少个后续任务的前置任务。
- **路径和路径长度**:在图 $G=(V,E)$ 中,从顶点 v_p 到顶点 v_q 的路径是一个顶点序列 $v_p=v_{i0},v_{i1},\cdots,v_{im}=v_q$,其中 $(v_{ij},v_{ij+1})\in E$(若 G 是有向图,则 $\langle v_{ij},v_{ij+1}\rangle\in E$)。路径长度是路径上的边或弧的数目。例如在一个旅游景点游览路线图中,从景点 A 到景点 D 的一条路径可能是 A-B-C-D,路径长度为 3。
- **连通图和强连通图**:在无向图中,若从顶点 v_i 到顶点 v_j 有路径,则称 v_i 和 v_j 是连通的。若图中任意两个顶点都是连通的,则称该图为连通图。在有向图中,若对于每一对顶点 v_i 和 v_j,都存在从 v_i 到 v_j 以及从 v_j 到 v_i 的路径,则称该有向图是强连通图。例如,一个地区的所有城市通过公路相互连通,这些城市构成的交通图就是连通图;而在一个表示网站链接关系的有向图中,如果任意两个网站都能通过超链接相互访问,那么这个有向图就是强连通图。

(2) 图的存储结构。

- **邻接矩阵**:对于具有 n 个顶点的图 $G=(V,E)$,其邻接矩阵是一个 $n\times n$ 的二维数组 A,若 $(v_i,v_j)\in E$(或 $\langle v_i,v_j\rangle\in E$),则 $A[i][j]=1$,否则 $A[i][j]=0$。若图是带权图,则 $A[i][j]$ 存放的是边 (v_i,v_j)(或 $\langle v_i,v_j\rangle$)的权值,若不存在这样的边,则 $A[i][j]$ 为一个特殊值(如无穷大)。邻接矩阵的优点是直观、简单,便于查找任意两个顶点之间的关系;缺点是对于稀疏图,会浪费大量的存储空间。例如,在一个表示通信基站连接关系的带权图中,邻接矩阵可以清晰地表示各个基站之间是否有连接以及连接的信号强度(权值)。
- **邻接表**:邻接表是图的一种链式存储结构。对于图中的每个顶点 v_i,将所有邻接于 v_i 的顶点连成一个单链表,这个单链表称为顶点 v_i 的邻接表。在邻接表中,每个链表节点包含两个域:邻接顶点域(存储与 v_i 邻接的顶点的序号)和链域(指向下一个邻接顶点的指针)。此外,为了便于访问各个顶点的邻接表,通常还需要一个顶点数组,用于存放各个顶点的表头指针。邻接表适合存储稀疏图,存储空间利用率高,但查找两个顶点之间的关系相对复杂一些。比如在一个表示公交线路的图中,每个站点作为一个顶点,其邻接表可以存储与该站点直接相连的其他站点信息。

(3) 图的遍历。

- **深度优先搜索**(DFS):类似于树的前序遍历,从图中某个顶点 v 出发,访问此顶点,然后依次从 v 的未被访问的邻接顶点出发进行深度优先搜索,直至图中所有和 v 有路径相通的顶点都被访问到。若此时图中尚有顶点未被访问,则另选图中一个未曾被访问的顶点作起始点,重复上述过程,直至图中所有顶点都被访问到为止。深度优先搜索可以使用递归或栈来实现。以一个迷宫图为例,深度优先搜索就像是在迷宫中沿着一条路径一直走到底,直到无法继续前进时再回溯,尝试其他路径。

- **广度优先搜索**(BFS)：从图中某个顶点 v 出发，首先访问顶点 v，然后依次访问 v 的所有未被访问的邻接顶点，接着再依次访问这些邻接顶点的邻接顶点，以此类推，直到图中所有与 v 有路径相通的顶点都被访问到。广度优先搜索需要使用队列来实现。在一个社交网络传播信息的模型中，广度优先搜索可以模拟信息从一个用户开始，逐层扩散到其他用户的过程。

（4）图的应用算法。

- **最小生成树**(MST)：对于一个连通无向带权图，其最小生成树是一棵包含图中所有顶点的树，并且这棵树的边权之和最小。常见的求最小生成树的算法有普里姆(Prim)算法和克鲁斯卡尔(Kruskal)算法。Prim 算法从某个顶点开始，每次选择与当前生成树距离最近的一个顶点加入生成树，直到包含所有顶点；Kruskal 算法则是将所有边按权值从小到大排序，依次选取权值最小且不会形成环的边加入生成树，直到所有顶点都在生成树中。例如，在构建通信网络时，利用最小生成树算法可以找到最经济的连接方案，使所有节点连通且总线路成本最低。

- **最短路径算法**：在带权有向图中，求从一个顶点到其他各顶点的最短路径是一个常见的问题。迪杰斯特拉(Dijkstra)算法是解决这个问题的经典算法之一，它用于求单源最短路径(即从一个源点到其他所有顶点的最短路径)。该算法通过维护一个距离源点最近的顶点集合，每次从集合外选择距离源点最近的顶点加入集合，并更新其他顶点到源点的距离。例如，在地图导航中，Dijkstra 算法可以帮助用户找到从当前位置到目的地的最短路线。

图作为一种强大的数据结构，在计算机科学、运筹学、电子工程等众多领域都有着广泛的应用，如网络路由、项目管理、电路设计等。深入理解图的概念、存储结构和算法，对于解决实际问题具有重要意义。

4.1.4 经典算法介绍

1. 排序算法

（1）冒泡排序(Bubble Sort)。

基本思想：它重复地走访要排序的数列，一次比较两个数据元素，如果顺序不对则进行交换，并一直重复这样的走访操作，直到没有要交换的数据元素为止。

算法步骤：

① 比较相邻的元素。如果第一个比第二个大，就交换它们两个。

② 对每一对相邻元素做同样的工作，从开始第一对到结尾的最后一对。这步做完后，最后的元素会是最大的数。

③ 针对所有的元素重复以上的步骤，除了最后一个。

④ 持续每次对越来越少的元素重复上面的步骤，直到没有任何一对数字需要比较。

⑤ 时间复杂度：$O(n^2)$，其中 n 是要排序的元素个数。在最坏和平均情况下，时间复杂度都是 $O(n^2)$，但在最好情况下，即数列已经有序时，时间复杂度为 $O(n)$。

空间复杂度：$O(1)$，因为它只需要几个临时变量来进行元素交换，不需要额外的大量空间。

Python 代码实现：

```
def bubble_sort(arr):
    n = len(arr)
    for i in range(n):
        for j in range(0, n - i - 1):
            if arr[j] > arr[j + 1]:
                arr[j], arr[j + 1] = arr[j + 1], arr[j]
    return arr
```

(2) 选择排序(Selection Sort)。

基本思想：首先在未排序序列中找到最小(大)元素，存放到排序序列的起始位置，然后，再从剩余未排序元素中继续寻找最小(大)元素，然后放到已排序序列的末尾。以此类推，直到所有元素均排序完毕。

算法步骤：

① 初始状态：无序区为 $R[1,\cdots,n]$，有序区为空。

② 第 i 趟排序($i=1,2,3,\cdots,n-1$)开始时，当前有序区和无序区分别为 $R[1,\cdots,i-1]$ 和 $R(i,\cdots,n)$。该趟排序从当前无序区中选出关键字最小的记录 $R[k]$，将它与无序区的第 1 个记录 R 交换，使 $R[1,\cdots,i]$ 和 $R[i+1,\cdots,n)$ 分别变为记录个数增加 1 个的新有序区和记录个数减少 1 个的新无序区。

③ $n-1$ 趟结束，数组有序化了。

时间复杂度：$O(n^2)$，无论数列初始状态如何，选择排序都需要进行 $n(n-1)/2$ 次比较，所以时间复杂度始终为 $O(n^2)$。

空间复杂度：$O(1)$，与冒泡排序一样，只需要几个临时变量，空间复杂度为常数级别。

Python 代码实现：

```
def selection_sort(arr):
    n = len(arr)
    for i in range(n):
        min_index = i
        for j in range(i + 1, n):
            if arr[j] < arr[min_index]:
                min_index = j
        arr[i], arr[min_index] = arr[min_index], arr[i]
    return arr
```

(3) 插入排序(Insertion Sort)。

基本思想：将一个数据插入到已经排好序的有序数据中，从而得到一个新的、个数加 1 的有序数据。它的工作原理是通过构建有序序列，对于未排序数据，在已排序序列中从后向前扫描，找到相应位置并插入。

算法步骤：

① 从第一个元素开始，该元素可以认为已经被排序。

② 取出下一个元素，在已经排序的元素序列中从后向前扫描。

③ 如果该元素(已排序)大于新元素,将该元素移到下一位置。
④ 重复步骤③,直到找到已排序的元素小于或者等于新元素的位置。
⑤ 将新元素插入到该位置后。
⑥ 重复步骤②~⑤。

时间复杂度:在最坏情况下,即数组是逆序的,需要比较和移动的次数最多,时间复杂度为 $O(n^2)$;在最好情况下,即数组已经有序,只需要进行 $n-1$ 次比较,不需要移动元素,时间复杂度为 $O(n)$;平均时间复杂度为 $O(n^2)$。

空间复杂度:$O(1)$,插入排序只需要几个临时变量,所以空间复杂度为 $O(1)$。

Python 代码实现:

```python
def insertion_sort(arr):
    for i in range(1, len(arr)):
        key = arr[i]
        j = i - 1
        while j >= 0 and key < arr[j]:
            arr[j + 1] = arr[j]
            j -= 1
        arr[j + 1] = key
    return arr
```

2. 查找算法

(1) 顺序查找(Sequential Search)。

基本思想:从线性表的一端开始,依次将每个元素与要查找的关键字进行比较,若某个元素的关键字与给定值相等,则查找成功,返回该元素的位置;若遍历完整个线性表都没有找到与给定值相等的元素,则查找失败,返回特定的失败标志(如-1)。

算法步骤:
① 从线性表的第一个元素开始。
② 比较当前元素的关键字与给定值。
③ 如果相等,则返回当前元素的位置。
④ 如果不相等,继续下一个元素,重复步骤②和③,直到遍历完整个线性表。
⑤ 时间复杂度:在最坏情况下,需要比较 n 次(n 为线性表的长度),所以时间复杂度为 $O(n)$。平均情况下,时间复杂度也为 $O(n)$。

空间复杂度:$O(1)$,因为顺序查找只需要一个临时变量来存储当前比较的元素位置,空间复杂度为常数级别。

Python 代码实现:

```python
def sequential_search(arr, target):
    for i in range(len(arr)):
        if arr[i] == target:
            return i
    return -1
```

(2) 二分查找(Binary Search)。

基本思想:也称为折半查找,它要求线性表必须采用顺序存储结构,并且元素按关键字有序排列。首先将给定值与有序序列的中间元素进行比较,如果相等,则查找成功;如果给定值小于中间元素,则在中间元素的左半部分继续进行二分查找;如果给定值大于中间元素,则在中间元素的右半部分继续进行二分查找。重复上述过程,直到找到要查找的元素或者确定序列中没有该元素为止。

算法步骤:

① 确定查找范围的左、右边界,分别记为 left 和 right,初始时 left = 0,right = $n-1$(n 为线性表的长度)。

② 计算中间位置 mid =(left + right)/2。

③ 比较给定值与 mid 位置元素的关键字:

ⅰ)如果相等,则查找成功,返回 mid。

ⅱ)如果给定值小于 mid 位置元素的关键字,则令 right = mid − 1,继续在左半部分查找。

ⅲ)如果给定值大于 mid 位置元素的关键字,则令 left = mid + 1,继续在右半部分查找。

④ 重复步骤②和③,直到 left> right,此时查找失败,返回特定的失败标志(如−1)。

时间复杂度:每次比较都能将查找范围缩小一半,所以时间复杂度为 $O(\log_2 n)$,其中 n 为线性表的长度。这使得二分查找在处理大规模有序数据时效率非常高。

空间复杂度:$O(1)$,二分查找只需要几个临时变量来存储查找范围的边界和中间位置,空间复杂度为常数级别。

Python 代码实现:

```python
def binary_search(arr, target):
    left, right = 0, len(arr) - 1
    while left <= right:
        mid = left + (right - left) // 2
        if arr[mid] == target:
            return mid
        elif arr[mid] < target:
            left = mid + 1
        else:
            right = mid - 1
    return -1
```

4.2 计算思维

计算思维是运用计算机科学的基础概念进行问题求解、系统设计,以及人类行为理解等涵盖计算机科学之广度的一系列思维活动。它并非是让我们学会如何编程,而是一种解决问题的思考方式,就像数学家思考数学问题、工程师思考工程问题一样。计算思维强调的是通过分解问题、找出问题的规律、制定解决问题的算法,最终利用计算机或其他工具来解决问题。

4.2.1 计算思维的特征

1. 抽象性

计算思维中的抽象是指从具体的问题或现象中抽取出本质特征,忽略无关细节。例如,在设计一个学生信息管理系统时,我们只关注学生的姓名、学号、成绩等关键信息,而忽略学生的身高、体重等与信息管理无关的内容。通过抽象,我们可以将复杂的现实问题转化为计算机能够处理的模型。

2. 自动化

自动化是计算思维的重要特征之一。一旦我们设计好了算法,计算机就可以按照算法自动执行任务,无需人工干预。比如,利用排序算法对一组数据进行排序,计算机可以快速、准确地完成排序操作,大大提高了工作效率。

3. 分解与组合

面对复杂的问题,计算思维提倡将其分解为若干个较小的、更容易处理的子问题。每个子问题可以独立解决,然后再将这些子问题的解决方案组合起来,形成整个问题的解决方案。例如,开发一个大型游戏,需要将游戏开发分解为图形绘制、角色设计、音效处理等多个子问题,由不同的团队或人员分别完成,最后再将各个部分组合成一个完整的游戏。

4.2.2 计算思维的应用领域

1. 科学研究

在科学研究中,计算思维帮助科学家处理和分析大量的数据。例如,在天文学研究中,通过对天文望远镜收集到的海量数据进行分析,可以发现新的天体和宇宙现象;在生物学研究中,利用计算思维对基因序列数据进行处理,有助于揭示生命的奥秘。

2. 工程领域

在工程领域,计算思维被广泛应用于设计和优化各种系统。例如,在建筑工程中,利用计算机模拟技术对建筑物的结构进行分析和优化,确保建筑物的安全性和稳定性;在航空航天工程中,通过计算流体力学模拟飞行器在飞行过程中的空气动力学性能,为飞行器的设计提供依据。

3. 日常生活

计算思维在日常生活中也无处不在。比如,我们使用搜索引擎查找信息时,搜索引擎背后的算法运用了计算思维,能够快速从海量的网页中找到我们需要的内容;在线购物时,电商平台根据我们的购买历史和浏览记录为我们推荐商品,这也是计算思维在数据分析和个性化推荐方面的应用。

4.2.3 培养计算思维的方法

1. 学习编程

编程是培养计算思维的有效途径。通过编程,我们可以将自己的想法转化为计算机能够理解和执行的代码,在这个过程中,我们需要运用计算思维来分析问题、设计算法、编写程序和调试程序。常见的编程语言如 Python、Java 等,都适合初学者用来学习编程和培养计算思维。

2. 解决实际问题

在日常生活和学习中,积极尝试运用计算思维解决实际问题。例如,制订一个合理的学习计划,我们可以将学习任务分解,按照重要性和紧急程度进行排序,然后制定具体的执行步骤,这就是计算思维在学习计划制订中的应用。

3. 参加相关活动

参加编程竞赛、算法设计比赛等活动,也是培养计算思维的好方法。在这些活动中,我们可以与其他同学交流和竞争,学习到更多解决问题的思路和方法,不断提高自己的计算思维能力。

总之,计算思维是一种重要的思维方式,它对于我们理解计算机科学、解决各种问题以及适应数字化时代的发展都具有重要意义。通过学习和实践,我们可以逐步培养和提高自己的计算思维能力,为未来的学习和工作打下坚实的基础。

4.3 软件工程基础

4.3.1 软件工程的基本概念

1. 软件工程

软件工程是试图用工程科学和数学的原理与方法研制、维护计算机软件的有关技术及管理方法,是应用于计算机软件的定义、开发和维护的一整套方法、工具、文档、实践标准和工序。软件工程包含 3 个要素:方法、工具和过程。

抽象、信息隐蔽、模块化、局部化、确定性、一致性、完备性和可验证性是软件工程的原则。

2. 软件过程

软件过程是把输入转化为输出的一组彼此相关的资源和活动。软件过程是为了获得高质量软件所需要完成的一系列任务的框架,它规定了完成各项任务的工作步骤。软件过程所进行的基本活动主要有软件规格说明、软件开发或软件设计与实现、软件确认、软件演进。

3. 软件生命周期

软件开发应遵循一个软件的生命周期。通常把软件产品从提出、实现、使用、维护到停止使用的过程称为软件生命周期。软件生命周期分为 3 个时期共 8 个阶段,如图 4-17 所示。

在图 4-17 中的软件生命周期各阶段的主要任务介绍如下:

(1) 问题定义。

确定要求解决的问题是什么。

(2) 可行性研究。

决定该问题是否存在一个可行的解决办法,制订完成开发任务的实施计划。

(3) 需求分析。

对待开发软件提出的需求进行分析并给出详细定义。编写软件规格说明书及初步的用户手册,提交评审。

(4) 软件设计。

通常又分为总体设计和详细设计两个阶段,给出软件的结构、模块的划分功能的分配以及处理流程。软件设计阶段提交评审的文档有总体设计说明书、详细设计说明书和测试计划初稿。

(5) 软件实现。

在软件设计的基础上编写程序。该阶段完成的文档有用户手册、操作手册等面向用户的文档,以及为下一步做准备而编写的单元测试计划。

(6) 软件测试。

在设计测试用例的基础上,检验软件的各个组成部分,编写测试分析报告。

(7) 运行维护。

将已交付的软件投入运行,同时不断地维护,进行必要而且可行的扩充和删改。

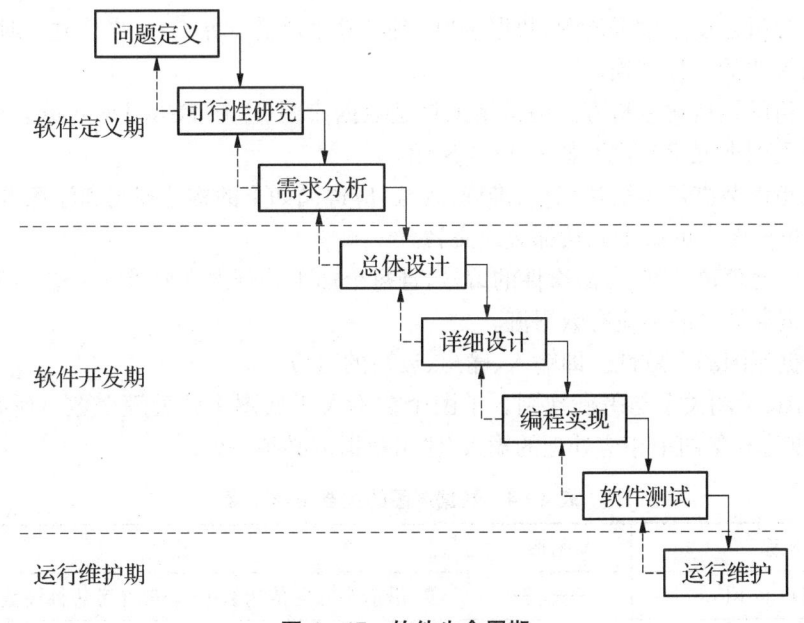

图 4-17 软件生命周期

4.3.2 需求分析及其方法

需求分析的任务是发现需求、求精、建模和定义需求。需求分析将创建所需的数据模型、功能模型和控制模型。

需求分析阶段的工作可以分为 4 个方面:需求获取、需求分析、编写需求规格说明书和需求评审。

1. 需求规格说明书

软件需求规格说明书是需求分析阶段的最后成果。软件需求规格说明书应重点描述软件的目标、软件的功能需求、性能需求、外部接口、属性及约束条件。

软件需求规格说明书的特点:正确性;无歧义性;完整性;可验证性;一致性;可理解性;

可修改性;可追踪性。

2. 需求分析方法

需求分析方法可以分为结构化分析方法和面向对象的分析方法两大类。

(1) 结构化分析方法。

主要包括面向数据流的结构化分析方法、面向数据结构的 Jackson 系统开发方法和面向数据结构的结构化数据系统开发方法。

(2) 面向对象分析方法。

面向对象分析是面向对象软件工程方法的第一个环节,包括一套概念原则、过程步骤、表示方法、提交文档等规范要求。

另外,从需求分析建模的特性来划分,需求分析方法还可以分为静态分析方法和动态分析方法。

3. 结构化分析方法的常用工具

结构化分析是使用数据流图、数据字典、判定树和判定表等工具,来建立一种新的、称为结构化规格说明的目标文档。

需求分析的结构化分析方法中常用工具是数据流图(Data Flow Diagram,DFD)。数据流图中的主要图形元素与说明如表 4-4 所示。

为使构造的数据流图表达完整、准确、规范,应遵循如下的构造规则和注意事项:

(1) 数据流图上的每个元素都必须命名。

(2) 加工处理建立唯一、层次性的编号,且每个加工处理通常要求既有输入又有输出。

(3) 数据存储之间不应有数据流。

(4) 数据流图的一致性。即输入、输出、读写的对应。

(5) 父图、子图关系与平衡规则。子图个数不大于父图中的处理个数。所有子图的输入/输出数据流和父图中相应处理的输入/输出数据流必须一致。

表 4-4 数据流图的主要图形元素

名称	图形	说明
数据流(Data Flow)	→	沿箭头方向传送数据,一般在旁边标注数据流名
加工(Process)	○	又称转换,表示数据处理
存储文件(File)	═	又称数据源,表示处理过程中存放各种数据的文件
源/池(潭)(Source/Sink)	□	数据起源的地方和数据最终的目的地

4.3.3 软件设计及其方法

软件设计是开发阶段最重要的步骤,其任务是确定目标系统"怎么做",包括总体设计(又称为概要设计、初步设计)和详细设计两步。即先大体设计一番(总体设计),然后再设计每个局部的细节(详细设计)。

1. 总体设计

将软件按功能分解为组成模块,是总体设计的主要任务。划分模块要本着提高独立性的原则。模块独立性的高低是设计好坏的关键,而设计又是决定软件质量的关键环节。模块的独立程度可以由两个定性标准度量:内聚性和耦合性。
- 耦合衡量不同模块彼此间互相依赖(连接)的紧密程度。
- 内聚衡量一个模块内部各个元素彼此结合的紧密程度。

模块的内聚性越高,模块间的耦合性就越低,可见模块的耦合性和内聚性是相互关联的。因此,好的软件设计,应尽量做到高内聚、低耦合。

在总体设计中,常用的软件结构设计工具是结构图(Structure Chart,SC),也称为程序结构图。它反映了整个系统的功能实现以及模块与模块之间的联系。结构图的基本图符及含义如表 4-5 所示。

表 4-5 结构图基本图符及含义

概念	含义	图符
模块	一个矩形代表一个模块,矩形内注明模块的名字或主要功能	一般模块
调用关系	矩形之间的箭头(或直线)表示模块的调用关系	调用关系
信息	用带注释的箭头表示模块调用过程中来回传递的信息。如果希望进一步标明传递的信息是数据信息还是控制信息,则可用带实心圆的箭头表示控制信息,用空心圆箭头表示数据信息	控制信息 数据信息

软件的结构是一种层次化的表示,它指出了软件的各个模块之间的关系,如图 4-18 所示。该结构图中涉及的几个术语,简述如表 4-6 所示。

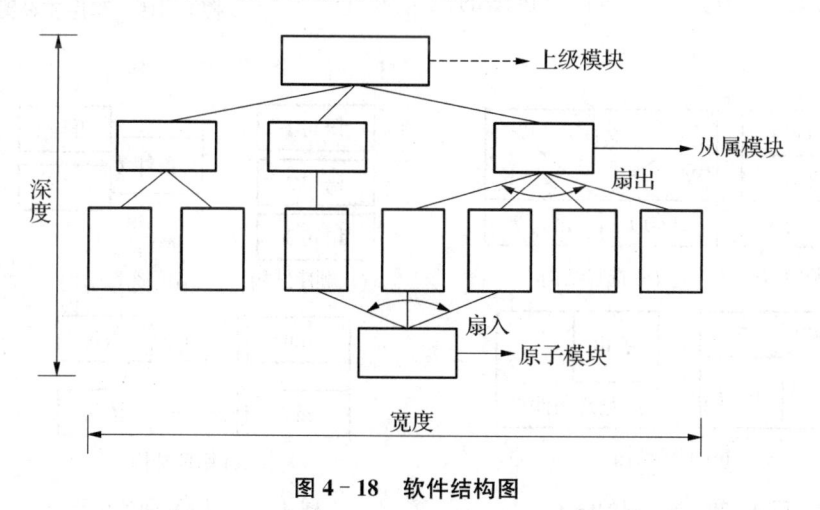

图 4-18 软件结构图

表 4-6 结构图术语

术语	含义
上级模块	控制其他模块的模块
从属模块	被另一个模块调用的模块
原子模块	树中位于叶子节点的模块,也就是没有从属节点的模块
深度	表示控制的层数

(续表)

术语	含义
宽度	最大模块数的层的控制跨度
扇入	调用一个给定模块的模块个数
扇出	由一个模块直接调用的其他模块个数

好的软件设计结构通常顶层高扇出,中间扇出较少,底层高扇入。

总体设计完成后要编写总体(概要)设计文档。总体设计阶段的文档有总体设计说明书、数据库设计说明书和集成测试计划等。最后还需要对总体设计文档进行评审。

2. 详细设计

详细设计的任务,是为软件结构图中的每一个模块确定实现算法和局部数据结构,用某种选定的表达工具表示算法和数据结构的细节。

常用的详细设计表达工具有程序流程图(PFD)、N-S 图、问题分析图(PAD 图)等。图 4-19 给出了一个程序流程图的例子,其中菱形框表示逻辑条件,Y、N 表示条件成立(Yes)或不成立(No)。N-S 图是一个类似表格的方框图,如图 4-20 所示。问题分析图的例子如图 4-21 所示。

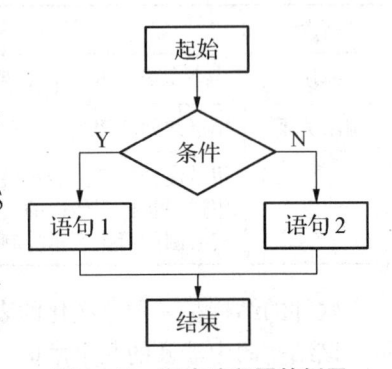

图 4-19 程序流程图的例子

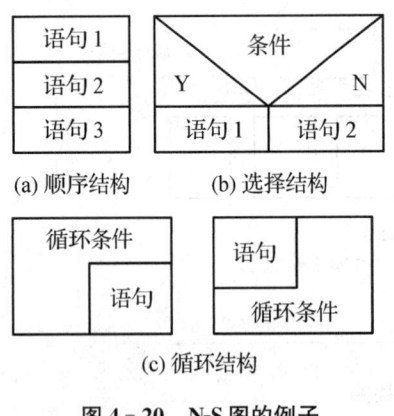

图 4-20 N-S 图的例子

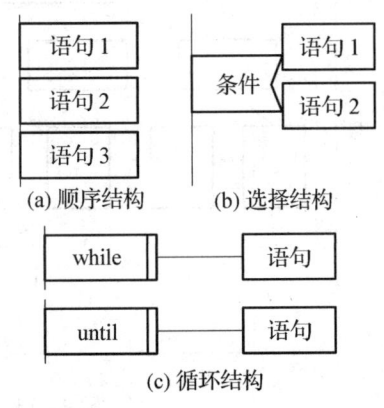

图 4-21 PAD 图的例子

4.3.4 软件测试

1. 软件测试的目的和准则

软件在投入实际使用前,还要经过测试。软件测试并不是为了证明软件正确,而是要尽可能多地发现软件中的错误。软件测试是保证软件质量、可靠性的关键步骤。它是对软件规格说明、设计和编码的最后复审。软件测试的目的就是为了发现错误,发现了错误就是测试成功；没有发现错误就是测试失败。

软件测试应遵循如下准则：

（1）所有测试都应追溯到用户需求。

（2）在测试之前制订测试计划，并严格执行。

（3）充分注意测试中的群集现象。

（4）避免由程序的编写者测试自己的程序。

（5）不可能进行穷举测试。

（6）妥善保存测试计划、测试用例、出错统计和最终分析报告，为维护提供方便。

2. 软件测试方法

软件测试具有多种方法，根据软件是否需要被执行，可以分为静态测试和动态测试。如果按照功能划分，可以分为白盒测试和黑盒测试。

（1）静态测试和动态测试。

① 静态测试。

包括代码检查、静态结构分析、代码质量度量等。其中代码检查分为代码审查、代码走查、桌面检查、静态分析等具体形式。静态测试不实际运行软件，主要通过人工进行分析。

② 动态测试。

动态测试就是通常所说的上机测试，通过运行软件来检验软件中的动态行为和运行结果的正确性。

动态测试的关键是设计高效、合理的测试用例。测试用例就是为测试设计的数据，由测试输入数据和预期的输出结果两部分组成。

（2）白盒测试和黑盒测试。

① 白盒测试。

白盒测试是把程序看成装在一只透明的白盒子里，测试者完全了解程序的结构和处理过程。它根据程序的内部逻辑来设计测试用例，检查程序中的逻辑通路是否都按预定的要求正确地工作。

白盒测试的主要技术有逻辑覆盖测试、基本路径测试等。其中逻辑覆盖测试又分为语句覆盖、路径覆盖、判定覆盖、条件覆盖和判断—条件覆盖。

② 黑盒测试。

黑盒测试又称功能测试或数据驱动测试，着重测试软件功能，是把程序看成一只黑盒子，测试者完全不了解，或不考虑程序的结构和处理过程。它根据规格说明书的功能来设计测试用例，检查程序的功能是否符合规格说明的要求。

常用的黑盒测试方法和技术有：等价类划分法、边界值分析法、错误推测法和因果图等。

3. 软件测试的实施

软件测试的实施过程主要有 4 个步骤：单元测试、集成测试、确认测试（验收测试）和系统测试。

（1）单元测试。

单元测试也称模块测试，模块是软件设计的最小单位，单元测试是对模块进行正确性的检验，以期尽早发现各模块内部可能存在的各种错误。

通常单元测试在编码阶段进行,单元测试的依据除了源程序以外还有详细设计说明书。

单元测试可以采用静态测试或者动态测试。动态测试通常以白盒测试法为主,测试其结构;以黑盒测试法为辅,测试其功能。

(2) 集成测试。

集成测试也称组装测试,它是对各模块按照设计要求组装成的程序进行测试,主要目的是发现与接口有关的错误(系统测试与此类似)。

集成测试主要发现设计阶段产生的错误,集成测试的依据是总体设计说明书,通常采用黑盒测试。

集成的方式可以分为非增量方式集成(一次性组装方式)和增量方式集成两种。增量方式包括自顶向下、自底向上以及自顶向下和自底向上相结合的混合增量方法。

(3) 确认测试。

确认测试的任务是检查软件的功能、性能及其他特征是否与用户的需求一致,它是以需求规格说明书作为依据的测试。确认测试通常采用黑盒测试。

(4) 系统测试。

在确认测试完成后,把软件系统整体作为一个元素,与计算机硬件、支持软件、数据、人员和其他计算机系统的元素组合在一起,在实际运行环境下对计算机系统进行一系列的集成测试和确认测试,这样的测试称为系统测试。

4.3.5　程序的调试

1. 程序调试的基本概念

调试(也称为 Debug,排错)是作为完成测试后执行的步骤,也就是说,调试是在测试发现错误之后排除错误的过程。程序调试的任务是诊断和改正程序中的错误。

程序调试活动由两部分组成:

(1) 根据错误的迹象确定程序中错误的确切性质、原因和位置;

(2) 对程序进行修改,排除这个错误。

2. 调试方法

调试从是否跟踪和执行程序的角度,分为静态调试和动态调试。静态调试是主要的调试手段,是指通过人的思维来分析源程序代码和排错,而动态调试是静态测试的辅助。主要调试方法有强行排错法、回溯法和原因排除法(二分法、归纳法和演绎法)。

4.4　推荐算法

在当今信息爆炸的时代,互联网上的信息呈指数级增长。无论是电商平台上琳琅满目的商品,还是视频网站上种类繁多的视频,又或是音乐平台上的海量歌曲,用户往往面临着信息过载的困扰。推荐算法应运而生,它旨在从海量数据中筛选出符合用户个性化需求的信息,为用户提供精准的推荐服务。简单来说,推荐算法就是利用数学模型和数据分析技术,根据用户的历史行为、兴趣偏好、人口统计学特征等多方面信息,预测用户可能感兴趣的内容或商品,并将其推荐给用户。

1. 常见推荐算法

(1) 基于内容的推荐算法。

基于内容的推荐算法主要是根据物品的属性特征和用户的历史偏好来进行推荐。以电影推荐为例,电影的属性包括导演、演员、类型、剧情简介等。系统会分析用户以往观看过的电影的特征,比如用户经常观看科幻类电影,且喜欢某个导演的作品,那么系统就会从电影库中筛选出具有相似科幻属性和同一导演的其他电影推荐给用户。这种算法的优点是可解释性强,易于理解,能够推荐与用户已知兴趣高度相关的物品。但它也存在局限性,比如只能发现与用户历史兴趣相似的物品,难以拓展用户的兴趣边界,而且对于物品属性的提取和表示要求较高。

(2) 协同过滤算法。

协同过滤算法是推荐系统中应用最为广泛的算法之一。它基于用户之间的相似性或者物品之间的相似性来进行推荐。基于用户的协同过滤算法,是寻找与目标用户兴趣相似的其他用户群体,然后将这些相似用户喜欢的物品推荐给目标用户。例如,在一个图书推荐系统中,如果用户 A 和用户 B 都购买过很多科幻小说,并且对几本相同的小说给出了较高评价,那么当用户 A 购买了一本新的科幻小说时,系统就可能将这本小说推荐给用户 B。基于物品的协同过滤算法则是计算物品之间的相似度,将与用户已购买或浏览过的物品相似的物品推荐给用户。协同过滤算法的优势在于不需要对物品进行复杂的特征提取,能够发现不同用户之间潜在的兴趣关联。然而,它面临着数据稀疏性问题,即当用户和物品数量巨大时,用户—物品评分矩阵会非常稀疏,导致相似度计算不准确;同时,新用户和新物品加入时也会存在冷启动问题。

(3) 混合推荐算法。

由于基于内容的推荐算法和协同过滤算法都有各自的优缺点,为了获得更好的推荐效果,常常采用混合推荐算法。混合推荐算法将多种推荐算法的优势结合起来,比如可以先利用基于内容的推荐算法为新用户生成一些初始推荐,解决冷启动问题;然后随着用户数据的积累,再结合协同过滤算法进行更精准的推荐。或者将两种算法的推荐结果进行加权融合,综合考虑物品的内容特征和用户之间的协同关系,从而提高推荐的准确性和多样性。

2. 推荐算法的应用场景

(1) 电商领域。

在电商平台,推荐算法无处不在。它可以根据用户的浏览历史、购买记录推荐相关商品。比如用户浏览了一款手机,系统可能会推荐该手机的配件,如手机壳、充电器等;或者根据用户购买过的服装风格,推荐同类型的新款服装。推荐算法不仅能提升用户的购物体验,还能增加商品的销售量,提高电商平台的经济效益。

(2) 社交媒体。

在社交媒体平台,推荐算法用于推荐用户可能感兴趣的内容,如文章、视频、动态等。同时,也会根据用户的社交关系和兴趣,推荐可能认识的人,帮助用户拓展社交圈子。例如,平台根据用户关注的话题和点赞的内容,推荐相关的热门话题讨论和优质内容创作者。

(3) 在线音乐与视频平台。

音乐和视频平台利用推荐算法为用户打造个性化的播放列表。根据用户的听歌历史、观看记录，推荐符合用户口味的新歌、新剧。比如用户喜欢听摇滚音乐，平台会推荐新发布的摇滚歌曲，以及类似风格的摇滚乐队的作品；对于喜欢观看悬疑剧的用户，推荐新上映的悬疑题材电视剧和电影。

3. 推荐算法面临的挑战与发展趋势

(1) 挑战。

数据隐私问题是推荐算法面临的一大挑战。在收集和使用用户数据时，如何确保用户数据的安全，防止数据泄露和滥用，是需要解决的重要问题。此外，算法的公平性也备受关注，推荐算法可能会因为数据偏差或算法设计问题，对某些用户群体产生不公平的推荐结果。同时，如何在保证推荐准确性的前提下，提高推荐系统的实时性和可扩展性，也是亟待解决的难题。

(2) 发展趋势。

随着人工智能技术的不断发展，深度学习在推荐算法中的应用越来越广泛。深度学习可以更有效地处理复杂的数据特征，挖掘数据之间的深层次关系，从而提升推荐算法的性能。此外，多模态数据融合也是一个发展趋势，即将文本、图像、音频等多种类型的数据结合起来，为用户提供更全面、精准的推荐服务。同时，强化学习等新兴技术也逐渐应用于推荐系统，通过与用户的交互不断优化推荐策略，以适应不断变化的用户需求和场景。

4.5 决策支持系统

在数字化时代，为应对数据爆炸、跨领域关联及动态变化带来的决策复杂度，突破传统决策经验依赖、滞后性、片面性局限，决策知识系统(Decision Knowledge System，DKS)应运而生。

4.5.1 决策支持系统的基本概念

决策知识系统(DKS)是融合知识工程、人工智能(AI)、数据科学等技术的智能系统，通过整合多源数据、领域知识与推理规则，为决策者提供系统化、科学化的决策支持。其核心目标是突破传统经验决策的局限性，借助结构化知识表示、自动化推理和动态模型分析，辅助用户在复杂场景中高效生成、评估和优化决策方案。其核心特征包括：

知识驱动： 依赖领域知识库(规则、案例、模型)解决问题，实现从经验到知识的系统化沉淀。

数据赋能： 结合实时数据与历史经验，通过机器学习、数据挖掘等技术提升决策精准性。

人机协同： 支持自动化决策与人工干预双模式，既释放效率又保留人类主观判断权。

跨领域适配： 通过模块化设计，灵活应用于医疗、金融、工业、公共管理等多场景。

4.5.2 决策支持系统的组成与关键技术

1. 知识库模块：决策的"智慧大脑"

（1）知识类型。

• 显性知识：结构化规则（如"IF-THEN"逻辑链）、行业标准（如医疗诊疗指南、金融风控指标）、数学模型（如风险评估公式、供应链优化算法）。

• 隐性知识：通过深度学习、自然语言处理（NLP）从非结构化数据（文本、图像、传感器信号）中挖掘的模式（如肿瘤影像特征与病理结果的关联、设备故障前的异常信号）。

（2）知识获取。

• 专家赋能：通过访谈、文献梳理提取领域专家经验（如法律条款解析、临床诊疗路径）。

• 数据驱动：利用机器学习自动从海量数据中提炼知识（如通过患者电子病历构建疾病诊断模型、从电商交易数据挖掘用户消费偏好）。

2. 推理与决策引擎：决策的"逻辑心脏"

（1）推理机制。

• 规则推理（RBR）：基于预设规则链推导结论，适用于逻辑明确场景（如信贷审批中"信用评分<600则拒绝授信"）。

• 案例推理（CBR）：通过匹配历史成功案例生成解决方案，典型应用于医疗罕见病诊断、工程故障排查。

• 模型推理：调用AI算法或数学模型模拟决策路径，如神经网络预测疾病风险、遗传算法优化生产调度。

（2）决策优化。

• 引入多目标优化技术（如帕累托最优算法），在资源约束下生成平衡效率、成本、风险的最优解（如城市交通信号灯配时优化）。

3. 数据交互与用户界面：决策的"交互桥梁"

（1）数据接口。

无缝对接数据库、传感器、第三方API，实时获取动态数据（如医疗可穿戴设备的生理指标、工业物联网的设备运行参数）。

（2）可视化模块。

通过仪表盘、热力图、3D模拟等展示决策依据与结果，辅助用户理解（如疫情传播路径动态推演、手术路径三维建模）。

（3）交互设计。

支持参数调整、推理过程追溯（如医疗误诊案例的规则匹配日志查询），实现"透明化决策"。

4.5.3 决策支持系统的应用

1. 医学领域：精准医疗的智能助手

（1）智能辅助诊断。

融合电子病历、影像数据与临床指南，自动生成疾病概率评估（如肺癌结节恶性风险预测),支持罕见病案例检索(对接 Orphanet 全球罕见病数据库)。

(2) 个性化治疗方案。

基于基因检测与生理指标,推荐靶向药物或手术路径(如肿瘤治疗中预测不同方案的生存期与副作用)。

(3) 药物研发与安全。

实时预警药物相互作用(如他汀类药物与抗生素的代谢冲突),利用 NLP 挖掘文献发现新药靶点(如 AI 辅助新冠药物研发)。

(4) 公共卫生管理。

模拟疫情传播曲线优化防控政策,通过可穿戴设备闭环管理慢性病(如糖尿病患者的用药剂量动态调整)。

2. 金融领域:风险与价值的平衡器

(1) 信贷风控。

整合征信数据、消费行为模型自动生成授信额度,拦截欺诈交易(如实时监测异常转账模式)。

(2) 智能投顾。

根据市场趋势、风险偏好动态配置资产,提供个性化投资组合建议。

3. 工业与制造业:生产效率的倍增器

(1) 智能运维。

通过设备传感器数据预测故障,生成预防性维护计划(如航空发动机叶片磨损预警)。

(2) 生产调度。

结合订单、库存、产能优化排产,降低设备闲置率与交货延迟率。

4. 公共管理:城市治理的数字化大脑

(1) 应急指挥。

在地震、台风等灾害中快速调配物资、规划救援路线(如基于人口密度的避难所选址模拟)。

(2) 政策评估。

模拟教育资源分配、交通限行政策对社会公平与效率的影响,辅助科学决策。

5. 能源与环境:可持续发展的助推器

(1) 电网调度。

结合天气预测、用电负荷优化电力供需,提升可再生能源消纳能力(如光伏电站输出功率实时匹配电网需求)。

(2) 碳减排规划。

模拟不同产业政策对碳排放的影响,制定分阶段碳中和路径(如钢铁行业减排技术组合优化)。

4.5.4 决策支持系统面临的挑战与发展趋势

1. 当前挑战

(1) 知识获取瓶颈。

专家隐性经验难以结构化,数据标注成本高(如医疗影像标注需资深医师参与)。

(2) 数据质量与安全。

跨系统数据孤岛(如医院不同科室信息未互通)、隐私合规风险(如金融用户数据跨境传输)。

(3) 算法透明度。

深度学习等复杂模型的"黑箱"特性,导致决策逻辑难以解释(如自动驾驶事故责任追溯困难)。

2. 未来趋势

(1) AI 与知识工程深度融合。

利用大语言模型(LLM)自动从政策文件、医学文献中提取决策规则,降低人工知识建模成本。

(2) 轻量化与边缘部署。

开发离线运行的本地决策系统(如手机端的个人健康风险评估 APP),满足低延迟场景需求。

(3) 跨学科决策建模。

融入行为经济学、社会学理论优化模型,更贴近人类认知(如考虑用户心理的金融产品推荐算法)。

(4) ESG 导向决策。

在目标函数中纳入环境、社会、治理指标,推动绿色供应链、低碳城市等可持续发展决策。

4.5.5　决策支持系统总结

决策知识系统是人类决策能力的技术延伸,通过"数据＋知识＋算法"的三角架构,将复杂现实问题转化为可计算、可模拟、可优化的智能方案。从医疗场景中精准的癌症治疗推荐,到金融领域动态的风险防控,再到城市级的资源调度,其核心价值在于将不确定性转化为可量化的选项,将经验智慧转化为可复用的知识。随着 AI、物联网与数字孪生技术的普及,决策知识系统正从单一领域的辅助工具,演变为驱动组织数字化转型的核心引擎。未来,它将更深度融入人类生产生活,推动各行业从"经验驱动"迈向"知识智能驱动",成为应对复杂多变世界的关键基础设施。

本章小结

本章系统探讨了问题求解与计算思维的核心内容。在程序设计语言方面,详细介绍了程序设计语言的发展历程、常见语言特点,并着重阐述了 Python 语言的优势与应用场景;算法与数据结构部分,对算法的定义、特性,数据结构的分类及链表、栈、队列等常见数据结构,以及排序、查找等经典算法进行了深入解析。

在软件工程知识方面,讲解了结构化、面向对象等程序设计方法,强调了良好程序设计风格的重要性;软件工程基础内容则涵盖了从需求分析、软件设计,到软件测试与程序调试的完整流程,明确了各阶段的任务与方法。此外,深入剖析了计算思维的特征、应用领域及培养方法,还通过推荐算法的案例,展示计算思维在实际场景中的应用。

最后,以决策支持系统为例,介绍了其基本概念、组成、应用,分析了面临的挑战与发展趋势,体现了计算思维在相关领域的实践价值,为运用计算技术解决复杂问题提供了思路与方向。

习题与自测题

一、选择题

1. 算法的表示可以有多种形式,包括(　　)。
   A. 文字说明　　B. 流程图表示　　C. 伪代码　　D. 以上都是

2. 以下关于算法时间复杂度的说法,正确的是(　　)。
   A. 时间复杂度是指算法执行的具体时间
   B. 时间复杂度与问题规模无关
   C. 时间复杂度为 $O(n^2)$ 的算法一定比 $O(n)$ 的算法执行时间长
   D. 时间复杂度用于衡量算法的运行效率

3. 算法的空间复杂度是指(　　)。
   A. 算法在执行过程中所需要的计算机存储空间
   B. 算法所处理的数据量
   C. 算法程序中的语句或指令条数
   D. 算法在执行过程中所需要的临时工作单元数

4. 算法的有穷性是指(　　)。
   A. 算法程序的运行时间是有限的
   B. 算法程序所处理的数据量是有限的
   C. 算法程序的长度是有限的
   D. 算法只能被有限的用户使用

5. 以下哪种情况链式存储结构比顺序存储结构更有优势?(　　)
   A. 频繁进行随机访问操作
   B. 数据元素个数固定不变
   C. 需要频繁进行插入和删除操作
   D. 对存储空间的利用率要求较高

6. 以下关于顺序存储结构和链式存储结构的描述,错误的是(　　)。
   A. 顺序存储结构可以通过下标直接访问元素
   B. 链式存储结构的每个节点至少包含数据域和指针域
   C. 顺序存储结构的存储密度一定比链式存储结构低
   D. 链式存储结构更适合动态变化的数据

7. 一个栈的初始状态为空。现将元素 1、2、3、4、5、A、B、C、D、E 依次入栈,然后再依次出栈,则元素出栈的顺序是(　　)。
   A. 12345ABCDE　　　　　　　　B. EDCBA54321
   C. ABCDE12345　　　　　　　　D. 54321EDCBA

8. 已知一个栈的入栈序列是 1、2、3、4、5,那么不可能的出栈序列是(　　)。
   A. 5、4、3、2、1　　　　　　　B. 4、5、3、2、1
   C. 4、3、5、1、2　　　　　　　D. 1、2、3、4、5

9. 一个队列的入队序列是 a、b、c、d、e,则队列的出队序列是(　　)。

A. e、d、c、b、a   B. a、b、c、d、e
C. d、c、e、a、b   D. c、d、a、b、e

10. 以下关于队列的说法中,错误的是（　　）。
   A. 队列可以用链表来实现
   B. 队列的插入操作只能在队尾进行
   C. 队列的删除操作只能在队头进行
   D. 队列是一种先进后出的线性表

11. 若用数组 $A[0,1,\cdots,n-1]$ 作为循环队列 SQ 的存储结构,front 为队头指针,rear 为队尾指针,则执行出队操作后其队头指针 front 的值为（　　）。
   A. front = front + 1
   B. front = (front + 1) % (n - 1)
   C. front = (front - 1) % n
   D. front = (front + 1) % n

12. 循环队列用数组 $A[0,\cdots,m-1]$ 存放其元素值,已知其头、尾指针分别是 front 和 rear,则当前队列中的元素个数是（　　）。
   A. (rear - front + m) % m   B. rear - front + 1
   C. rear - front   D. (rear - front) % m

13. 下列叙述中正确的是（　　）。
   A. 循环队列有队头和队尾两个指针,因此,循环队列是非线性结构
   B. 在循环队列中,只需要队头指针就能反映队列中元素的动态变化情况
   C. 在循环队列中,只需要队尾指针就能反映队列中元素的动态变化情况
   D. 循环队列中元素的个数是由队头指针和队尾指针共同决定

14. 以下关于二叉树的说法,错误的是（　　）。
   A. 满二叉树一定是完全二叉树
   B. 完全二叉树中,若一个节点没有左子树,则它一定没有右子树
   C. 二叉树的度可以小于 2
   D. 二叉树的节点个数一定大于 0

15. 某二叉树有 5 个度为 2 的结点,则该二叉树中的叶子结点数是（　　）。
   A. 10   B. 8   C. 6   D. 4

16. 一棵二叉树共有 25 个结点,其中 5 个是叶子结点,则度为 1 的结点数为（　　）。
   A. 16   B. 10   C. 6   D. 4

17. 一棵完全二叉树有 100 个节点,那么该二叉树的叶子节点数为（　　）。
   A. 49   B. 50   C. 51   D. 52

18. 某二叉树的前序遍历序列为 ABCDEFG,中序遍历序列为 DCBAEFG,则该二叉树的后序遍历序列为（　　）。
   A. DCBGFEA   B. DCBEFGA
   C. DCBAFGE   D. DCBGFEA

19. 某二叉树的后序遍历序列与中序遍历序列相同,均为 ABCDEF,则按层次输出（同一层从左到右）的序列为（　　）。

A. FEDCBA B. CBAFED
C. DEFCBA D. ABCDEF

20. 某完全二叉树按层次输出（同一层从左到右）的序列为 ABCDEFGH。该完全二叉树的中序序列为（　　）。

A. HDBEAFCG B. HDEBFGCA
C. ABDHECFG D. ABCDEFGH

21. 下列排序方法中，最坏情况下比较次数最少的是（　　）。

A. 冒泡排序 B. 简单选择排序
C. 直接插入排序 D. 堆排序

22. 下列排序法中，每经过一次元素的交换会产生新的逆序的是（　　）。

A. 快速排序 B. 冒泡排序
C. 简单插入排序 D. 简单选择排序

二、填空题

1. 常常以_____和空间复杂度来评价算法的优劣。
2. 算法和_____是程序设计的两个重要的概念。
3. 结构化程序的3种基本结构是_____、选择和_____。
4. 数据结构中，栈的操作特点是_____。
5. 常见的查找算法中，_____查找算法要求数据必须是有序的。
6. 软件工程中，软件生命周期包括可行性分析、需求分析、_____、详细设计、编码、测试、维护等阶段。

三、判断题

1. 队列的操作特点是后进先出。　　　　　　　　　　　　　　　　　　　　　　　（　　）
2. 顺序查找算法的时间复杂度始终为 $O(n)$，这里的 n 是数据元素的个数。　（　　）
3. 二分查找算法可以用于无序数组的查找。　　　　　　　　　　　　　　　　　（　　）
4. 选择排序是一种稳定的排序算法。　　　　　　　　　　　　　　　　　　　　（　　）
5. 冒泡排序算法在最好情况下的时间复杂度为 $O(1)$。　　　　　　　　　　　（　　）
6. 软件工程中的软件可靠性是指软件在规定的条件下和规定的时间内完成规定功能的能力。　　　　　　　　　　　　　　　　　　　　　　　　　　　　　　　　　　　　（　　）
7. 顺序存储结构比链式存储结构更节省存储空间。　　　　　　　　　　　　　（　　）
8. 面向对象的软件开发风格强调将数据和操作数据的方法封装在类中。　　　（　　）
9. 软件需求规格说明书是在软件设计阶段产生的文档。　　　　　　　　　　　（　　）
10. 软件工程中的软件测试只能在编码完成后进行。　　　　　　　　　　　　（　　）

四、简答题

1. 请简述面向对象程序设计语言相较面向过程程序设计语言的主要优势。
2. 算法和数据结构之间有怎样的关系？
3. 在查找算法中，顺序查找和二分查找各有什么优缺点？
4. 常用的软件开发方法和风格有哪些？
5. 软件工程中的软件测试有哪些主要类型？请分别简要说明。
6. 软件生命周期包含哪些阶段？

第5章

互联网、物联网与云计算

5.1 计算机网络概述

　　计算机网络是计算机技术与数据通信技术紧密结合的产物,作为现代信息技术的核心成果,网络技术对人类社会的生产模式、生活方式、经济发展等很多方面产生了不可估量的影响,推动着全球经济形态向智能化、网络化方向发展。本章在介绍网络形成与发展历史的基础上,对网络定义分类与基本原理进行系统的介绍,并对互联网及其应用、网络安全、物联网、云计算以及计算机网络在医药行业、智能制造、智能交通、智慧农业、智慧城市等行业领域的应用进行讨论。

5.1.1 计算机网络基本概念

　　计算机网络(Computer Network)是利用通信设备、通信线路将地理位置分散、功能独立的多个计算机相互连接,在网络协议与网络软件的协同工作下,实现网络中信息传递和资源共享的一个系统。通过计算机网络,我们可以实现数据通信、资源共享、分布式信息处理,还可以提高计算机系统的可靠性和可用性。

　　1. 计算机网络的组成

　　从计算机网络的定义不难看出,计算机网络是由网络硬件和网络软件这两个部分所组成。网络硬件是计算机网络系统的物质基础,负责数据处理和数据转发,为数据的传输提供一条可靠的传输通道。计算机网络系统中网络硬件涵盖多个方面,主要包括计算机系统、通信设备(例如集线器、交换机、路由器、网关等)以及传输媒体(例如双绞线、同轴电缆、光纤等)。网络软件是实现数据通信和各种网络应用服务所不可缺少的程序。网络软件包括网络协议、网络操作系统和网络应用软件。网络软件的各种功能必须依赖硬件去完成,而没有软件的硬件系统也无法实现真正的数据通信,所以对于一个计算机网络系统而言,二者缺一不可。

　　计算机网络物理层面上由网络硬件和网络软件组成,而按照数据通信和数据处理的功能,逻辑上可以划分为通信子网和资源子网两个部分。如图 5-1 所示。

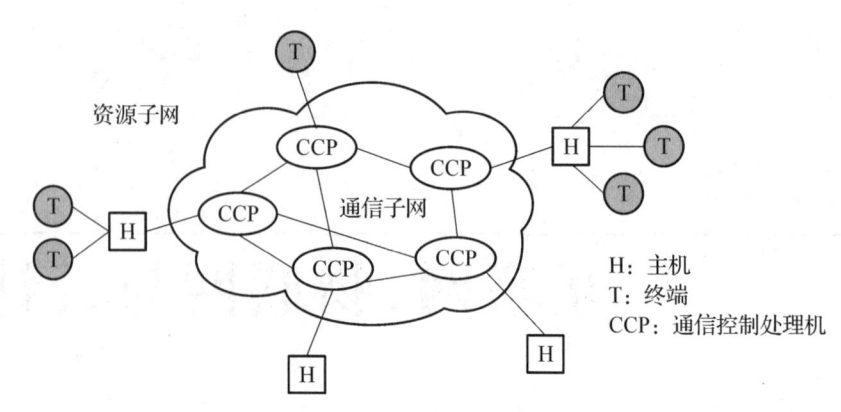

图 5-1　计算机网络逻辑结构

（1）通信子网。

通信子网由通信控制处理机(Communication Control Processor,CCP)、通信线路和其他通信设备组成,负责网络中的通信控制,完成终端设备之间的数据传输。

通信控制处理机 CCP 是提供网络通信控制与处理功能的专门处理机,它一方面作为与资源子网中的连接接口,将主机和终端连接入网,另一方面它又作为通信子网中的分组存储转发设备,完成数据的接收、校验、存储、转发等功能。通信子网构成整个网络的内层。

（2）资源子网。

资源子网由主机系统、终端、终端控制器、存储系统、各种软件资源和信息资源等组成。资源子网能够为用户提供各种网络资源和网络应用服务,负责网络中的信息处理工作,为整个网络提供可访问的共享资源。资源子网构成整个网络的外层。

2. 计算机网络的分类

计算机网络的分类方法有多种,可以从不同的角度和特性对其进行划分。例如按照采用的传输介质划分,可分为有线网络和无线网络;按照网络使用范围划分,可分为公用网和专用网;按照网络传输速率不同,可分为低速网络、中速网络和高速网络。

在计算机网络不同分类中,最常见的是按照网络覆盖地理范围的大小划分,将计算机网络分为广域网、城域网、局域网和个人区域网。

（1）广域网(Wide Area Network,WAN)。广域网也称为远程网(Long Haul Network),其覆盖范围很广,可以分布在一个省、一个国家或几个国家,甚至全球。广域网是互联网的核心部分,一般由中间设备和通信线路组成,其通信线路大多借助一些公用通信网。广域网的作用是实现远距离计算机之间的数据传输和资源共享。

（2）城域网(Metropolitan Area Network,MAN)。城域网的覆盖范围一般是一个城市,作用距离约为 5～50 km,为一个城市提供信息服务。城域网基本上是局域网的延伸,像是一个大型的局域网,通常使用与局域网相似的技术,但是在传输介质和布线结构方面牵涉范围较广。

（3）局域网(Local Area Network,LAN)。局域网是将较小地理范围内的各种数据通信设备连接在一起的通信网络,覆盖范围一般在几十米到几十千米,它常用于组建一个办公室、一栋楼、一个楼群或一个校园的计算机网络。由于局域网拓扑结构简单,传输速率比较高,延迟小,目前应用广泛。

(4) 个人区域网(Personal Area Network,PAN)。个人区域网是在个人工作的地方将个人使用的电子设备用无线技术连接起来的网络,一般距离大约在 10 m 左右,因此也常称为无线个人区域网 WPAN。

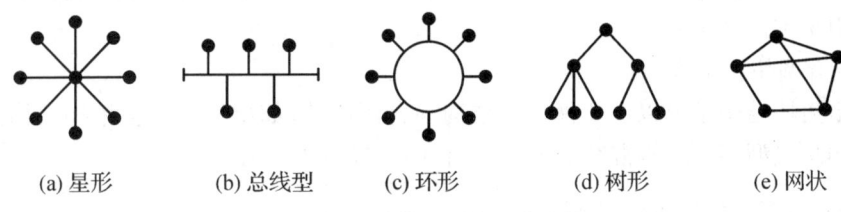

3. 计算机网络拓扑结构

计算机网络拓扑结构是指用点和线的形式将网络中的通信设备和通信链路所组成的结构描绘出来的结构状态。计算机网络的拓扑结构按形状通常可以分为:星形、总线型、环形、树形、网状形和混合形拓扑结构,如图 5-2 所示。

(a) 星形　　(b) 总线型　　(c) 环形　　(d) 树形　　(e) 网状

图 5-2　计算机网络拓扑结构

(1) 星形拓扑结构。

星形拓扑结构如图 5-2(a)所示。网络中的每个结点都由一条点到点链路连接到一个功能较强的中心结点,中心节点通常采用集线器或者交换机。星形网络是目前局域网中最常见的一种网络结构,其优点是节点易扩展、移动比较方便;利于安装、管理和维护;缺点就是整个网络过于依赖中心节点,会造成中心节点负担过重,成为整个网络的"瓶颈"。

(2) 总线型拓扑结构。

总线型拓扑结构如图 5-2(b)所示。网络上的所有结点采用一根共用的链路(总线)作为传输信道,所有结点通过相应的接口直接连接到总线上。总线型拓扑结构的网络需要采用广播式的通信方式,即一个结点发出的信息首先会在全网内传播,网络中的每个结点接收到信息后,先分析该信息中的目的地址是否与本机地址相同,如果相同就接收,否则忽略。由于所有结点共享同一条公共通道,所以在同一时刻只允许一个结点发送数据。

总线型拓扑结构的优点是:一般采用同轴电缆连接,无需中继设备,费用成本较低;网络结构简单灵活,可扩充性较好,安装使用方便;网络内的节点地位平等,某一节点的故障不会影响整个网络的运行,可靠性高。其缺点是:采用广播式通信,网络效率和带宽利用率不高;总线一旦断裂会导致整个网络瘫痪。

(3) 环形拓扑结构。

环形拓扑结构如图 5-2(c)所示。网络上的所有结点通过环结点连在一个首尾相接的闭合的环形通信线路中,称为环形拓扑结构。环形拓扑结构有两种类型,单环结构和双环结构。令牌环网(Token Ring)采用单环结构,而光纤分布式数据接口(Fiber Distributed Data Interconnect,FDDI)是双环结构的典型代表。

环形拓扑结构的优点是:各个工作站之间没有主从关系,结构简单;信息流在网络中沿环单向传递,延迟固定,实时性较好;两个结点之间仅有唯一的路径,简化了路径选择。其缺点是:可靠性差,任何线路或结点的故障都有可能引起全网故障,且故障检测困难;可扩充性较差。

(4) 树形拓扑结构。

树形拓扑结构如图 5-2(d)所示。树形拓扑结构是总线型和星形结构的扩展。在树形拓扑结构中,顶端有一个根结点,它带有分支,每个分支还可以有子分支,其几何形状像是一棵倒置的树,故得名树形拓扑结构。

树形拓扑结构的优点是:天然的分级结构,各结点按一定的层次连接;易于扩展;易进行故障隔离,可靠性高。其缺点是:对根结点的依赖性大,一旦根结点出现故障,将导致全网瘫痪。

(5) 网状拓扑结构。

网状拓扑结构如图 5-2(e)所示。在网状结构中,网络结点与通信线路互联成不规则的形状,结点之间没有固定的连接形式,一般每个结点至少与其他两个结点相连。目前一般在大型网络中采用这种结构。

(6) 混合型拓扑结构。

混合型拓扑结构是由以上几种拓扑结构混合而成的,如星形总线型拓扑结构是由星形拓扑结构和总线型拓扑结构混合而成的,还有环星状拓扑结构等。

5.1.2　数据通信基础知识

通信即信息传递,若要完成信息传递的任务,一个数据通信系统至少需要有 3 个必备要素,包括信息的发送者(信源)与接收者(信宿)、携带了信息的信号以及信息的传输通道(信道)。对应的通信模型如图 5-3 所示。以传统的电话通信为例,电话拨号者(及其使用的电话机)和电话的通话目标(也包括其使用的电话机)相当于信源和信宿,拨号者的语音信息经电话机转换为相应电流信号,该信号在电话线路中传输并经过一些通信控制设备,如交换机、中继器等最终到达通话目标的电话机中,因此电话线和通信控制设备构成了传输信号的信道。

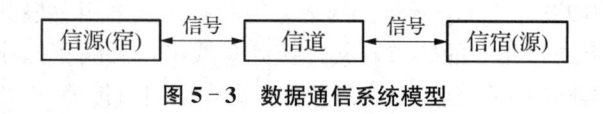

图 5-3　数据通信系统模型

信号是数据的电气或电磁表现形式,根据信号中代表的参数的取值方式不同,信号可以分为以下两种形式:

(1) 模拟信号如图 5-4 所示,传输连续变化的物理量(又称模拟信息)的信号形式,比如强弱不同的电流或者高低起伏的电压变化。举个实际的例子,人们的声音经过麦克风转换得到的电信号就是模拟信号,因为麦克风内部的装置将声音转换为强弱不同的电流。

(2) 数字信号如图 5-5 所示,是通过有限个不同状态形式来传输信号(对应的信息称为数字信息),例如电报机和计算机发出的信号都是数字信号。

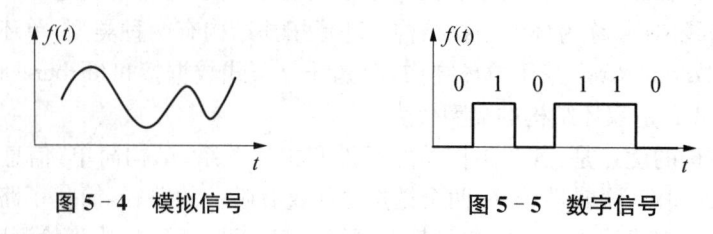

图 5-4　模拟信号　　**图 5-5　数字信号**

由于模拟信号在传输过程中受噪声干扰后难以恢复和还原,因此其传输效果并不理想,尤其是在远距离传输中。因此,越来越多设备与应用采用了数字信号传输,这种通信传输技术又称为数字通信。数字通信相对模拟通信,具有极强的抗干扰能力,对信息传输的差错可控制,安全可靠性高。并且,由于数字信号对应的是数字信息,因而可以直接由计算机进行各种信息化处理。

信道是信号的传输通道,即通信系统中的通信线路。一条通信线路往往包含一条发送信道和一条接收信道,从通信双方信息交互的方式来看,可以有以下 3 种基本方式:

(1) 单向通信,又称为单工通信,任何时刻数据都只能在一个方向上传输,例如,无线电广播或有线电视广播就采用单向通信方式。

(2) 双向交替通信,又称为半双工通信,允许数据在两个方向上传输,但某一时刻只允许数据在一个方式上传输,不能双向同时进行。

(3) 双向同时通信,又称为全双工通信,允许数据在两个方向上同时传输。

如图 5-6 所示,描述了单向通信、双向交替通信和双向同时通信的区别。

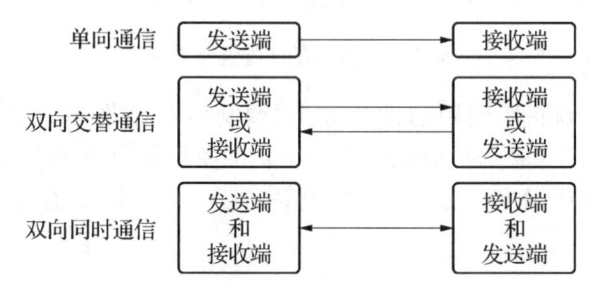

图 5-6 单向通信、双向交替通信、双向同时通信

1. 调制与解调技术

在前面的介绍中,我们已经提到,模拟信号并不适合远距离传输,但数字信号中往往还有较多的低频分量,甚至有直流分量,而许多信道并不能传输这种低频和直流分量。为了解决这一问题,必须要对数字信号进行调制(Modulation)。

调制分为两大类。一类是仅仅对数字信号的波形进行变化,使它能适应信号特性,变换后仍然是数字信号,这类调整叫基带调制,常把这一过程称为编码(Coding),常见编码方式如图 5-7 所示。

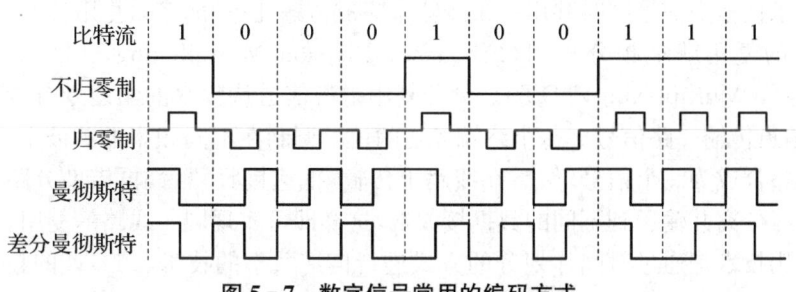

图 5-7 数字信号常用的编码方式

另一类调制则需要使用载波(Carrier)进行调制。所谓"载波",即是一种高频振荡的正弦波形信号,将数字信号的频率范围搬移到较高的频段,并转换为模拟信号,这样就能更好地在模拟信道中传输。经过调制后的载波可以携带着被传输的信息在信道中进行长距离传输,到达目的地时,接收方再把收到的信号还原为原始信号,此过程称为"解调"。

载波信号调制的方法有 3 种:调幅(AM)、调频(FM)和调相(PM)。图 5-8 是 3 种不同调制方法的示意图。

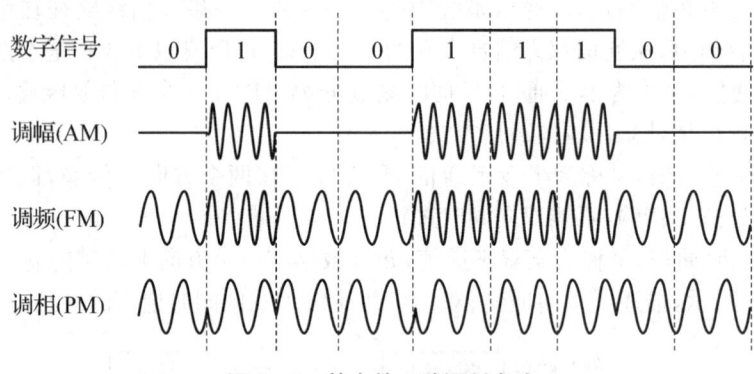

图 5-8 基本的 3 种调制方法

对载波信号进行调制所使用的设备称为"调制器",接收方为了还原原始信号所使用的对调制逆操作的设备称为"解调器"。由于大多数情况下通信总是双向进行的,所以调制器与解调器往往做在一起,这样的设备称为"调制解调器"(Modem,俗称"猫")(图 5-9)。

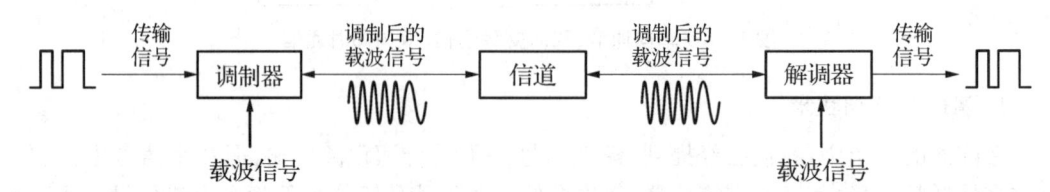

图 5-9 使用调制解调器进行远距离通信

2. 多路复用技术

由于线路的铺设和维护费用在整个通信成本中占据了相当大的份额,而且一条传输线路的传输能力并未被充分利用。因此,为了提高整个线路的利用率同时降低通信成本,可以通过某种技术让多个信号同时共用一条线路来完成传输任务,即多路复用技术。

最基本的复用就是频分复用(Frequency Division Multiplexing,FDM)和时分复用(Time Division Multiplexing,TDM)。频分复用是将信道从频率的角度划分为不同的子信道,每个子信道传输一路信号。每个终端发送的信号调制在不同频率的载波上,通过多路复用器将它们整合成为一个信号,然后在线路上传输,抵达接收端后,再借助分路器将不同频率的载波进行分离并输送到不同的数据接收端,这样即可实现同一线路的复用。

时分复用技术是通过时间片划分的方式进行信道共享的技术。TDM 的技术原理是让各终端设备(计算机)以事先规定好的顺序和时间段轮流使用同一根线路进行信息传输。除了收、发双方按照严格的同步顺序进行数据的发送与接收外,也可以使用异步的方式进行信息的传输,只要被传输的信息中附加上接收方的"地址"即可。

频分复用和时分复用技术的区别如图 5-10 所示,主要体现在频分复用的各路信号在同样的时间占用不同的带宽资源,时分复用的所有用户在不同的时间占用同样的频带资源。

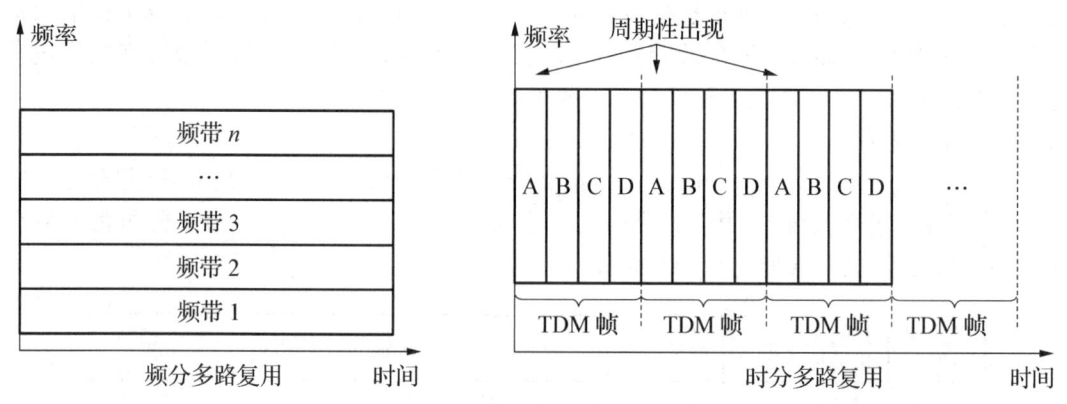

图 5-10　频分复用和时分复用技术

还有一种将不同波长的光调制信号在同一光信道上的传输方式,称为"波分多路复用"(Wavelength Division Multiplexing,WDM),它是一种特殊的频分多路复用技术,是频分多路复用技术在光波中的应用。移动通信中,第 1 代模拟蜂窝系统采用频分多路复用技术(FDMA),第 2 代 GSM 系统主要采用时分多路复用技术(TDMA),第 3 代移动通信使用的是码分多路寻址(CDMA,简称"码分多址")技术,第 4 代移动通信主要采用多载波正交频分复用调制技术(OFDM)。

总之,采用多路复用技术后,信道内不仅可以同时传输成千上万路不同的信号,还可以大大降低通信成本。不同的多路复用技术也可以同时使用,从而进一步大大提升线路的利用率。

3. 数据交换技术

交换是计算机网络中实现数据传输的重要手段。数据经编码后在通信线路上进行传输,按数据传送技术划分,可分为电路交换技术、报文交换技术和分组交换技术。

(1) 电路交换。

电路交换(Circuit Switching)就是在通信的过程中,实际的物理线路始终被通信双方占据的通信形式。用户想要交换数据必须先建立"连接","连接"成立后用户便可自始至终占用从发送端到接收端的固定传输带宽。

电路交换是一种直接交换方式,其通信过程包括建立连接、数据通信和释放连接 3 个步骤,其最重要的特点就是在通信的全部时间内,通话的两个用户始终占用端到端的通信资源,具有数据传输可靠、迅速且不失序的优点。电路交换由于通信过程中始终占通信线缆,从而造成信道资源的浪费,因此不适合计算机网络通信。

(2) 报文交换。

报文交换(Message Switching)又称为包交换。20 世纪 40 年代,电报通信采用的基于"存储—转发"原理的报文交换。报文交换无需事先建立物理电路,当发送方有数据要发送时,它把要发送的数据作为一个整体,完整地交给中间交换设备;中间交换设备先将报文存储起来,然后选择一条合适的且当前空闲的端口将数据转发给下一个交换设备,如此循环往复直至将数据发送到目的端。

在报文交换中,一般不限制报文的大小,这就要求各个中间结点必须准备额外的空间来存储较大的数据块。同时,如果数据块过大,就可能会长时间占用线路,导致报文在中间结点的延迟非常大(存储数据库以及转发数据块都会额外耗费时间),这使得报文交换不适合交互式数据通信。为了解决上述问题又引入了分组交换技术。

(3) 分组交换。

分组交换(Packet Switching)技术是报文交换技术的演变与改进,其也采用"存储—转发"方式。在分组交换网中,用户的数据被划分成一个个分组(Packet),每个分组都有分组编号和目的地址,其格式如图5-11所示。

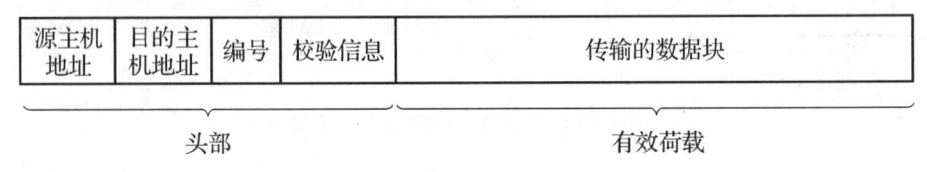

源主机地址	目的主机地址	编号	校验信息	传输的数据块

头部 ─── 校验信息前的字段；有效荷载 ─── 传输的数据块

图 5-11 分组交换中数据报格式

网络中的节点设备收到分组后,路由算法会选择最佳路径将每个分组发送到下一个节点,收到分组的中间节点会暂时存储分组并在适当的时候再次转发,经过这样多个节点,分组到达最终目的地。收到分组的目的主机,会根据分组编号将其恢复为原始数据。

电路交换、报文交换以及分组交换方式区别如图5-12所示,目前计算机网络以及Internet普遍采用是分组交换技术。

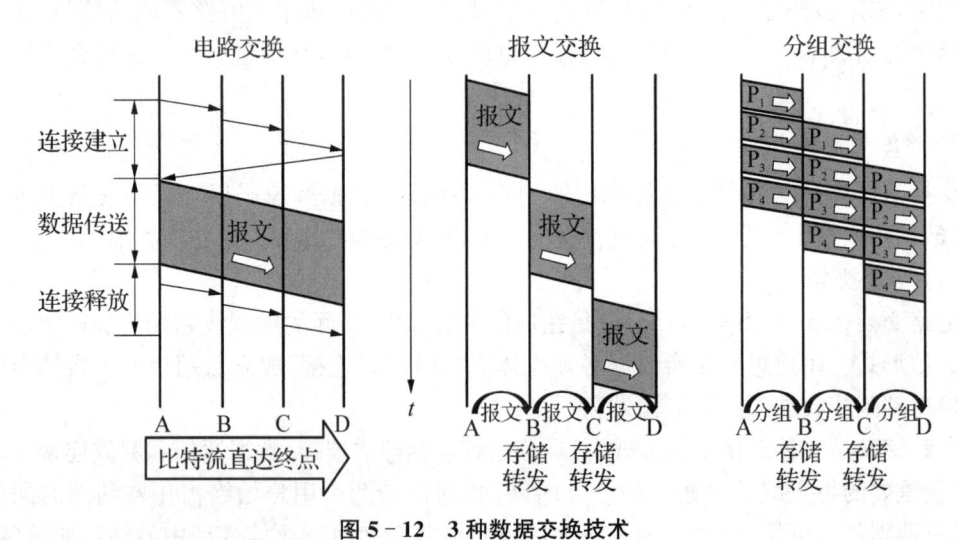

图 5-12 3种数据交换技术

5.1.3 计算机网络的发展之路

纵观计算机网络的发展历程,从时间的角度看,计算机网络的发展经历4个阶段。

第一阶段:计算机网络萌芽,面向终端的计算机网络。

这个阶段从20世纪50年代中期至60年代中期,以单个计算机为中心的远程联机系统,构成面向终端的计算机网络。其代表是1951年美国麻省理工学院林肯实验室设计并实现了一套叫SAGE(Semi-Automatic Ground Environment)的半自动地面防空系统,如图5-13所示,该系统是以单个计算机为中心的联机系统,用于美国军方在地面获得远方敌机的位置、高度、距离等信息。面向终端的计算机网络因为只有一个中心计算机,肩负着整个网络数据处理和通信处理两大功能于一身,所以势必造成中心主机负担过重。

图5-13 半自动地面防空系统SAGE

第二阶段:计算机网络的诞生,多台计算机互联的计算机网络。

这个阶段从20世纪60年代末到70年代末,它是由多台计算机通过通信线路互联起来为用户提供服务,即计算机—计算机网络。它和面向终端计算机网络的最大区别在于这里的多台计算机都是具有自主处理能力,它们之间不存在主从关系。第二阶段的代表性网络是1969年美国国防部高级研究计划局(DARPA)建立的ARPANET(ARPA网)。ARPANET是计算机网络技术发展中的一个里程碑,它的建立标志着计算机网络的诞生,其发展对促进计算机网络技术的发展和理论体系的形成起到了关键的作用,为Internet的形成奠定了基础,被公认为世界上第一个真正的计算机网络。

第三阶段:网络协议标准的确定,面向标准化的计算机网络。

这个阶段从20世纪80年代初至90年代初,由第一阶段和第二阶段计算机网络技术的发展可以看出,它们都是企业驱动的,使得网络产品之间兼容性、互操作性、互连性较差。20世纪80年代,国际标准化组织(International Organization for Standardization,ISO)专门研究了一种"开放式系统互连"的网络标准。经过多年的努力,在1984年公布了开放系统互连参考模型(Open System Interconnection Reference Model,OSI/RM)的国际标准ISO7498。从此,计算机网络进入标准化网络阶段。在OSI标准的指导下,TCP/IP协议作为全球通用的商用协议被确定下来,从此计算机网络的发展走上了标准化的道路。

第四阶段:全球互连的计算机网络,Internet国际互联网建立。

这个阶段从20世纪90年代初至今。1993年6月,美国提出NII(National Information Infrastructure)计划,建立信息高速公路,实现全球网络的互联互通,我国也在这一阶段快速推进国家信息网络的建设。1994年4月20日,中国科学院计算机网络信息中心开通了一条64K的国际专线,实现了与国际互联网的全功能连接,成为接入国际互联网的第77个国家。在这一阶段,Internet成为计算机网络领域最引人瞩目也是发展最快的网络技术,目前已成为全球规模最大、覆盖最广的计算机互联网。在这个全球互联互通的计算机网络时代,随着网络技术、产品、应用层出不穷,计算机网络正朝着高速带宽化、网络应用多媒体化等方向发展。

5.1.4 网络传输媒体

网络传输媒体也称为传输介质,是数据传输系统中在发送方和接收方之间的物理通路。传输媒体分为两大类,即导引型传输媒体和非导引型传输媒体。导引型传输媒体中,电磁波被导引沿着固体媒体传播,通常包括双绞线、同轴电缆、光纤。非导引型传输媒体就是指自由空间,在非导引型传输媒体中电磁波的传输常称为无线传输。

(1) 双绞线。

双绞线(Twisted Pair,TP)是当前应用最广、成本较低的一种传输介质,因为由两条相互绝缘的铜导线相互绞合在一起组成,所以称为双绞线。若干对双绞线捆绑在一起并包上保护套就构成双绞线电缆。双绞线既能传输模拟信号,又能传输数字信号。双绞线电缆分为非屏蔽双绞线(Unshielded Twisted Pair,UTP)和屏蔽双绞线(Shielded Twisted Pair,STP)两种类型,两种类型的双绞线如图 5-14 所示。

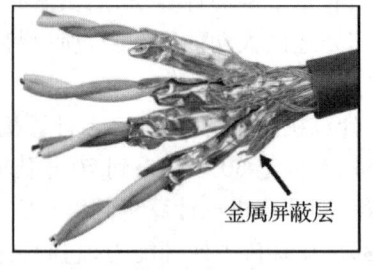

非屏蔽双绞线UTP　　　屏蔽双绞线STP

图 5-14　两种类型的双绞线

双绞线电缆由于其较高的传输性价比,被广泛应用于电话通信线路以及本地局域网的构建中。双绞线在短距离中传输质量较好,但传输距离比较远时就必须使用中继器以放大和恢复信号。同时双绞线电缆是易受电磁噪声干扰,且不支持非常高速的数据传输。

(2) 同轴电缆。

同轴电缆(Coaxial Cable)也是一种常用的传输介质。由内导体铜芯、绝缘材料、网状编织的外导体屏蔽层以及塑料绝缘保护套组成,如图 5-15 所示。由于外导体屏蔽层的作用,同轴电缆具有较好的抗干扰特性,被广泛用于传输较高速率的数据。

图 5-15　同轴电缆

同轴电缆可分为基带同轴电缆和宽带同轴电缆。基带同轴电缆阻抗为 50 Ω,主要用于传输数字信号,在局域网发展初期被广泛采用,但随着技术的进步,局域网采用星形拓扑结构,现在已经很少在局域网中使用这种传输媒体。宽带同轴电缆阻抗为 75 Ω,主要用于传输多路复用的模拟信号,例如广播和电视,也可以直接传输数字信号。

(3) 光纤。

随着光通信技术的飞速发展,人们已经开始普遍利用光导纤维来传输数据,光纤则是光导纤维的简称。光纤是圆柱形结构,它分为纤芯和包层两部分,纤芯直径约 8~100 μm (1 $\mu m=10^{-6}$ m),是一种细石英玻璃丝;包层的直径约为 100~150 μm,最外层还包有一层塑料外套,对纤芯起保护作用。光纤的传播原理是当光线从高折射率的纤芯射向低折射率的包层时,其折射角将大于入射角,当入射角足够大,就会发生全反射,即光线碰到包层时就会折射回纤芯。如图 5-16 所示,这个过程不断重复,光就沿着光纤传输下去。

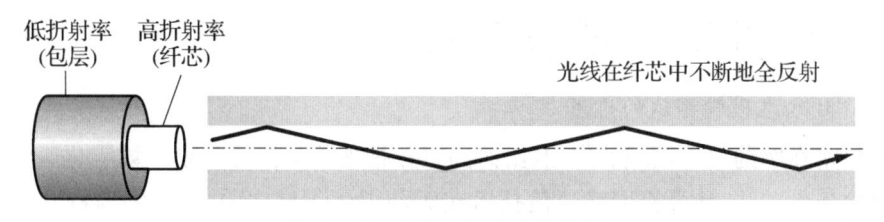

图 5-16　光线在纤芯中的传输

光纤一般有单模光纤和多模光纤两种。单模光纤较为昂贵，并需要使用激光作为光源，但其可传输距离非常远，数据传输率也极高。目前在实际中用到的光纤系统能以 2.4 Gbps 的速率传输 100 km，还不需要中继设备。若在实验室里，则可以获得更高的数据传输率。多模光纤相对单模来说传播距离要短一些，数据传输率也要低于单模光纤，但多模光纤价格便宜，并且可以用发光二极管作为光源，因此多模光纤的整体成本较低。单模光纤与多模光纤的比较如表 5-1 所示。

表 5-1　单模光纤和多模光纤对比

项目	单模光纤	多模光纤
距离	长	短
数据传输率	高	低
光源	激光	发光二极管
信号衰减大小	小	大
端接	较难	较易
造价	高	低

光纤通信的优点是频带宽、传输容量大、重量轻、尺寸小，并且抗干扰能力强，安全可靠性高，因此，光纤传输迅速成为当前通信系统中基础应用。

（4）无线电波。

信息时代的人们对信息的需求是多样的。很多人需要随时保持在线连接，他们需要利用笔记本计算机、掌上型计算机随时随地获取信息，对于用户的这些需求，双绞线、同轴电缆和光纤都无法满足，而非导引型传输媒体可以解决这个问题。

无线电波的传播特性与频率有关。在低频上，无线电波能绕过一般障碍物，但其信号会随着传播距离增加而急剧衰减。高频电波趋于直线传播但易受障碍物的阻挡，还会被地表或雨水吸收。对于所有频率的无线电波来说，它们都很容易受到其他电子设备的各种电磁干扰。

（5）微波。

微波是指频率为 300 MHz 至 300 GHz 的电磁波，是无线电波中一个有限频带的简称，即波长在 1 m（不含 1 m）到 1 mm 之间的电磁波，是分米波、厘米波、毫米波和亚毫米波的统称。微波频率比一般的无线电波频率高，通常也称为"超高频电磁波"。

虽然微波通信在传输质量上比较稳定，但微波是直线传播，无法避绕建筑物、山陵等障碍，且容易被地表吸收。因此微波通信中需要搭建中继站来实现远距离通信。微波通信的缺点是保密性不如电缆和光缆好，对于保密性要求比较高的应用场合需要另外采取安全措施。目前微波通信已被大量应用于计算机通信与移动通信中。

5.1.5 通信技术在相关领域的应用

1. 通信技术在医学领域的应用

通信技术在医药卫生领域的应用,给医药行业带来革命性的变化。数字化医疗、信息化医疗等概念备受关注,计算机网络通信技术在医药卫生领域中的重要性日益凸显。根据客户端是采用一般计算机还是手持移动设备,通信技术在该领域的应用主要分为有线通信技术应用和无线通信技术应用。

(1) 有线通信技术应用。

有线通信技术在医药卫生领域的基础设施及网络建设中发挥着关键作用。由于其受地理、响应时间等因素的限制,在医药卫生领域中,有线通信技术主要用于机对机通信要求紧密耦合,智能型网络及外部设备将采用电缆作为接口,对安全性、可靠性及灵活性有严格要求,带宽要求较高的基础设施及网络建设。例如医院电话、电视系统,通过有线网络实现稳定的信号传输,保障医院日常通信与信息传播;服务器作为数据存储与处理中枢,依靠有线通信技术与局域网内各节点相连,确保海量医疗数据的安全存储与高效调用;医院的电子病历系统,大量患者病历数据需实时存储与随时查询,有线通信的稳定性保障了数据传输的准确性与及时性。

(2) 无线通信技术应用。

相较于有线通信,无线通信技术在医药卫生领域更为活跃,凭借其便捷性、灵活性等优势,在多个方面展现出独特价值。

① 跟踪治疗。病人跟踪治疗管理信息系统采用多种途径,比如局域网或因特网、扫描仪、摄像头等录入患者的各种健康资料,应用临床路径知识库进行保存、编辑和修改更新,形成完整的个人电子档案。当患者再次就诊或体检时,其资料又可以续存入档,所有资料都通过网络进行查询。不管病人在什么地方,都可以通过自己的手机,随时随地把各种设备(如智能手环)连接到网络上,上传各种数据(如体重、血压、心率等),接收自己个性化的治疗方案,发出健康预警,给出治疗建议,了解自己的治疗进程。医生可以通过跟踪治疗系统,了解病人的各种信息,对病人做出正确的诊疗。

② 移动观察。将移动通信系统与救护车相结合,为紧急医疗援助服务带来变革。救护车上的设备记录的病人数据,如心电监护数据、血氧饱和度等,可通过移动通信网络不间断传输至紧急医疗援助服务中心,使医护人员能实时观察病人在运送过程中的状态,了解病情变化,提前做好接收病人的准备。在交通事故等紧急救援场景中,救援人员在救护车上即可将伤者情况实时反馈给医院,医院迅速组织相关科室做好救治准备,为挽救生命争取宝贵时间。

③ 远程医疗。远程医疗是指以计算机技术、遥感、遥测、遥控技术为依托,充分发挥大医院或专科医疗中心的医疗技术和医疗设备优势,对医疗条件较差的边远地区、海岛或舰船上的伤病员进行远距离诊断、治疗和咨询。远程医疗是旨在提高诊断与医疗水平、降低医疗开支、满足广大人民群众保健需求的一项全新的医疗服务。目前,远程医疗技术已经从最初的电视监护、电话远程诊断发展到利用高速网络进行数字、图像、语音的综合传输,并且实现了实时的语音和高清晰图像的交流,为现代医学的应用提供了更广阔的发展空间。国外在这一领域的发展已有 40 多年的历史,而我国只在最近几年才得到重视和发展,目前,我们国家用远程医疗系统主要实现家庭医疗保健、偏远地区的紧急医疗、医院之间共享病历和诊断资料、远程教育等。

④ 患者数据管理。医院在住院病房铺设无线局域网。住院处的每个临床医生使用配置笔记本无线网卡的手持式平板电脑,在其巡视病房时直接通过手写笔将患者每天的病情资料、诊疗意见及药剂配方输入到医院的医疗管理系统中。与此同时,护士在护士站根据医生输入的巡视结果,为患者及时地调整护理方案;药剂师根据医生当天修改的患者用药情况来配药;财务人员则可及时地统计患者住院费用。整个运作过程摒弃了原来传统的临床纸质病例卡,避免了因纸质病历在医生、护士、药剂师及财务部门之间传递过程中发生的由于字迹不清、误读等造成的医疗事故。针对特殊疑难患者,临床医生可以通过手持式平板电脑在无线局域网覆盖范围内的任何地方及时查阅相关资料,避免了为查询资料,医生往来于办公室和病房的麻烦。将手持式平板电脑用于电子处方及诊断结果报告,增加了现场医疗服务新的空间。手持式平板电脑的应用可以消除许多基于纸的过程,如处方抄写、提交和跟踪试验单、报告诊断结果以及书写患者用药注意事项等。

⑤ 药物跟踪。制药商、经销商和零售商将 RFID 标签贴到药瓶上,然后通过配送渠道发送到目的地。使用 RFID 跟踪单个药瓶、改进库存管理、防止零售商缺货以及当药品需要召回时跟踪药品。另外,在医药品行业中,RFID 标签将有助于解决与药品相关的众多问题,如召回产品、追踪产品在供应链中的流通履历以及杜绝假冒产品等。

⑥ 手机求救。IBM 的研究人员给手机增添了一项新功能——为心脏病高危者发送求救信息。新系统的核心是只有一块口香糖大小的无线电信号转发装置,利用蓝牙技术连接便携式心跳监测仪和手机。当使用者心跳达到"危险"水平时,这套系统能够自动拨打一个预设的手机号码,以短信息的方式发出心跳数据。

⑦ 病人数据收集。病人借助智能穿戴设备,如智能手表、智能手环等,实时采集自身健康数据,如运动步数、睡眠质量、心率变异性等,并通过手机与网络连接,将数据传输至医疗平台,为医生提供连续、动态的健康信息,辅助疾病诊断与健康管理。

⑧ 医疗垃圾跟踪。利用 RFID 技术对医疗垃圾进行全程跟踪,明确医院和运输公司在医疗垃圾处理过程中的责任,防止违法倾倒医疗垃圾,保障环境安全与公众健康。在医疗垃圾运输过程中,通过扫描 RFID 标签,可实时监控垃圾运输路线与处理状态。

⑨ 短信沟通。一种依靠手机短信实现医患沟通的新型就医形式,已经在哈尔滨医科大学第一附属医院实现。中国移动手机用户将短信发送至指定号码(如 023234)后,即可获得医院回复的短信,指导患者怎样通过短信求医问药。此种数字化就医形式可以避免患者排队就诊带来的麻烦,也可为部分患者保护隐私。患者在就医的过程中,还可以通过发送短信获取该医院专家医生的详细个人资料和具体出诊时间,以确定自己要找的医生和去医院就诊的时间及地点。此业务逐渐开展后,患者还有望实现手机挂号、短信预约手术、短信完成医保结算手续等。届时患者通过短信在家中就可以"搞定"很多看病程序。

近年来,我国无线医疗技术应用十分活跃,但比起欧美来还相差较远,仅仅处于起步阶段,发展潜力巨大。随着通信技术不断创新发展,其在医药卫生领域将发挥更大作用,为提升医疗服务质量、改善公众健康水平提供有力支撑。

2. 通信技术在其他领域的应用

(1) 工业与智能制造。

在现代工业与智能制造业中,通信技术已深度融入核心生产流程,成为驱动智能化转型的基石。工业物联网(IIoT)通过工业以太网、5G、Wi-Fi等高速可靠网络,将遍布车间的传感器、可编程逻辑控制器和工业机器人紧密连接,实现关键设备运行参数的实时数据采集、全方位的设备监控,并支撑基于数据分析的预测性维护,极大提升设备可靠性和生产效率。依托强大的通信网络,远程监控与控制得以实现,工程师无论身处何地都能实时掌握生产线状态,进行远程设备操作或高效故障诊断,缩短停机时间。在物流环节,自动化物流系统如自动导引车和智能仓储,高度依赖无线通信进行精准的调度与协同,确保物料高效流转。同时,供应链管理通过RFID标签、GPS定位等技术与通信网络结合,实现了对货物从生产到交付全过程的实时追踪和物流信息的无缝共享,显著增强了供应链的透明度和响应速度。通信技术正强力赋能智能制造迈向更智能、柔性、高效的未来。

(2) 智能交通。

通信技术正在重塑现代交通与物流体系,成为提升效率、安全与智能化的核心驱动力。在道路交通领域,车联网技术通过车辆间及车辆与基础设施的实时通信,显著提升道路安全和交通效率,并构成自动驾驶落地的关键基础。同时,智能交通系统利用遍布的传感器和通信网络,实现路况信息的实时采集与发布、智能信号灯的动态配时优化以及电子收费的无感通行。通信技术已成为构建更安全、高效、智能的全球交通的神经系统。

(3) 智慧农业。

通信技术正引领农业迈向智能化、精细化的"数字农业"时代,显著提升生产效率和资源利用率。精准农业是核心应用,通过部署田间传感器、运用无人机巡航和解析卫星图像,借助无线网络,实时收集详尽的土壤情况与养分、作物长势与病虫害以及气象环境等关键数据。这些数据经过分析,为农民提供科学决策依据,实现按需灌溉、变量精准施肥和靶向喷药,既降低成本又减少环境影响。在畜牧业领域,牲畜监控技术通过为牲畜佩戴集成传感器的智能项圈或耳标,持续追踪其位置(防止走失)、监测活动量、体温等健康状态指标,实现早期疾病预警和精细化饲养管理,打造"智慧牧场"。此外,智能灌溉系统深度融合传感技术与通信网络,能根据土壤湿度、气象预报等实时数据,自动控制阀门启闭和水泵运行,进行精准高效的灌溉调度,最大化水资源效益。通信技术如同农业的神经末梢,将物理农田转化为数据驱动的智能生产系统。

(4) 智慧城市。

通信技术是构建智慧城市的核心骨架,赋能城市管理更智能、高效、宜居。智能照明系统通过环境光传感器和人体感应器联网,能根据光线强弱和人流密度自动调节路灯亮度,在保障安全的同时显著节能。智能停车解决方案借助埋设于车位的传感器检测空满状态,并通过移动应用或路侧显示屏实时引导车辆,有效缓解"停车难"和交通拥堵。遍布城市的环境监测网络持续实时监测空气质量、噪声分贝、水质变化等关键指标,为污染治理和公众健康提供数据支撑。在公共安全领域,高清视频监控联网并集成智能分析,结合强大的应急通信系统(如数字集群、卫星链路),极大提升对突发事件的预警、响应和处置能力。这些基于高速、可靠通信网络(5G、光纤、物联网专网等)的应用,如同城市的"数字神经网络",实时感知、互联互通、智能决策,共同推动城市运行向精细化、可持续化迈进。

通信技术已经从单纯的信息传输工具,发展成为连接物理世界与数字世界的神经系统。其核心价值在于实现实时性、远程性、连接性、自动化和数据驱动。随着5G/6G、物联网、人工智能、卫星互联网等技术的持续发展,通信技术在各领域的应用将更加深入、智能和无处不在,深刻重塑我们的工作、生活和社会的运行方式。它是现代社会高效运转和持续创新的基石。

5.2 计算机网络体系结构

网络体系结构是网络技术中最基本的结构,要保证一个庞大而复杂的计算机网络有条不紊地工作,就必须制定一系列的计算机通信协议。在计算机网络中,网络的分层,各层的功能和层间接口及服务统称为网络体系结构(Network Architecture)。

5.2.1 两种网络体系结构

1. OSI 参考模型

20 世纪 70 年代,很多公司开始进行计算机网络体系结构的研究。这其中比较著名的是 1974 年美国 IBM 公司提出的世界上第一个系统网络体系结构(System Network Architecture,SNA),SNA 把整个计算机网络分成 7 个层次。在这之后,也有其他公司纷纷推出自己的网络体系结构,如 1975 年 Digital 公司推出的数字网络体系结构(Distributed Network Architecture,DNA)、UNIVAC 公司的分布式体系结构等。但是由于这些体系结构的着眼点往往是各自公司内部网络的连接,没有统一的标准,使得一个公司的计算机很难同其他公司的计算机进行通信。为了使不同厂家生成的计算机能互联通信,1977 年,国际标准化组织 ISO 成立了一个专门的委员会进行计算机网络体系结构的研究,并于 1984 年颁布了第一个计算机网络的国际标准,即开放系统互连参考模型 OSI/RM(Open System Interconnection Reference Model)。

OSI/RM 参考模型把整个计算机网络的通信功能划分为 7 个层次,如图 5-17 所示,从下到上分别是:物理层、数据链路层、网络层、传输层、会话层、表示层和应用层,每个层次相互独立,完成各自的功能,通过各层间的接口与其相邻层连接,下层为上层提供服务,同时上层使用下层提供的服务。

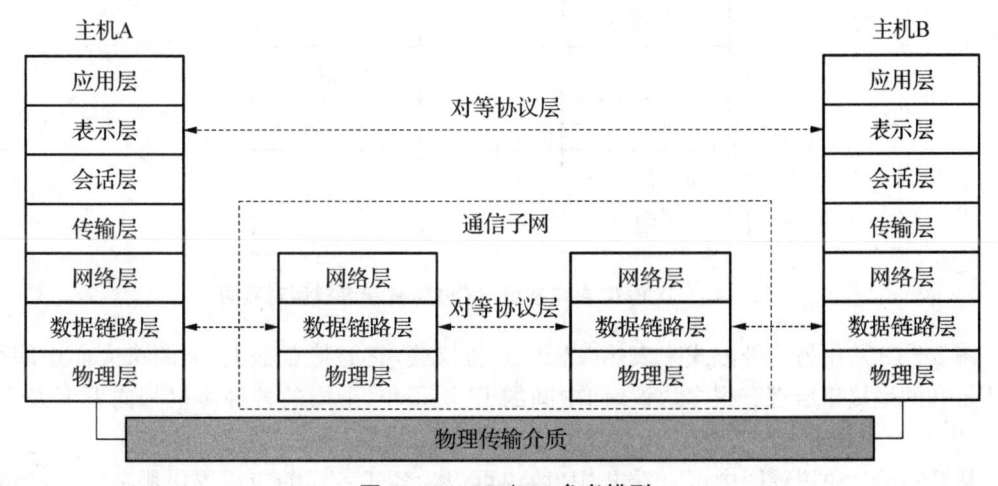

图 5-17 OSI/RM 参考模型

物理层(Physical Layer)利用传输介质为通信的网络节点建立、维护和释放物理连接,实现二进制比特流的传输。

数据链路层(Data Link Layer)在通信的实体间建立数据链路的连接,传输以帧为单位的数据包,并采用差错和流量控制方式,实现相邻节点间的可靠传输。

网络层(Network Layer)为分组交换网络上的不同主机提供通信分组,以分组为单位进行寻址和路由选择。

传输层(Transport Layer)主要功能是向用户提供端到端的数据传输服务。

会话层(Session Layer)负责主机之间会话的建立、维护和断开,以及数据的交换。

表示层(Presentation Layer)用于处理在两个通信系统中交换信息的表示方法,主要包含数据格式变换、数据的加密和解密、数据的压缩与恢复等功能。

应用层(Application Layer)为应用程序提供网络服务,它包含了各种用户使用的协议。

2. TCP/IP 参考模型

TCP/IP 体系结构最初是 20 世纪 70 年代中期为美国 ARPA NET 设计的,目的是使不同厂家生产的计算机能在同一网络环境下运行,到了 80 年代初,ARPA NET 上的所有机器转向 TCP/IP 体系结构,并以 ARPA NET 为主建立了 Internet。目前采用 TCP/IP 体系结构的 Internet 网已经发展到全球范围。TCP/IP 模型包含了一簇网络协议,其中最重要和最著名的就是传输控制协议 TCP 和网际协议 IP。因此,现在人们提到的 TCP/IP 并不是指 TCP 和 IP 两个协议,而是表示 Internet 所使用的整个协议簇。

TCP/IP 模型采用了一个 4 层的体系结构,即网络接口层、网际层、传输层和应用层。每一层提供特定功能,层与层之间相对独立,与 OSI 7 层模型相比,如图 5-18 所示,TCP/IP 没有表示层和会话层,这两层的功能由应用层提供,OSI 的物理层和数据链路层功能由网络接口层完成。

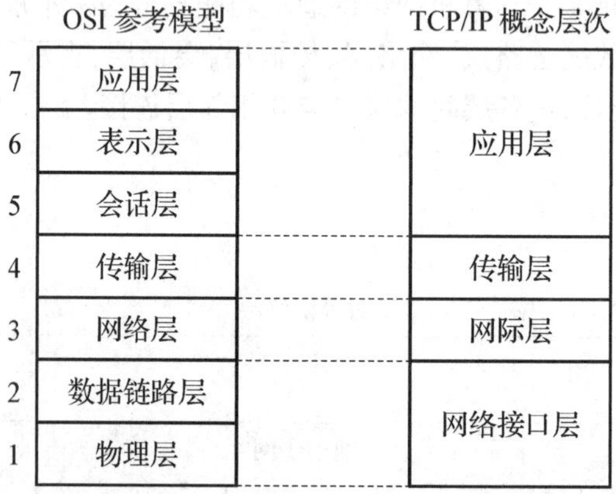

	OSI 参考模型	TCP/IP 概念层次
7	应用层	应用层
6	表示层	
5	会话层	
4	传输层	传输层
3	网络层	网际层
2	数据链路层	网络接口层
1	物理层	

图 5-18　TCP/IP 参考模型与 OSI/RM 参考模型对照图

图 5-19 是用另一种方式来表示 TCP/IP 协议簇,它的特点是上、下两头大而中间小:应用层和网络接口层都有很多协议,而中间的 IP 层很小,上层的各种协议都向下汇聚到一个 IP 协议中。

从 TCP/IP 协议簇图中可以看出,IP 协议可以为各式各样的应用提供服务(everything

```
应用层    HTTP ··· SMTP    DNS ··· SNMP
传输层         TCP           UDP
网际层              IP
网络接口层  网络接口1  网络接口2  网络接口3
```

图 5‑19　TCP/IP 协议簇

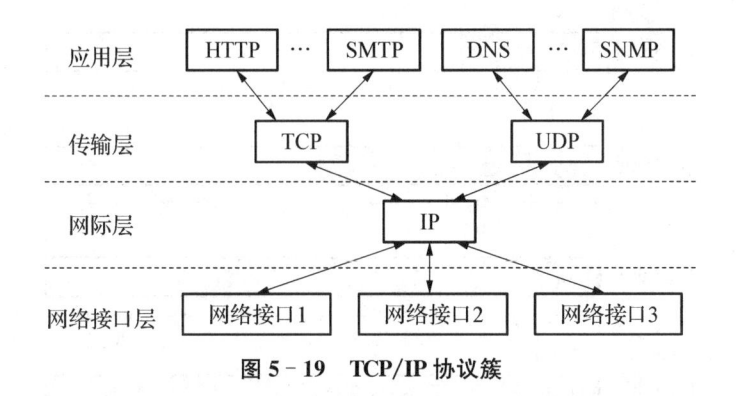

over IP),同时 TCP/IP 协议也允许 IP 协议在各式各样的网络构成的互联网上运行(IP over everything)。正因为如此,互联网才会发展到今天这种全球规模,从图中也可以看出 IP 协议在互联网中的核心地位。

5.2.2　IP 协议

互联网协议(Internet Protocol,IP)是 TCP/IP 的核心,也是网络层中最重要的协议。IP 层接收由更低层(如网络接口层)发来的数据包,并把该数据包发送到更高层——TCP 或 UDP 层。相反,IP 层也可以把从 TCP 或 UDP 层接收来的数据包传送到更低层。IP 数据包中含有发送主机地址(源地址)和接收主机地址(目的地址)。

在 Internet 中连接了很多类型的计算机网络,接入了成千百万台计算机,即主机。为了区分它们,每一台主机都被分配一个地址作为在网络中的标识,这个地址即为 IP 地址。目前 Internet 同时使用两种类型的 IP 地址,分别是 IPv4 和 IPv6。

IPv4 地址由 32 位二进制数组成,为了方便记忆与读写,将其每 8 位(1 个字节)进行划分,分为 4 段(4 个字节),将这 4 个字节转换为 4 个十进制数来表示,之间用小数点分隔,称为点分十进制(Dotted Decimal Notation)。例如 IPv4 地址 11000000 00001111 00000011 01111000 的点分十进制表示方法如图 5‑20 所示。

```
机器中存放的IP地址       11000000 00001111 00000011 01111000
是32位二进制代码

每隔8位插入一个空格      11000000 00001111 00000011 01111000
能够提高可读性

将每8位的二进制数          192      15       3       120
转换为十进制数

采用点分十进制记法              192.15.3.120
```

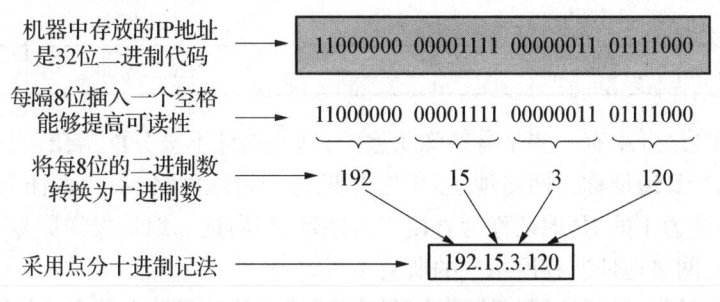

图 5‑20　IP 地址的点分十进制表示法

Internet 管理委员会将 IP 地址划分为若干个固定类,每一类地址都由两个固定长度的字段组成,其中第一个字段是网络号(net-id),它标志主机(或路由器)所连接到的网络,而第二个字段则是主机号(host-id),它标志该主机(或路由器)。因此,一个 IP 地址在整个互联网范围内是唯一的。IP 协议根据网络的不同,将 IP 地址的网络号范围分成了 5 大类:A 类、B 类、C 类、D 类和 E 类。图 5‑21 给出了各类 IP 地址的网络号字段和主机号字段。

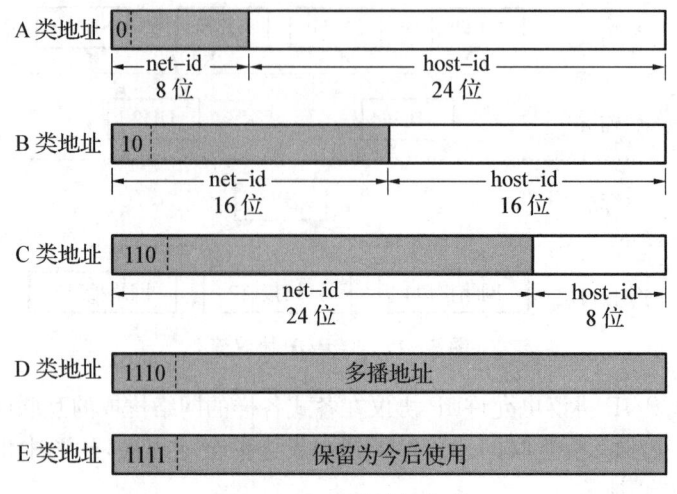

```
A 类地址 |0|  net-id 8位 | host-id 24位 |
B 类地址 |10| net-id 16位 | host-id 16位 |
C 类地址 |110| net-id 24位 | host-id 8位 |
D 类地址 |1110| 多播地址 |
E 类地址 |1111| 保留为今后使用 |
```

图 5-21　IP 地址的分类

- A 类、B 类和 C 类地址的网络号字段分别 1 个、2 个和 3 个字节长,而在网络号字段的最前面有 1~3 位为类别位,其数值分别规定为 0,10,110。
- A 类、B 类和 C 类地址的主机号字段分别为 3 个、2 个和 1 个字节长。
- D 类地址(前 4 位是 1110)用于多播(一对多通信)。
- E 类地址(前 4 位是 1111)保留为以后用。

常用的 IP 地址是 A,B,C 三类,A 类地址一般分配给具有大量主机的大型网络使用,B 类地址通常分配给规模中等的网络使用,C 类地址通常分配给规模较小的局域网使用。

表 5-2 给出了常见三类 IP 地址的使用范围。

表 5-2　IP 地址的使用范围

网络类别	最大网络数	第一个可用的网络号	最后一个可用的网络号	每个网络中的最大主机数
A	126(2^7-2)	1	126	16 777 214
B	16 383($2^{14}-1$)	128.1	191.255	65 534
C	2 097 152($2^{21}-1$)	192.0.1	223.255.255	254

在所有的 IP 地址中有一些是有特殊用途的,这些地址不被分配给任何计算机使用。如主机号全为 0 的 IP 地址称为网络地址,用来标识这个物理网络,不代表任何位于该网络中的主机;主机号全为 1 的 IP 地址称为直接广播地址,当向这一地址发送数据包时,该数据包将被发送给这一网络地址所在网络中的所有主机。

表 5-3 给出了一般不使用的特殊的 IP 地址,这些地址只能在特定的情况下使用。

表 5-3　一般不使用的特殊 IP 地址

网络号	主机号	源地址使用	目的地址使用	代表的意思
0	0	可以	不可	在本网络上的本主机
0	host-id	可以	不可	在本网络上的某个主机 host-id

(续表)

网络号	主机号	源地址使用	目的地址使用	代表的意思
全1	全1	不可	可以	只在本网络上进行广播（各路由器均不转发）
Net-id	全1	不可	可以	对 net-id 上的所有主机进行广播
127	非全0或全1的任何数	可以	可以	用作本地软件环回测试之用

5.2.3 网络连接设备

网络连接设备是把网络中的通信线路连接起来的各种设备的总称，这些设备包括中继器、集线器、交换机、网关和路由器等。图 5-22 为不同层次的网络连接设备。

（1）物理层。

中继器(Repeater)和集线器(Hub)。用于连接物理特性相同的网段，这些网段只是位置不同而已。中继器(Repeater)是用来延长网络距离的互联设备。集线器(Hub)实际上就是一个多端口的中继器，它有一个端口与主干网相连，并有多个端口连接一组工作站。集线器的端口没有物理和逻辑地址。

（2）数据链路层。

网桥(Bridge)和交换机(Switch)。网桥可以用于连接同一逻辑网络中物理层规范不同的网段，这些网段的拓扑结构和其上的数据帧格式都可以不同。交换机其实就是多端口的网桥。网桥和交换机可以识别端口上所连设备的物理地址，但不能识别逻辑地址。

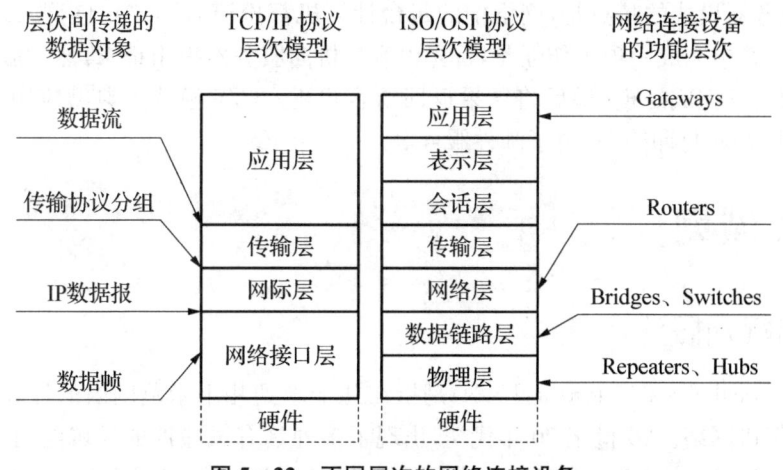

图 5-22 不同层次的网络连接设备

（3）网络层。

路由器(Router)。用于连接不同的逻辑网络。路由器是一种连接多个网络或网段的网络设备，它能将不同网络或网段之间的数据信息进行"翻译"，以使它们能够相互"读"懂对方的数据，实现不同网络或网段间的互联互通，从而构成一个更大的网络。目前，路由器已成为各种骨干网络内部、骨干网络之间、一级骨干网和互联网之间连接的枢纽。校园网一般就是通过路由器连接到互联网上的。路由器的每一个端口都有唯一的物理地址和所连网络分配的逻辑地址。

路由器的工作方式与交换机不同,交换机利用物理地址(MAC 地址,详见 5.3.2)来确定转发数据的目的地址,而路由器则是利用网络地址(IP 地址)来确定转发数据的地址。另外,路由器具有数据处理、防火墙及网络管理等功能。

(4) 应用层。

网关(Gateway)。用于互联网络上使用不同协议的应用程序之间的数据通信,目前尚无硬件产品。

5.2.4 计算机网络的工作模式

网络中计算机可以扮演不同的身份,根据角色身份的不同,计算机网络中有两种基本的工作模式:对等(Peer-to-peer,简称 P2P)模式,以及客户/服务器(Client/Server,简称 C/S)模式。

1. P2P 模式

对等模式的特点是网络中的每台计算机无固定身份角色,既可以作为客户机(也称为"网络工作站")也可以作为服务器。以前以局域网居多,可共享的资源主要是文件和打印机,由资源所在的计算机自己管理,无需专门的硬件服务器进行管理,也不需要网络管理员,使用比较简单,但一般限于小型网络,性能不高,安全性也较差,Windows 操作系统中的"网上邻居""工作组"等就是按对等模式工作的。近些年来对等工作模式在 Internet 上盛行,常用的 BT 下载、QQ 通信都是对等工作模式的例子。

2. C/S 模式

客户/服务器模式的特点是,网络中的每台计算机都扮演着固定角色,要么是服务器要么是客户机。若想完成一项工作任务,首先由客户机向服务器提出请求,然后服务器响应该请求,并按照要求完成处理,最后将结果返回给客户机。C/S 模式的典型应用有 WWW 服务、FTP 文件服务、打印服务、电子邮件服务等。

5.3 局域网

5.3.1 局域网概述

局域网(Local Area Network,LAN)是指在几十米到几千米范围内的计算机相互连接所构成的计算机网络。20 世纪 70 年代初,出现了多种具有试验性的局域网,其中最具代表性的是美国施乐(Xerox)公司的 Palo Alto 研究中心研制成功的以太网。目前,计算机局域网被广泛应用于校园、工厂及企事业单位的个人计算机或工作站的组网。

由于局域网覆盖的范围小,因此可以实现数据传输率高(可达 10 000 Mb/s)、传输延时小、误码率低、价格便宜等优势和特点,一般为某一单位或组织所拥有。

局域网是一个开放的信息平台,可以随时集成新的应用。为了给企业提供转向局域网的全面的解决方案,局域网将会逐渐集成包括客户程序、防火墙、开发升级工具等在内的一系列实用程序与服务工具。

5.3.2 局域网的组成

计算机局域网由网络硬件、网络传输介质和网络软件所组成。其中,网络硬件主要包括网络工作站(PC 机、平板电脑、智能手机等)、网络服务器、网络打印机、网络接口卡、网络互联设备(集线器、交换机等)等。在局域网中,网络中的每一台设备,都需要安装一块网络接口卡(又称为网络适配器,简称网卡),每一块网卡都有一个全球唯一的 48 位二进制编码,该编码称为介质访问控制地址,简称 MAC 地址(Medium Access Control Address)。

数据在传输时,会被网卡划分为一个个数据帧(Frame),并且一次只能传输 1 帧。数据帧格式如图 5-23 所示。其中除了包含需要传输的数据(称为"有效载荷")之外,还必须包含发送该数据帧的源计算机 MAC 地址和接收该数据帧的目的计算机 MAC 地址。由于电子设备与传输介质很容易受到电磁干扰,所传输的数据可能会被破坏或漏失,为此帧中还需要附加一些校验信息(帧校验序列)随同数据一起进行传输,以供目的计算机在收到数据之后验证数据传输是否正确。

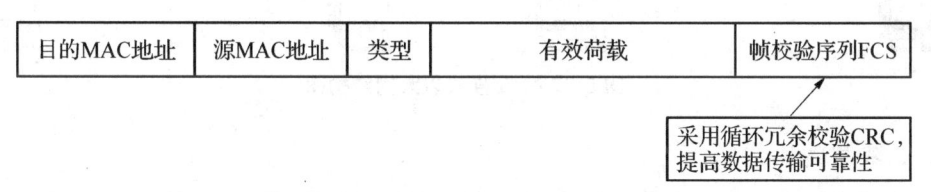

| 目的MAC地址 | 源MAC地址 | 类型 | 有效荷载 | 帧校验序列FCS |

采用循环冗余校验CRC,提高数据传输可靠性

图 5-23　局域网中传输的数据帧格式

5.3.3 几种常见的局域网

1. 共享式以太网

共享式以太网(也称为总线式以太网)是最早使用的一种以太网,网络中所有计算机均通过以太网网卡连接到一条共用的传输线上(即总线),相互之间利用总线实现通信。

而实际的共享式以太网大多以集线器为中心构成,如图 5-24 示。网络中的每台计算机通过网卡和网线连接到集线器,集线器将一个端口收到的数据帧以广播的方式向其他所有端口分发出去,并对信号进行放大,以扩大网络的传输距离,起着中继器的作用。共享式以太网通常只允许一对计算机进行通信,如若网络中计算机数目众多且频繁通信时,网络会发生信息拥塞,从而导致性能急剧下降。因此集线器构建的共享式以太网仅适合于计算机数目较少的网络。

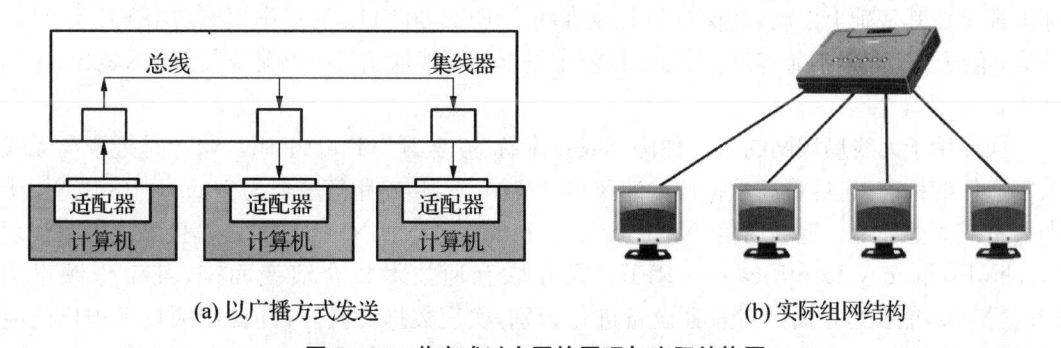

(a) 以广播方式发送　　　　　　　(b) 实际组网结构

图 5-24　共享式以太网的原理与实际结构图

2. 交换式以太网

交换式以太网通过以太网交换机(Ethernet Switcher,简称交换机)相互连接而成,即以交换机为中心构建。连接在交换机上的所有计算机都可相互通信,如图 5-25 所示。交换机接收来自发送计算机的数据帧之后,直接根据目的计算机的 MAC 地址进行帧的转发,不会向其他无关计算机发送,这样的工作方式允许多对计算机相互之间同时进行通信,因此,交换式以太网可以增加网络带宽,改善局域网的性能与服务质量。

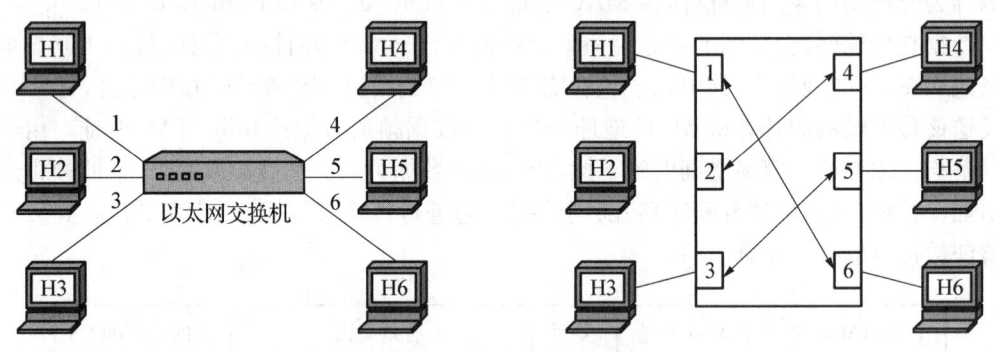

图 5-25 交换式以太网结构图

3. 无线局域网

无线局域网(Wireless Local Area Network,WLAN)是指采用无线传输介质传输信息的局域网,工作原理与传统以太网基本相同。

无线局域网使用的无线电波主要是 2.4 GHz 和 5.8 GHz 两个频段,对人体没有伤害;其次灵活性较好,相对有线网络,它的组建、配置和维护较为容易;使用扩频方式通信时,具有抗干扰、抗噪声、抗衰减能力,通信比较安全,不易偷听和窃取,具有高可用性。

无线局域网需要使用无线网卡、无线接入点来进行构建。无线接入点(Wireless Access Point,简称 WAP 或 AP)提供从无线节点对有线局域网和从有线局域网对无线节点的访问,实际上就是一个无线交换机。无线局域网还不能完全脱离有线网络,它只是有线网络的补充。

1990 年,电气与电子工程师协会(Institute of Electrical and Electronic Engineers,IEEE)负责制定无线局域网的国际标准,其先后发布了一系列标准,统称为 IEEE 802.11 标准,比较常用的如表 5-4 所示。其中 IEEE 802.11b 是 IEEE 802.11 系列的原始标准,后续标准都是在其基础上发展,并保持与其兼容性。IEEE 802.11a 的工作频率与 IEEE 802.11b 不同,这两个标准是不兼容的。因此,目前市场上的无线通信设备通常支持 IEEE 802.b/g/n 标准。

同样用于无线局域网的另一种协议或技术称为"蓝牙"(Bluetooth),蓝牙是近距离无线数字通信的标准,它的最高数据传输速率可达 1 Mb/s,传输距离一般为 10cm~10m,适用于办公室或家庭环境。近场通信(Near Field Communication,NFC)技术是非接触式射频识别(Radio Frequency Identification,RFID)及互联互通技术整合演变而来,其工作频率为 13.56 MHz,能在短距离内对兼容设备进行识别,实现数据交换。目前,这项技术被广泛应用,例如配备了 NFC 功能的手机可以用作门禁钥匙、交通一卡通、信用卡、支付卡等。

表 5-4　IEEE 802.11 系列标准

标准	频段	最高数据率	扩频/调制技术	传输距离
IEEE 802.11a	5 GHz	54 Mb/s	正交频分复用	5～10 m
IEEE 802.11b	2.4 GHz	11 Mb/s	扩频	100 m
IEEE 802.11 g	2.4 GHz	54 Mb/s	正交频分复用	—
IEEE 802.11n	2.4 GHz、5 GHz	600 Mb/s	MIMO 正交频分复用	—

5.4　互联网基础

5.4.1　Internet 概述

Internet 的雏形源于美国国防部高级研究计划局(ARPA)主持研制的阿帕网(ARPA NET)。ARPA NET 于 1969 年正式启用,当时仅连接了 4 所大学的 4 台计算机,也仅供科学家们进行联网科研实验用。到 20 世纪 70 年代,ARPA NET 已经涵盖了好几十个计算机网络,但每个网络仅能实现内部计算机之间互联通信,而无法实现不同网络之间的数据互通。为此,ARPA 又设立了新的研究项目,该研究的主要内容是试图用一种新的方法将不同的计算机局域网互联,形成"互联网(Internetwork)",简称"Internet"。此后,这个名词就一直沿用到现在。

早期互联网结构分为 3 级:主干网、地区网和校园网(或企业网),这种 3 级结构的计算机网络覆盖了全美国主要的大学和科研机构,并且成为互联网中的主要组成部分。现在,互联网已经逐渐形成了全球范围的多层次 ISP(Internet Service Provider,互联网服务提供者)的多层结构的互联网。互联网服务提供者 ISP 就是一个进行商业活动的公司,例如,中国电信、中国移动和中国联通等公司就是我国有名的 ISP。

互联网信息服务提供者 ISP 拥有自己的通信线路,并且拥有从互联网管理机构申请得到的许多 IP 地址,以帮助用户接入互联网。用户计算机若要接入互联网,必须获得 ISP 分配的 IP 地址,不同类别的用户,分配到的 IP 地址方式也有所不同。如果是单位用户,ISP 会分配一批地址,单位在得到这些地址后拥有独立的二次分配权,即可以自由地指定自身网络中的每一台主机的子网号和主机号,使每台计算机都有 IP 地址,这些计算机的 IP 地址可以是固定的也可以是临时的;如果是家庭用户或个人用户,由于对网络服务的使用频率和时限需求远低于单位用户,因此 ISP 一般不分配固定的 IP 地址,而是采用动态分配的方法:上网时由 ISP 的 DHCP 服务器临时分配一个 IP 地址,下网时立即收回给其他用户使用,这样在满足用户需求的同时大大提升 IP 地址的使用率。

5.4.2　Internet 的接入方式

随着 Internet 的发展和普及,众多的单位和个人需要接入 Internet,目前主要由城域网来承担接入 Internet 用户的任务。城域网一方面与国家主干网络相连接,另一方面通过各个 ISP 向用户提供 Internet 接入服务。不同的 ISP 向用户提供了不同的 Internet 接入方式,用户可以通过电话线、有线电视电缆、光缆、无线电波等传输介质应用不同的通信技术接入 Internet 中。常见的接入方式有电话拨号、ADSL、Cable Modem、光缆+局域网以及无线局域网等,随着移动通信网络的建立,通过移动通信网络接入 Internet 也将成为一种流行的接入方式。

1. PSTN 拨号

公共电话交换网(Public Switched Telephone Network,PSTN)是以电路交换技术为基础的用于传输模拟话音的网络。目前,全世界的电话数量巨大,并且还在不断增长。要将如此之多的电话连在一起并能很好地工作,唯一可行的办法就是采用分级交换方式。

电话网一般由本地回路、干线和交换机 3 个部分组成。其中干线和交换机一般采用数字传输和交换技术,而本地回路(也称用户环路)中基本上采用模拟传输。因此,当两台计算机想通过 PSTN 通信时,双方必须都需经由各自的 Modem 实现数字信号与模拟信号的转换。

但由于 PSTN 线路的传输质量较差,带宽有限,再加上 PSTN 交换机没有存储功能,因此 PSTN 只能用于对通信质量要求不高的场合。目前通过 PSTN 进行计算机通信的需求越来越少。

2. ADSL

非对称数字用户环路(Asymmetrical Digital Subscriber Line,ADSL)是一种能够通过普通电话线提供宽带数据业务的技术,也是目前极具发展前景的一种接入技术。因其下行速率高、频带宽、性能优、安装方便、不需交纳电话费等特点而深受广大用户喜爱,成为继 Modem、ISDN 之后的又一种全新的高效接入方式。

ADSL 方案的最大特点是不需要改造信号传输线路,可以利用普通铜质电话线作为传输介质,配上专用的 Modem 即可实现数据高速传输。ADSL 支持上行速率 640 Kb/s~1 Mb/s,下行速率 1~8 Mb/s,其有效的传输距离在 3~5 km 范围以内。在 ADSL 接入方案中,每个用户都有单独的一条线路与 ADSL 局端相连,它的结构可以看作是星形结构,数据传输带宽是由每一个用户独享的。

3. Cable-Modem

电缆调制解调器(Cable-Modem)利用现成的有线电视(CATV)网进行数据传输,是一种比较成熟的技术。

4. 光纤接入(FTTx)

目前,有很多种光纤接入方式,例如,光纤到办公大楼(FTTB)、光纤到路边(FTTC)、光纤到用户小区(FTTZ)、光纤到用户家庭(FTTH)等。

5.4.3 域名系统

由于点分十进制的 IP 地址全是十进制数值,依然不便于用户记忆和使用,因此 Internet 引入了域名的概念并迅速被广泛接受。当用户在浏览器中键入某个域名后,该域名信息会首先到达一个可以提供域名解析和翻译的服务器上,称为域名服务器(Domain Name Server,DNS),该机器上运行的域名翻译软件,称为域名系统(Domain Name System,

DNS),再将此域名解析为相应网站的 IP 地址,完成这一任务的过程就称为"域名解析"。

互联网采用了层次树状结构的命名方法,任何一个连接到互联网上的主机或路由器,都可以有一个唯一的层次结构的名字,即域名(Domain Name)。"域"是名字空间中一个可被管理的划分,其还可以继续划分为子域、如二级域、三级域等。

域名的结构由若干个分量组成,各分量之间用点隔开:

….三级域名.二级域名.顶级域名

顶级域名 TLD(Top Level Domain)分为三大类:

(1) 国家顶级域名 nTLD:如.cn 表示中国,.us 表示美国,.uk 表示英国等。

(2) 通用顶级域名 gTLD:最常见的通用顶级域名有 7 个,即.com(公司和企业)、.net(网络服务机构)、.org(非营利性组织)、.edu(美国专用的教育机构)、.gov(美国专用的政府部门)、.mil(美国专用的军事部门)、.int(国际组织)。随着 Internet 的不断发展,近年来又增加了".biz"(商务网站)、".mobi"(手机网站)、".info"(信息网站)等新的顶级域名。

(3) 基础结构域名(Infrastructure Domain):这种顶级域名只有一个,即 arpa,用于反向域名解析,因此又称为反向域名。

常见的 Internet 域名结构如图 5-26 所示。

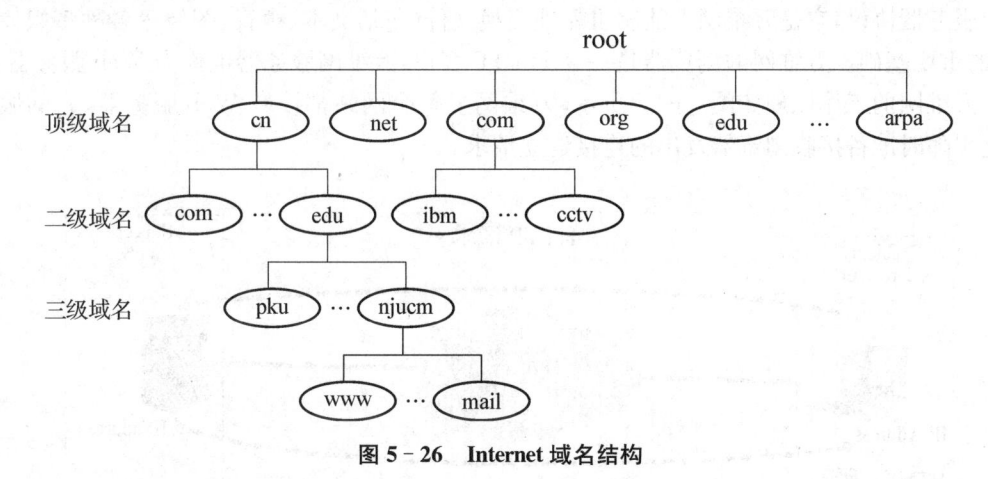

图 5-26 Internet 域名结构

5.4.4 Internet 提供的应用服务

Internet 是目前世界上最大的互联网,它由大量的计算机信息资源组成,为网络用户提供了丰富的网络服务功能,这些功能主要包括 WWW 服务、电子邮件(E-mail)、文件传输(FTP)、即时通信等,下面介绍几种主要的服务。

1. 万维网(WWW 服务)

万维网(World Wide Web,WWW),简称 Web 或 3W 服务,是由日内瓦的欧洲核子研究组织(CERN)于 1989 年提出的,经过几十年的发展,目前已经成为互联网上广泛使用的一种网络服务。WWW 服务以超文本标记语言(HTML)与超文本传输协议(HTTP)为基础,为用户提供一种简单、统一的方法以获取网络上的信息。WWW 采用分布式的客户/服务器模式,用户使用自己机器上的 WWW 浏览器软件(如 Windows 操作系统中的 IE)就能检索、查询和使用分布在世界各地 Web 服务器上的信息资源。

(1) 统一资源定位器。

统一资源定位器(Uniform Resource Locator,URL)也称为网页地址(网址),是互联网中用于标识每一个网页资源所在地址的统一形式。

URL 给资源的位置提供一种抽象的识别方法,并用这种方法给资源定位。只要能够对资源定位,系统就可以对资源进行各种操作,如存取、更新、替换和查找其属性。

URL 的一般形式:

<协议>:// <主机>:<端口>/<路径>

<协议>指出访问该资源的协议。现在最常见的协议就是 HTTP(超文本传输协议)和 FTP(文件传送协议)。在<协议>后面是一个规定格式"://"。紧接着的是<主机>,指出资源所在的主机的域名或 IP 地址。最后面的<端口>/<路径>是访问资源的协议的端口号和资源在主机上的详细路径,有时可省略。例如,访问南京中医药大学的 WWW 主页的 URL 为:"http://www.njucm.edu.cn/"。

(2) 超文本传输协议 HTTP。

超文本传输协议(Hyper Text Transfer Protocol,HTTP)是应用层协议,是面向事务的客户服务器协议,它是万维网上能够可靠地交换文件(包括文本、声音、图像等各种多媒体文件)的重要基础。万维网的浏览器是一个 HTTP 客户,万维网服务器也称为 Web 服务器。

万维网的工作原理如图 5-27 所示,万维网上每个网站都设有 Web 服务器,它的服务器进程随时准备接收浏览器发出的连接建立请求。

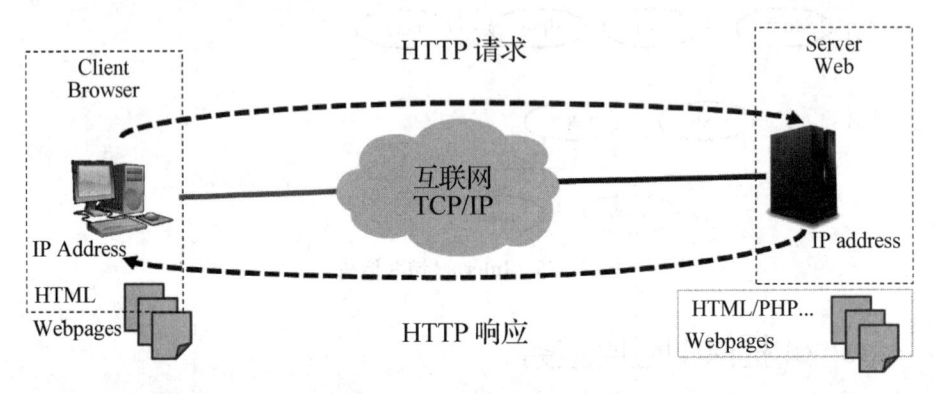

图 5-27 万维网工作原理

2. 电子邮件(E-mail)

电子邮件是 Internet 最早和最普遍提供的应用服务,它使用计算机网络通信来实现用户之间信息的发送与接收,以其快速、方便、廉价等特点深受广大用户的喜爱。电子邮件系统是通过在通信网上设立"电子信箱系统"来实现的,每个互联网用户通过网络申请就可以成为某个电子邮件系统的用户并在该系统中拥有自己的电子邮箱和一个电子邮件地址,即可接收、阅读、管理该邮箱中的邮件。

(1) 电子邮箱及其地址。

邮件地址由两个部分组成,第 1 部分为邮箱名,第 2 部分为邮箱所在的邮件服务器的域名,两者之间用"@"(英文 at 的缩写)隔开。例如:"abc@njucm.edu.cn"是一个邮件地址,它的邮箱名字是"abc",邮箱所在邮件服务器的域名是"njucm.edu.cn"。

(2) 电子邮件系统收发过程。

电子邮件是一种存储转发的应用服务,消息能够存储在邮件系统中直到接收者接收邮件。一个电子邮件系统主要由 3 个部分组成:用户代理(User Agent,UA)、邮件服务器和电子邮件所使用的协议,如图 5-28 所示。电子邮件的传输是通过电子邮件传输协议(Simple Mail Transfer Protocol,SMTP)和邮局协议(Post Office Protocol,POP3)来实现的。

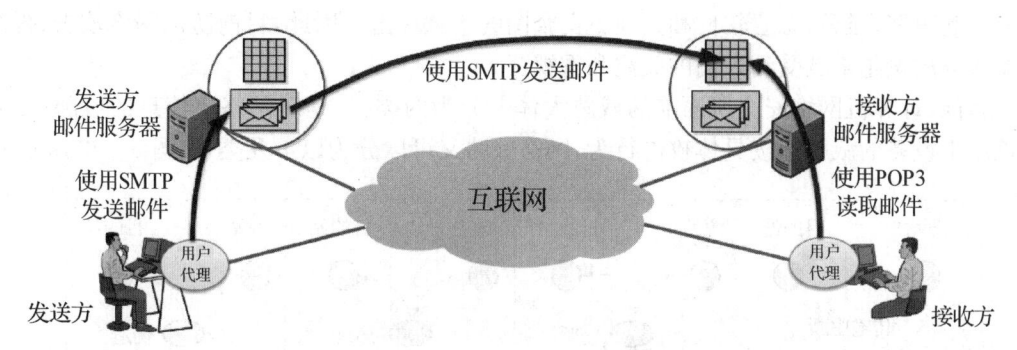

图 5-28 电子邮件系统的组成

3. 文件传输(FTP)

文件传输服务是指用户通过 Internet 把一台计算机中的文件移动或复制到另一台计算机上的服务,提供文件服务的工作站或计算机称为文件服务器。文件的传输服务是采用文件传输协议(File Transfer Protocol,FTP)来实现的,协议的功能是将文件从一台计算机传送到另一台计算机,而与这两台计算机所处的位置、连接的方式以及使用的操作系统无关。文件传输服务提供匿名访问和非匿名访问两种访问方式。非匿名访问方式要求用户必须输入相应的用户名和口令才能访问文件服务器;匿名访问方式是一种特殊的服务,用户以"Anonymous"为用户名即可访问文件服务器,是 Internet 上进行资源共享的主要途径之一。目前,Internet 上已经有几千个匿名登录的 FTP 服务器,为网络中的用户提供文件共享服务。

4. 即时通信

即时通信(Instant Messaging,IM)就是实时通信,它是互联网提供的一种允许人们实时快速地交换消息的通信服务。与电子邮件通信方式不同,参与即时通信的双方或多方必须同时都在网上(Online,也称为"在线"),它属于同步通信,而电子邮件属于异步通信方式。

即时通信的特点是高效、便捷和低成本。它允许两人或多人通过互联网实时地传递文字、语音和视频信息,传输文件,玩在线游戏等。最早使用的即时通信软件是 ICQ,之后雅虎和微软也分别推出了自己的即时通信软件 Yahoo! Messenger 和 MSN Messenger。我们国家一般都使用腾讯公司的 QQ(含微信)、网易的 POPO、新浪的 UC、盛大的圈圈、淘宝旺旺等。

5.5 网络安全技术

5.5.1 网络安全基本概念

随着计算机网络技术的飞速发展,计算机网络安全问题也越来越被人们重视。计算机网络安全是一门涉及计算机科学、网络技术、加密技术、信息安全技术等多种学科的综合性科学。目前,由于计算机网络应用的广泛性、开放性和互联性,很多重要信息都得不到保护,容易引起黑客、怪客、恶意软件和其他不良企图的恶意攻击。因此,目前防范网络攻击、提高网络服务质量越来越受到人们的关注和重视。

目前,计算机网络安全所面临的威胁大体上分为两类:一是对网络中信息的威胁;二是对网络中设备的威胁。按具体攻击行为,网络威胁又可以分为以下几类,如图 5-29 所示。

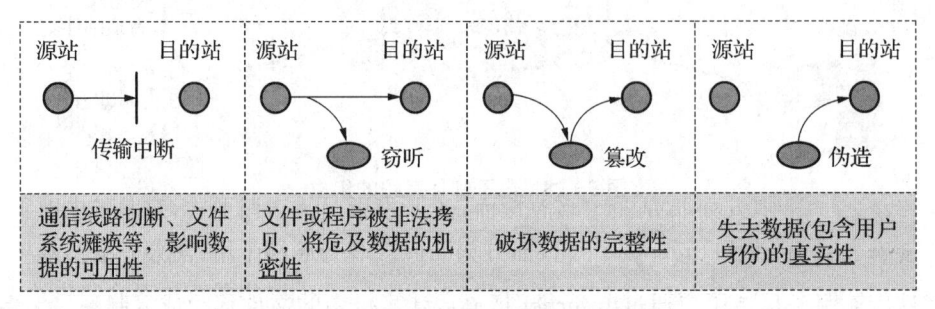

图 5-29 信息传输过程中的安全威胁

合理设置网络安全目标对网络安全意义重大,主要表现在以下几个方面。
(1) 可用性:保证数据在任何情况下不丢失,可以给授权用户读取。
(2) 保密性:保密性建立在可用性基础之上,保证信息只能被授权用户读取,其他用户不可获得。
(3) 完整性:要求未经授权不得修改网络信息,使数据在传输前后保持一致。

5.5.2 常用的安全保护措施

1. 信息加密技术

信息加密技术是目前最基本的网络安全技术。数据加密是指将一个信息(明文)通过加密密钥或加密函数变换成密文,然后再进行信息的传输或存储,而接收方将接收到的密文通过密钥或解密函数转换成明文。数据加密过程如图 5-30 所示。

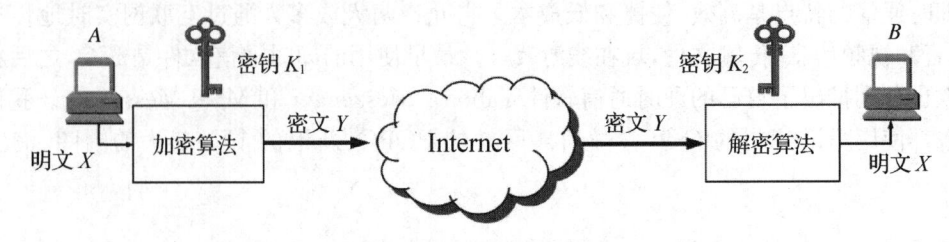

图 5-30 数据加密和解密

根据密钥的类型不同,常用的信息加密技术有对称加密算法(私钥加密)和非对称加密算法(公钥加密)。在上图中,收发双方使用的密钥 K_1 与 K_2 相同时,称为对称加密算法,目前最著名的对称加密算法是 DES。如果收发双方使用的密钥 K_1 与 K_2 不相同,称为非对称加密算法,目前广泛使用的非对称加密算法是 RSA 算法。

2. 身份认证与访问控制技术

身份认证也称为身份鉴别,是网络安全中的一个重要环节。身份认证主要由用户向计算机系统以安全的方式提交一个身份证明,然后系统对该身份进行鉴别,最终给予认证后分配给用户一定权限或者拒绝非认证用户。常用的身份认证技术有:用户名和密码验证、磁卡或 IC 卡认证、基于人的生理特征认证(指纹、手纹、虹膜、语音),以及其他一些特殊认证方式。

访问控制是对用户访问网络的权限加以控制,明确规定每个用户对网络资源的访问权限,以使网络资源不被非授权用户所访问和使用。访问控制技术是建立在身份认证技术基础之上,用户在被授权之前要先通过身份认证。目前常用的访问控制技术有:入网访问控制、网络权限控制、目录级控制以及属性控制等。

3. 防火墙与入侵检测技术

防火墙是在内部网络和外部网络之间执行访问控制和安全策略的系统,它可以是硬件,也可以是软件,或者是硬件和软件的结合。如图 5-31 所示。

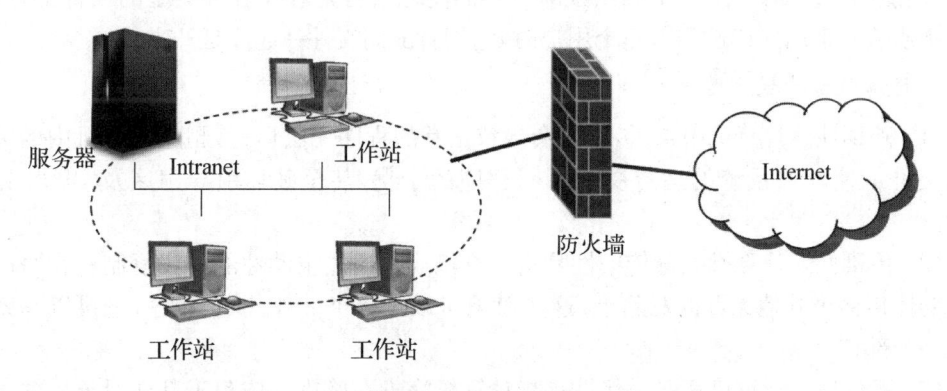

图 5-31 防火墙

防火墙作为两个网络之间的一种实施访问控制策略的设备,被安装在内部网和外部网边界的节点上,通过对内部网和外部网之间传送的数据流量进行分析、检测、管理和控制,来限制外部非法用户访问内部网络资源和内部网络用户非法向外传递非授权的信息,以阻挡外部网络的入侵,防止恶意攻击,达到保护内部网络资源和信息的目的。目前的防火墙系统根据其功能和实现方式,分为包过滤防火墙和应用网关。

入侵检测系统(Intrusion Detection System,IDS)是从计算机网络系统中的关键点收集并分析信息,以检查网络中是否有违反安全策略的行为和遭到袭击的迹象。入侵检测被认为是防火墙之后的第二道安全闸门。

4. 其他网络安全技术

漏洞扫描技术:通过对网络设备及服务器系统的扫描,可以了解安全配置和运行的应用服务,及时发现安全漏洞,客观评估网络风险等级。网络管理员根据扫描结果更正系统中的错误配置、进行系统加固、安装补丁程序,或采用其他相关防范措施。

拒绝服务攻击(Denial of Service,DoS):就是利用正常的服务请求来占用过多的服务资源,从而使合法用户无法得到服务响应。DDoS就是利用更多的"傀儡机"来发起进攻,比单个的DoS攻击的规模更大。目前,能有效对付DDoS攻击的手段主要是用一些专业的硬件来代替服务器从而保障只有正常的请求才能进入服务器。

5.5.3 计算机病毒

计算机病毒(Computer Virus)在《中华人民共和国计算机信息系统安全保护条例》中被明确定义:病毒指"编制者在计算机程序中插入的破坏计算机功能或者破坏数据,影响计算机使用并且能够自我复制的一组计算机指令或者程序代码"。

计算机病毒与医学上的"病毒"不同,计算机病毒不是天然存在的,是人利用计算机软件和硬件所固有的脆弱性编制的一组指令集或程序代码。它能潜伏在计算机的存储介质(或程序)里,条件满足时即被激活,通过修改其他程序的方法将自己精确拷贝或者可能演化的形式放入其他程序中,从而感染其他程序,对计算机资源进行破坏。

计算机病毒本质就是一个普通的程序,一段可执行码。只不过其程序的执行特点就像生物病毒一样,具有自我繁殖、互相传染以及激活再生等特征。计算机病毒有独特的复制能力,它们能够快速蔓延,又常常难以根除。它们能把自身附着在各种类型的文件上,当文件被复制或从一个用户传送到另一个用户时,它们就随同文件一起蔓延开来。

1. 计算机病毒的主要特征

(1) 破坏性。计算机中毒后,可能会导致正常的程序无法运行,删除计算机内的关键性系统文件或使软件系统的运行受到不同程度的干扰,甚至破坏引导扇区及BIOS和硬件环境。

(2) 传染性。计算机病毒传染性是指计算机病毒通过主动性的自我复制将自身的复制品或变体传播至其他无毒的对象上,这些对象可以是一个文件、一个程序,也可以是系统中的某一个部件。

(3) 潜伏性。计算机病毒潜伏性是指计算机病毒在感染并依附于其他对象后并不直接启动攻击行为,而是潜伏到条件成熟才发作。

(4) 隐蔽性。计算机病毒为了躲避操作系统和安全性软件工具的监控与检测,通常具有很强的隐蔽性,且时隐时现、变化无常,使得病毒处理起来非常困难。

(5) 可触发性。编制计算机病毒的人,一般都为病毒程序设定了一些触发条件,例如,系统时钟的某个时间或日期、系统运行了某些程序等。一旦条件满足,计算机病毒就会"发作",使系统遭到破坏。

另外计算机病毒还有很多其他特性,比如繁殖性、寄生性等。

2. 计算机中毒后的典型征兆

计算机中毒后的征兆非常多,甚至各不相同,但如果计算机出现了以下现象时,我们就需要怀疑自己的电脑是否已中毒:

(1) 屏幕上出现反常的字符或图像,字符出现无规则的活动迹象,主机发出尖叫、蜂鸣音或非正常奏乐等；

（2）经常无故死机，随机地发生重新启动现象，系统运行速度明显下降，文件无法正确读取与编辑、内存空间变小、磁盘驱动器以及其他设备无缘无故地变成无效设备等现象；

（3）经常出现打印异常、打印速度明显变慢或打印时出现乱码；

（4）收到来历不明的电子邮件、自动链接到陌生的网站、自动发送电子邮件等；

……

3. 计算机病毒的预防

预防计算机病毒，需要养成主动保护文档数据的习惯，在使用计算机过程中，注重数据文件的备份，以防意外发生。

为了保护电脑安全需要下载安装杀毒软件或防火墙。日常需要养成通过官方渠道下载软件的方式，尤其是杀毒软件与系统软件。一些网民为了图一时的便利通过某些链接到非法网站，下载后感染了病毒。除了安装杀毒软件，还可以把一些日常闲置的端口关闭，例如Windows下关闭 23、135、445、139、3389 等端口。

网上浏览时建议使用主流的浏览器软件。通常主流的浏览器软件可以提供一定程度的网址和网页信息检测，对于陌生的网页，浏览器软件可以进行一定的信息提示，在一定程度上防止病毒或木马入侵。

对于系统要及时进行更新与补丁。攻击者往往都是使用工具扫描系统漏洞从而进行攻击或投放木马程序，更新最新版本的系统并打满补丁在很大程度上可以降低安全威胁。

尽管目前的杀毒软件和木马扫描软件越来越先进，但是杀毒软件对病毒的查杀依赖病毒库的更新，因此肯定是滞后于新型病毒的出现。所以为了系统的安全，尽量避免去搜索一些敏感和非法的词汇，这些词汇极易链接至内嵌病毒的网址。

生活中注意对系统文件、可执行文件和数据写保护和备份；不使用来历不明的程序或数据；尽量不用外存进行系统引导；不轻易打开来历不明的电子邮件；使用新的计算机系统或软件时，先杀毒后使用；备份系统和参数，建立系统的应急计划等；安装杀毒软件；分类管理数据等。

5.6 物联网

物联网(the Internet of Things，IOT)的概念最早是由美国麻省理工学院的凯文·阿什顿(Kevin Ashton)教授于1998年提出的，它当时是指把所有物品都贴上一个电子标签，然后借助Internet，构建一个所有物品都能互相联系起来的网络，以实现物品的智能识别和管理。

但是这个概念在当年并没有引起太多人关注，真正受到关注是 2005 年国际电信联盟(International Telecomunication Union，ITU)发布《ITU 互联网报告 2005：物联网》，重新定义了物联网的概念，物联网技术逐渐受到了全球的广泛关注。物联网在中国受到了全社会极大的关注，2010 年两会期间，物联网被写入我国政府工作报告，确立为五大新兴国家战略产业之一。

那么什么是物联网呢？物联网是指通过二维码识读设备、射频识别(Radio Frequency Identification，RFID)、全球定位系统(Global Position System，GPS)、激光扫描器和红外感应器等信息传感设备与技术,实时采集任何需要监控、连接和互动的物体的声、光、电、热、力学、化学、生物、位置等各种信息,按约定的协议,把任何物体与互联网相连接,进行信息交换和通信,以实现人与物、物与物之间的沟通和对话,并对物体进行智能化识别、定位、跟踪、管理和控制的一种信息网络。

5.6.1 物联网体系结构

物联网体系结构如图 5-32 所示,共有 3 层,分别是感知层、网络层和应用层。

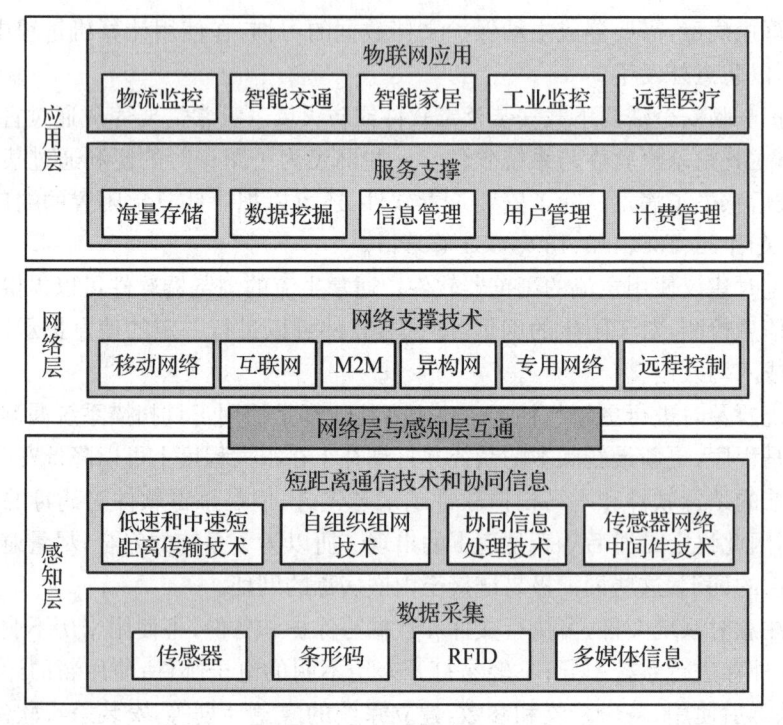

图 5-32 物联网体系结构

感知层主要实现对物理世界的感知与识别。通过各种数据采集设备收集数据,通过蓝牙、红外、Zigbee 等短距离有线或无线传输技术进行协同工作或者传递数据到网关设备,并通过通信模块将物理实体连接到网络层和应用层。

网络层主要负责将感知层获取的数据进行传输和处理,实现数据在物联网设备与平台之间以及不同物联网设备之间的通信。网络层可以依托公众电信网和互联网,也可以依托行业专用通信网络。

应用层是物联网与用户的接口,将感知和传输来的信息进行分析处理,做出正确的控制和决策,实现智能化管理、应用和服务。

以上 3 个层次相互协作,共同构成了完整的物联网体系结构,使得物与物、人与物之间能够实现互联互通和智能化的应用。

5.6.2 物联网的相关应用

物联网将现实世界数字化和网络化,应用范围也非常广泛,遍及智能交通、环境保护、公共安全、智能家居、工业监控、环境监控、食品溯源、个人健康、老人护理等诸多方面,如图5-33所示。众所周知,医疗领域是一个不允许出错的行业,物联网在医疗领域的应用被称为"智能医疗",其可以对药品、病人以及废弃的医疗垃圾等进行跟踪和检测,所以物联网在医药行业的应用前景非常广阔。在此我们选取智能医疗的一些应用场景进行介绍。

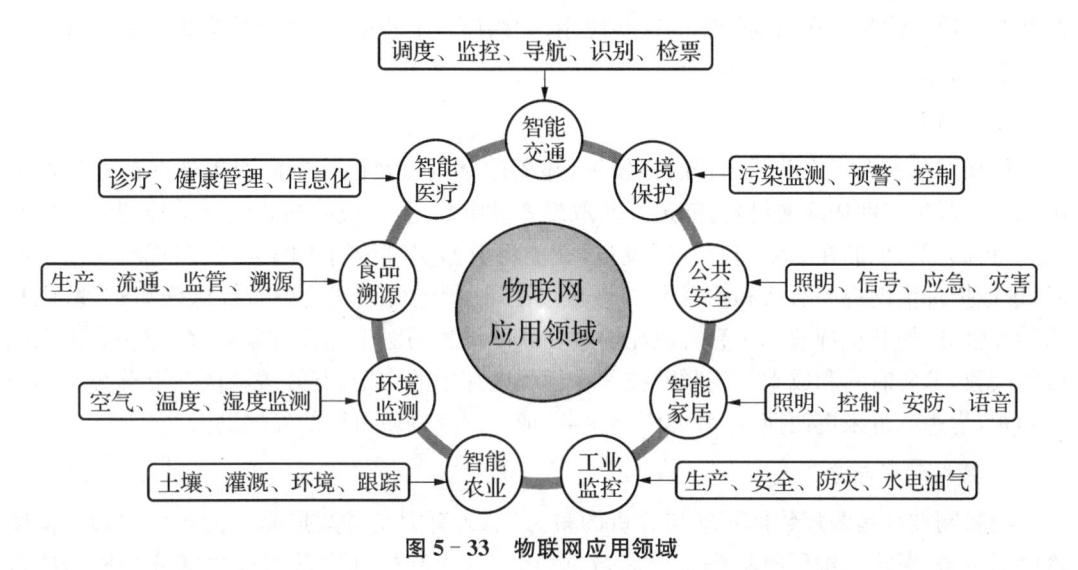

图 5-33 物联网应用领域

1. 远程患者监测与健康管理

在数字化医疗时代,物联网技术革新了远程患者监测与健康管理模式。借助物联网、可穿戴设备和传感器构建起实时健康数据采集与传输网络。像智能手表、心率监测器等设备,能实时采集心率、血压等关键健康数据,并通过物联网传输至云端或医生系统,实现远程高效监控。对于糖尿病、高血压等慢性病患者,物联网设备持续监测关键指标,根据患者个体情况提供个性化健康建议。数据异常时,设备即刻发出警报,助力患者有效管理疾病。在老年护理方面,物联网设备也发挥着重要作用。它能检测老人跌倒,监测睡眠质量,一旦异常便及时报警,为独居老人的健康与安全提供保障,让老人生活更安心,也为医疗护理工作带来极大便利。

2. 智能医院与医疗设备管理

物联网技术推动着传统医院向智能化转型,提升了医疗服务水平。在智能医院中,物联网传感器是优化医疗设备管理的关键,借助这些传感器,医院可实时了解医疗设备的使用状态与运行情况,提前预判维护需求,既提高设备使用效率,又降低故障率,保障医疗工作顺利开展。物联网技术还革新了医院资产管理。通过它能实时追踪医疗设备、药品、耗材等资产的位置及使用情况,避免资源错配与浪费,提升管理效率,让医院资源配置更合理。此外,物联网传感器在医疗环境监测中发挥重要作用。能实时监测医院内温度、湿度、空气质量等参数,为患者和医护人员营造舒适、安全的环境,极大提升医疗服务体验,展现物联网技术在现代医疗领域的多元价值与广阔前景。

3. 药物管理

物联网在药物管理中作用显著。智能药盒利用物联网技术,能按时提醒患者服药,并记录服药情况,若患者漏服,系统会自动通知患者或家属,保证用药的连续性。药品的生产、运输、储存和分发全程,物联网技术都能实现监控,例如实时监测药品储存温度,能防止因环境因素致使药品失效,有力保障药品质量与安全。在药物研发阶段,物联网设备可用于临床试验的数据收集。研究人员借助其收集的数据,能更准确评估药物效果与副作用,进而加速新药开发进程。物联网在药物管理的这些应用,大幅提升了药物管理效率,为患者和医疗行业带来了更高的安全性与可靠性。

4. 远程医疗

物联网技术有力推动了远程医疗发展,显著改善偏远及医疗资源匮乏地区的医疗服务可及性。医生借助物联网设备,能远程获取患者健康数据,完成诊断并给出治疗建议。以心脏病患者为例,他们在家使用心电图设备,就能将数据实时传输给医生,实现远程诊断。同时,虚拟护理借助视频通话和物联网传感器数据,让护士可远程为患者提供伤口护理、康复指导等服务,提升护理效率。患者也能通过物联网设备与医生在线健康咨询,减少去医院就诊的次数,节省时间和成本。物联网技术在远程医疗中的应用,有效缓解医疗资源分布不均的问题,为患者带来更便捷、高效的医疗服务,成为医疗领域重要的发展助力。

5. 数据管理与分析

物联网技术是医疗数据管理与分析的得力工具,有力支持数据驱动的医疗决策。借助物联网设备,医疗机构可收集海量健康数据,运用人工智能和大数据技术深度分析这些数据,能挖掘潜在健康风险,优化治疗方案。医生依据患者实时健康数据,能制订个性化治疗方案,提升治疗效果。物联网技术还可综合分析历史与实时数据,预测疾病发生和发展趋势,这有助实现早期干预,降低疾病恶化风险。物联网技术在医疗数据管理与分析中的应用,提升了医疗服务的精准性和效率,为患者提供更个性化、前瞻性的健康管理方案,推动医疗行业朝着精准化、智能化方向发展。

物联网在医疗领域的应用带来了多方面的优势,包括提升效率、降低成本、改善患者体验以及支持数据驱动的精准决策。然而,其发展也面临数据安全、设备互操作性、网络可靠性和成本等挑战。随着 5G、人工智能和区块链等技术的不断进步,物联网在医疗中的应用将更加广泛和深入,推动医疗服务向智能化、个性化和高效化方向发展。未来,物联网将进一步释放其潜力,深刻改变医疗行业的面貌,为患者、医生和医疗机构创造更大的价值,助力医疗行业迈向更智能、更精准的未来。

5.7 云计算

云计算(Cloud Computing)是传统计算机技术与网络技术融合发展的成果。其核心目标在于通过网络把众多成本相对低廉的计算实体整合,构建成具备强大计算能力的系统,再借助先进商业模式,将这一强大计算能力输送至终端用户手中。

云计算的基本运作原理为:让计算分布于大量分布式计算机,而非局限于本地计算机或某台远程服务器。如此一来,企业数据中心的运行模式将与互联网更为相似。企业能够依据需求,灵活将资源调配至相应应用,便捷访问计算机或存储系统。云计算具有数据安全可靠、客户端要求低、数据共享便捷以及发展空间广阔等特性。

云计算中的"云",指的是可自我维护与管理的虚拟计算资源,一般由大型服务器集群构成,涵盖计算服务器、存储服务器、宽带资源等。云计算把所有计算资源集中整合,依靠软件实现自动化管理,无需人工过多干预。云计算的核心理念在于,持续增强"云"的处理能力,从而减轻用户终端的处理负担,最终使用户终端简化为单纯的输入/输出设备,让用户能够按需享用"云"强大的计算处理能力。

目前,云计算主要有以下几大形式。

(1) 软件即服务(SAAS):此类型云计算通过浏览器,将程序交付给海量用户。对用户而言,节省了服务器购置及软件授权费用;对供应商而言,仅需维护一个程序,大幅降低成本。SAAS在人力资源管理程序及ERP中应用广泛,Google Apps和Zoho Office也是类似服务。

(2) 实用计算(Utility Computing):该形式的云计算通过构建虚拟数据中心,使服务使用者能够将内存、I/O设备、存储等各类资源汇聚成虚拟资源池,为整个网络提供服务。

(3) 网络服务:网络服务与SAAS紧密关联,通过提供API,助力开发者开发更多基于互联网的应用,而非局限于普通单机程序。

(4) 平台即服务:这是另一种SAAS形式,本质上是将开发环境作为一种服务予以提供。

(5) 管理服务提供商(MSP):MSP是较早出现的云计算应用之一,更多面向IT行业而非终端用户,常用于邮件病毒扫描、程序监控等领域。

(6) 商业服务平台:它是SAAS和MSP的混合应用,为用户与提供商之间的互动搭建平台。例如用户个人开支管理系统,可依据用户设置管理开支并协调订购的各类服务。

(7) 互联网整合:这种形式能够整合互联网上提供类似服务的公司,便于用户挑选服务供应商。

互联网的精神内涵为自由、平等与分享。云计算作为最能彰显互联网精神的计算模型之一,在不久的将来必将展现出强大活力,从多个维度改变人们的工作与生活方式。

本章小结

计算机网络系统是一种全球开放的、数字化的综合信息系统,各种网络应用系统通过在网络中对数字信息的综合采集、存储、传输、处理和利用而在全球范围把人类社会更紧密地联系起来,并以不可抗拒之势影响和冲击着人类社会政治、经济、军事和日常工作、生活的各个方面。

计算机网络系统正朝着开放和大容量的方向发展,统一协议标准和互联网结构形成了以Internet为代表的全球开放的计算机网络系统。计算机网络的这种全球开放性不仅使它要面向数十亿的全球用户,而且也将迅速增加更大量的资源,这必将引起网络系统容量需求的极大增长,从而推动计算机网络系统向广域的大容量方向发展,这里的"大容量"包括网络中大容量的高速信息传输能力、高速信息处理能力、大容量信息存储访问能力以及大容量信息采集控制的吞吐能力等,对网络系统的大容量需求又将推动网络通信体系结构、通信系统、计算机和互联技术也向高速、宽带、大容量方向发展。网络宽带、高速和大容量方向是与网络开放性方向密切联系的,现代计算机网络将是不断融入各种新信息技术、具有极大丰富资源和进一步面向全球开放的广域、宽带、高速网络。

同时,计算机网络系统还将向多媒体网络、高效和安全的网络管理、应用服务和智能网络等方向发展。现代计算机网络系统将是人工智能技术和计算机网络技术更进一步结合和融合的网络,它将使社会信息网络更有序化和更智能化。

习题与自测题

一、选择题

1. 在 TCP/IP 协议中,远程文件传输服务所使用的是(　　)协议。
   A. Telnet	B. FTP	C. HTTP	D. UDP
2. 下面哪种通信方式不属于微波远距离通信?(　　)
   A. 卫星通信	B. 光纤通信	C. 对流层散射通信	D. 地面接力通信
3. 下列中(　　)是互联网电子公告栏的缩写。
   A. FTP	B. WWW	C. BBS	D. TCP
4. 以太网的拓扑结构为(　　)。
   A. 星形	B. 环形	C. 树形	D. 总线型
5. 在构建网络时,需要使用多种网络设备,如网卡、交换机等。若要将多个独立的子网互联,如将局域网与广域网互联,应当用(　　)进行连接。
   A. 集线器	B. 路由器	C. 交换机	D. 调制解调器
6. 常用局域网有以太网、FDDI 网和交换式局域网等,下面的叙述中错误的是(　　)。
   A. 以太网采用带冲突检测的载波侦听多路访问(CSMA/CD)方法进行通信
   B. FDDI 网和以太网可以直接进行互联
   C. 交换式集线器比普通集线器具有更高的性能,它能提高整个网络的带宽
   D. FDDI 网采用光纤双环结构,具有高可靠性和数据传输的保密性
7. 以下关于网卡(包括集成网卡)的叙述中错误的是(　　)。
   A. 局域网中的每台计算机中都必须安装网卡
   B. 一台计算机中只能安装一块网卡
   C. 不同类型的局域网其网卡类型是不相同的
   D. 每一块以太网卡都有全球唯一的 MAC 地址
8. 利用有线电视系统接入互联网进行数据传输时,使用(　　)作为传输介质。
   A. 双绞线	B. 光纤—同轴混合线路
   C. 光纤	D. 同轴电缆
9. 为网络提供共享资源进行管理的计算机称为(　　)。
   A. 网卡	B. 服务器	C. 工作站	D. 网桥
10. 常用的通信有线介质包括双绞线、同轴电缆和(　　)。
    A. 微波	B. 红外线	C. 光纤	D. 激光

二、填空题

1. 局域网中常用的拓扑结构主要有星形、_____、总线型 3 种。
2. 在当前的网络系统中,由于网络覆盖面积的大小、技术条件和工作环境不同,通常分

为广域网、_____和城域网 3 种。

3. 计算机网络主要有_____、资源共享、提高计算机的可靠性和安全性、分布式处理等功能。

4. 某用户的 E-mail 地址为 zhj_liu@163.net,那么该用户邮箱所在服务器的域名多半是_____。

三、判断题

1. 电话系统的通信线路是用来传输语音的,因此它不能用来传输数据。（　　）

2. 域名为 www.hytc.edu.cn 的服务器,若对应的 IP 地址为"202.195.112.3",则通过主机名和 IP 地址都可以实现对服务器的访问。（　　）

3. IP 地址不便于人们记忆和使用,人们往往通过域名来访问互联网上的主机,一个 IP 地址可以对应于多个域名。（　　）

4. FDDI 网络采用环形拓扑结构,使用双绞线作为传输介质。（　　）

第 6 章 大数据分析

6.1 计算机信息系统

随着信息技术的发展,信息已经成为社会上各行各业的重要资源。数据是信息的载体,数据库是互相关联的数据集合。数据库能利用计算机保存和管理大量复杂的数据,快速而有效地为多个不同的用户和应用程序提供数据,帮助人们有效利用数据资源。以数据处理为研究对象的数据库技术自 20 世纪 60 年代中期产生以来,无论是在理论方面还是在应用方面都已变得相当重要和成熟,成了计算机科学的重要分支。数据库技术是计算机领域发展最快的学科之一,也是应用很广、实用性很强的一门技术。目前,数据库技术已从第一代的网状、层次数据库系统,第二代的关系数据库系统,发展到以面向对象模型为主要特征的第三代数据库系统。

计算机技术的飞速发展及其应用领域的扩大,特别是计算机网络和因特网的发展,基于计算机网络和数据库技术的管理信息系统、各类应用系统得到了突飞猛进的发展。如事务处理系统(TPS)、地理信息系统(GIS)、联机分析系统(OLAP)、决策支持系统(DSS)、企业资源计划(ERP)、客户关系管理(CRM)、数据仓库(DW)及数据挖掘(DM)等系统都是以数据库技术作为其重要支撑的。可以说,只要有计算机的地方,就在使用着数据库技术。因此,数据库技术的基本知识和基本技能正在成为信息社会人们的必备知识之一。

本章介绍数据、数据库和数据模型的基本概念、数据库系统基本原理、典型的医学数据库系统和数据库新技术。

6.1.1 信息系统的定义

信息系统是一个由人、硬件、软件、数据和通信网络等要素相互关联、协同运作,旨在收集、存储、处理、传输和提供信息,以支持组织决策、管理与业务运作的综合性人机系统。即信息系统以提供信息服务为主要目的,以数据密集和人机交互操作为特点的计算机应用系统。

从构成要素来看,人是信息系统的核心参与者,既包括系统的设计开发人员、维护管理人员，也涵盖使用系统完成工作任务的终端用户，人的需求与行为直接影响系统的功能设计与应用效果；硬件设备如服务器、计算机终端、传感器等，是信息系统运行的物理基础，承担数据存储、处理与传输的硬件支持；软件则包括操作系统、数据库管理系统、各类应用软件等，负责管理硬件资源、实现数据处理逻辑和提供用户交互界面；数据作为信息系统的"血液"，是对客观事物记录下来的、可以鉴别的符号，经过处理后转化为有价值的信息；通信网络则搭建起数据传输的桥梁，无论是局域网内的设备互联，还是广域网实现跨地域数据交互，都依赖通信网络保障信息的快速、稳定传递。

信息系统的功能体现在多个层面。其一，数据处理功能，能够对海量数据进行高效采集、清洗、转换和存储，将原始数据转化为符合需求的格式；其二，信息管理功能，通过建立数据模型和组织架构，实现对信息的分类、检索与维护，确保数据的准确性、完整性和安全性；其三，决策支持功能，利用数据分析、数据挖掘等技术，对数据进行深度分析，为管理者提供决策依据，例如市场趋势预测、风险评估等；其四，业务协同功能，打破组织内部部门壁垒，实现业务流程的自动化与标准化，促进各环节高效协作，如企业资源计划（ERP）系统整合采购、生产、销售等业务流程。

从发展历程来看，信息系统经历了从早期的电子数据处理系统（EDPS），到管理信息系统（MIS）、决策支持系统（DSS），再到如今的智能信息系统、云计算与大数据驱动的信息系统等阶段。早期的 EDPS 主要用于处理重复性的日常业务数据，如会计记账、工资计算；MIS 在此基础上，通过汇总和分析数据，为管理层提供定期的报表；DSS 则引入模型库和知识库，支持半结构化和非结构化决策；而随着物联网、人工智能等新兴技术的发展，现代信息系统具备更强的感知能力、分析能力和智能交互能力，能够主动发现问题、提供解决方案。

在实际应用中，信息系统广泛存在于各个领域。在企业中，客户关系管理系统（CRM）帮助企业管理客户信息、跟踪销售线索、提升客户满意度；在医疗行业，电子病历系统（EMR）实现患者医疗信息的电子化存储与共享，提高诊疗效率与准确性；在教育领域，在线学习平台作为信息系统的一种形式，打破时空限制，为学习者提供丰富的学习资源与个性化学习体验。

信息系统的重要性不仅体现在提高组织运营效率、降低成本，更在于其能够推动组织变革与创新。通过信息系统，组织可以优化业务流程、重塑商业模式，实现数字化转型，从而在激烈的市场竞争中获得优势。

6.1.2 信息系统的特点

信息系统作为现代社会数字化运作的核心支撑，具有数据量大、持久性、共享性以及多功能信息服务四大显著特点，这些特性贯穿信息系统全生命周期，深刻影响着组织的运营与发展。

（1）数据量大。海量信息，数据密集型。

数字化时代，信息系统需要处理和管理海量信息。这些数据来源广泛，涵盖结构化的数据库记录、半结构化的日志文件，以及非结构化的文本、图片和视频等。例如，电商平台每日产生的用户交易记录、浏览行为数据可达数百万条；社交网络平台更是每秒都在新增大量的用户发帖、评论数据。如此庞大的数据规模，要求信息系统具备强大的存储和处理能力，以满足数据管理和分析需求。

(2) 持久性。

数据不随程序运行的结束而消失,永久保存在硬盘或光盘等辅助存储器中,而非内存储器中。

与临时存储在内存储器(如内存)的数据不同,信息系统中的数据会被永久保存在硬盘、光盘、固态硬盘等辅助存储器中。例如,企业的财务信息系统会长期保存历年的财务报表、账目明细等数据,用于年度审计和财务分析;医院的电子病历系统也会持续存储患者的诊疗记录,方便医生追踪病情发展。这种持久性确保了数据的长期可利用性和可追溯性。

(3) 共享性。

数据为许多应用程序或用户共享。

一般来说在企业内部,客户关系管理系统、销售系统和财务系统可以共享客户的基础信息,避免数据的重复录入和不一致问题。通过数据库管理系统的权限控制机制,不同用户或部门可以根据实际需求,获取相应的数据访问权限。例如,销售部门可以查看客户的联系方式和购买记录,财务部门则能够获取客户的付款信息,在保障数据安全的同时实现高效共享。

(4) 提供多种信息服务。

信息系统能够提供多样化的信息服务,涵盖信息检索、统计报表、数据分析、控制、预测和决策等多个方面。信息检索功能支持用户通过关键词、条件筛选等方式快速查找所需数据,如图书馆管理系统帮助读者检索书籍信息;统计报表功能将复杂的数据转化为直观的图表和表格,便于用户掌握数据特征;数据分析功能则利用数据挖掘技术揭示数据背后的规律,为业务优化提供依据;而控制、预测和决策功能,更是通过对数据的深度分析,帮助管理者进行科学决策。例如,交通信息系统通过分析实时交通数据,调控信号灯时长缓解拥堵,实现对交通流量的智能控制。

6.1.3 信息系统的层次

如图 6-1 所示,信息系统的架构可划分为 3 个核心层次,并依托一个支撑层协同运作,各部分既各司其职,又相互配合,共同保障系统的稳定运行与功能实现。

(1) 资源管理层。

作为信息系统的数据基石,资源管理层整合了各类数据信息,同时构建起信息全生命周期管理的技术体系。该层涵盖结构化的业务数据、半结构化的日志文件,以及非结构化的文档、图片等多元数据类型。

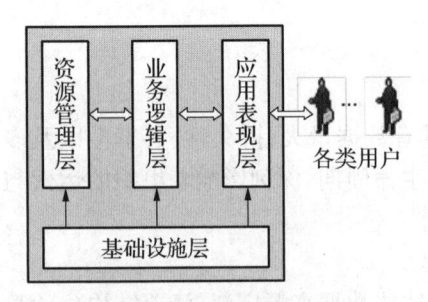

图 6-1 信息系统三层结构

为实现数据的高效采集、安全存储、稳定传输及便捷存取,资源管理层部署了一系列关键系统:数据库作为数据存储的核心载体,用于结构化数据的持久化存储,如企业客户信息、订单记录等;数据库管理系统(DBMS)则充当数据管理者角色,通过 SQL 语言实现数据的增删改查、权限分配及事务管理;目录服务系统则以树形结构组织和管理网络资源信息,例如在企业局域网中,用于统一管理用户账号、权限及设备访问信息,保障数据资源的有序调用与安全访问。

(2) 业务逻辑层。

业务逻辑层是信息系统的"智慧中枢",由一系列实现业务功能、流程、规则与策略的程序代码组成。这些代码依据业务需求,将抽象的业务规则转化为计算机可执行的逻辑指令。例如,在电商系统中,业务逻辑层包含订单处理逻辑,从用户提交订单、库存扣减、支付结算到物流信息更新的完整流程,均通过程序代码实现;在银行信贷审批系统中,业务逻辑层依据预设的风控规则和评分模型,对客户提交的贷款申请进行自动化评估与决策。该层通过模块化设计,确保业务功能的可扩展性和维护性,当业务规则发生变化时,仅需调整相应模块代码即可实现系统功能的迭代。

(3) 应用表现层。

应用表现层承担着连接用户与系统核心功能的桥梁作用,通过人机交互界面将业务逻辑处理结果与底层数据资源以直观、友好的形式呈现给用户。它综合运用图形界面设计、交互技术及可视化工具,将复杂的业务数据转化为易于理解的图表、报表或操作界面。例如,企业管理系统的应用表现层以仪表盘形式展示销售业绩、库存状态等关键指标;在线学习平台通过图文结合、视频播放等形式呈现课程内容;移动支付 APP 通过简洁的操作界面实现用户与支付业务逻辑的交互,提升用户操作体验与系统易用性。

(4) 基础设施层。

作为信息系统运行的根基,基础设施层为上述 3 层提供全方位的支撑服务,涵盖硬件设备、软件环境及网络通信等关键要素。硬件层面,包括服务器、存储设备、终端计算机、传感器等,为系统提供计算、存储和数据采集能力;软件环境则包含操作系统、虚拟化平台、中间件等,保障上层应用的稳定运行;网络环境搭建起数据传输的通道,从局域网内的设备互联到广域网的远程数据交互,均依赖网络实现。例如,云计算基础设施通过虚拟化技术动态分配计算资源,支撑业务高峰时期的系统负载;5G 网络的高速传输特性,则为实时性要求高的应用(如远程医疗、自动驾驶)提供可靠的网络保障。

6.2 数据库系统

6.2.1 数据管理系统的概念与技术发展

数据库系统(Database System,DBS)是由数据库(Database,DB)和数据库管理系统(Database Management System,DBMS)所组成的。其中数据库是长期存储在计算机内、有组织、可共享的数据集合。数据在数据库内必须按一定的方式(称为数据模型)进行组织、描述和存储。一个良好的数据组织应具有较小的冗余度,较高的数据独立性和易扩展性,并能被多个用户同时共享。

信息和数据的概念在计算机信息处理中既有区别又有联系。通过采集和输入信息,将信息以数据的形式存储到计算机系统,并对数据进行编辑、加工、分析、计算、解释、推论、转换、合并等操作,最终向人们提供多种多样的信息服务。随着计算机技术的发展,以及数据处理量的增长,数据管理技术也在不断地发展。如表 6-1 所示,根据提供的数据独立性、数据共享性、数据完整性、数据存取等水平的高低,计算机数据管理技术的发展可以分为 3 个阶段:

表 6-1 数据技术发展的 3 个阶段

	特点	注释
人工管理阶段	数据依附应用程序,数据独立性差,数据不能共享	工程师直接操纵数据,指令和数据由工程师来区分,想象一下机器语言和汇编语言。十六进制数是二进制数的助记符,汇编语言是机器语言的助记符
文件管理阶段	数据以独立于应用程序的文件来存储,实现了一定限度内的数据共享 数据独立性差、数据冗余度大、数据处理效率低、数据安全性、完整性得不到控制,数据是孤立的	也叫文件系统阶段,数据可以以文件形式长期存储在辅助存储器中;程序与数据之间具有相对的独立性,即数据不再属于某个特定的应用程序,可以重复使用;数据文件组织已呈多样化,有索引文件、连接文件、直接存取文件等。但是由于文件的结构多样,数据冗余比较大,不利于统一管理
数据库管理阶段	采用数据模型表示复杂的数据结构。数据模型不仅描述数据本身的特征,还要描述数据之间的联系 数据结构化,数据独立性强、冗余度小、安全可靠,数据共享,数据统一管理和控制	数据不再面向特定的某个应用,而是面向整个应用系统,且数据冗余明显减少(不能为零),可实现数据共享。有较高的数据独立性 数据的结构分为逻辑结构(二维表)与物理结构/存储结构(数据库文件),用户以简单的逻辑结构操作数据,而无需考虑数据的物理结构 数据库技术是当今信息技术中应用最广泛的技术之一

6.2.2 数据库系统的组成

数据库系统(Database System,DBS)是指引入数据库技术后的计算机系统,它通过科学的组织与管理方式,实现对大量数据的高效存储、检索和处理,是现代信息系统的核心组成部分。

1. 数据库系统的组成

从系统构成来看,数据库系统主要由数据库(Database,DB)、数据库管理系统(Database Management System,DBMS)和数据库管理员(Database Administrator,DBA)3 部分组成,如图 6-2 所示。

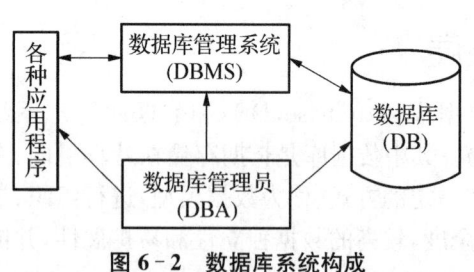

图 6-2 数据库系统构成

(1) 数据库(Database,DB)是长期存储在计算机内、有组织、可共享的数据集合。数据在数据库内必须按一定的方式(称为数据模型)进行组织、描述和存储。一个良好的数据组织应具有较小的冗余度,较高的数据独立性和易扩展性,并能被多个用户同时共享。

(2) 数据库管理系统(Database Management System,DBMS)是用于建立、使用和维护数据库的系统软件。整个数据库的建立、运用和维护由数据库管理系统统一管理、统一控制,以保证数据库的安全性和完整性。用户通过 DBMS 访问数据库中的数据,能方便地定义数据和操纵数据,并保证数据的安全性、完整性、多用户对数据的并发使用及发生故障后的数据恢复。

(3) 数据库管理员(DBA)：解决系统设计、运行中出现的问题，并对数据库进行有效管理和控制的专门机构(或人员)。数据库管理员也通过 DBMS 进行数据库的维护工作。

2. 数据库系统的特点

数据库作为现代信息系统的核心组成部分，具有一系列鲜明的特点，这些特性使其在数据管理领域中发挥着不可替代的作用。

(1) 数据结构化。

数据库中的数据并非孤立、零散地存放，而是依据特定的规则和模型进行组织，全面描述数据本身及其相互之间的联系。以关系型数据库为例，数据以二维表的形式存储，表中的每一列代表一种数据属性，每一行则对应一条完整的记录。例如，在学生信息管理数据库中，"学生表"包含学号、姓名、性别、年龄等列，一条记录对应一名学生的各项信息；同时，通过外键关联"课程表""成绩表"，清晰展现学生与课程、成绩之间的关系。这种结构化的数据组织方式，不仅便于数据的存储和查询，还能支持复杂的数据操作与分析，为用户提供系统化的数据视图。

(2) 数据共享性高，冗余度低(无法实现零冗余)。

数据库允许多个用户、多个应用程序同时访问和使用相同的数据，极大地提高了数据的共享程度。在企业环境中，销售部门、财务部门、市场部门均可从同一数据库获取客户相关数据，用于不同的业务需求。同时，数据库通过合理的设计和规范化处理，尽可能减少数据冗余。例如，避免在多个地方重复存储相同的客户地址信息，而是通过唯一标识关联相关数据。然而，由于实际业务需求的复杂性，完全消除数据冗余往往难以实现。例如，为了提升查询效率，在某些场景下可能会保留部分冗余数据，以减少多表连接带来的性能损耗。

(3) 数据独立于程序。

数据独立性是数据库的重要特性，分为物理独立性和逻辑独立性。物理独立性指当数据的物理存储结构(如存储位置、存储方式)发生变化时，应用程序无需修改仍可正常运行，这得益于数据库管理系统在物理层与逻辑层之间的映射机制；逻辑独立性则是指数据库逻辑结构(如表结构、数据关系)的改变，不会影响应用程序对数据的访问，通过调整外模式与模式之间的映射即可实现。

数据库由专门的数据库管理系统(DBMS)进行统一管理和控制，涵盖数据的定义、操纵、安全保护、完整性约束等多个方面。DBMS 通过权限设置限制用户对数据的访问操作，确保数据安全；利用约束条件保证数据的准确性和一致性。

数据库系统具备良好的灵活性和扩展性，能够适应业务需求的变化。通过增加新的数据表、字段，修改数据关系等操作，即可轻松扩充系统功能。例如，企业拓展新业务时，可在原有数据库基础上快速添加相关的数据表和逻辑。

此外，数据库提供丰富且友好的用户接口，用户既可以通过 SQL 语言直接操作数据库，实现复杂的数据查询和管理；也能借助图形化工具，如数据库管理软件的可视化界面，以直观便捷的方式完成数据操作，降低使用门槛，满足不同用户群体的需求。

3. 数据库系统的三级体系结构

如图 6-3 所示，为了实现数据库的独立性，便于数据库的设计和实现，数据库系统的结构被定义为三级模式结构：

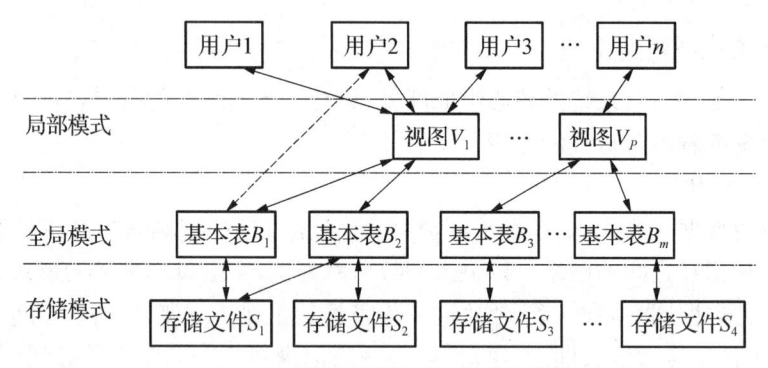

图 6-3 数据库系统的三级体系结构

（1）局部模式，又称外模式，是用户与数据库系统交互的直接接口，代表了用户可见的数据视图。它面向特定的用户群体或应用程序，根据不同的业务需求，从全局模式中筛选、重组数据。例如，在企业的客户管理系统中，销售部门的局部模式可能仅展示客户的联系方式、购买历史等信息，方便销售人员跟进业务；而财务部门的局部模式则聚焦于客户的信用额度、付款记录等数据，用于财务核算。局部模式通过视图（View）机制实现，视图本质上是基于一个或多个基本表的虚拟表，它对用户屏蔽了底层数据的复杂性，同时提供了个性化的数据访问权限控制，保障数据安全。

（2）全局模式，也称为模式，是对数据库中全体数据的逻辑结构和特征的完整描述。它定义了数据库的基本组成，包括数据的实体、属性、实体间的关系，以及数据完整性约束等规则，是数据库的核心架构。以学校教务管理数据库为例，全局模式涵盖学生表、课程表、教师表等基本表结构，明确规定各表字段的数据类型（如学生表中学号为字符型、年龄为整型）、主键与外键关系（如学生表与成绩表通过学号建立关联），并设置数据约束条件（如年龄必须为正整数）。全局模式独立于具体的应用程序和物理存储，为整个数据库系统提供统一的数据逻辑视图，确保数据的一致性和规范性。

（3）存储模式，即内模式，描述了数据在存储介质（如硬盘、固态硬盘）上的物理组织方式。它关注数据的实际存储结构、存储位置、存储分配策略等底层细节。例如，存储模式决定数据是以顺序文件、索引文件还是散列文件的形式存储，以及数据块的大小设置、磁盘空间的分配方式等。在实际应用中，若数据库系统对查询性能要求较高，存储模式可能会采用索引结构加速数据检索；若存储成本是首要考虑因素，则可能选择压缩存储技术优化空间利用率。存储模式与全局模式通过模式/内模式映射进行关联，这种映射机制使得当数据的物理存储方式发生变化时（如更换存储设备、调整存储结构），只要模式/内模式映射关系保持不变，全局模式和应用程序就无需修改，从而实现数据的物理独立性。

三级模式结构通过两级映射（外模式/模式映射、模式/内模式映射）相互关联，既实现了数据的逻辑独立性与物理独立性，又为数据库的管理和维护提供了便利。当业务需求变化需要调整数据逻辑结构时，可通过修改外模式/模式映射，在不影响应用程序的前提下更新局部视图;而存储设备升级或存储策略调整时,只需变更模式/内模式映射,即可保障系统的稳定运行。这种分层架构设计是数据库系统能够高效、灵活应对复杂数据管理需求的关键所在。

4. 数据库访问的模式

数据库访问模式是用户或应用程序与数据库进行交互、获取数据的方式,其设计与实现直接影响数据处理的效率、安全性及系统性能。具体如表6-2所示。

表6-2　两种数据库访问方式的对比

C/S模式	应用表现层	业务逻辑层	资源管理层
客户机 ⇅ 数据库服务器（查询SQL语句／查询结果：男学生选课表）	客户机(图形界面GUI和具体软件都是安装在客户机上的)		数据库服务器
	客户机中的应用程序通过网络,向数据库服务器发送查询请求,并通过网络,得到服务器执行查询后返回的结果 特点:客户机较少、应用程序相对稳定。客户机上可放置各自的应用程序,互不影响		
B/S三层模式	应用表现层	业务逻辑层	资源管理层
浏览器 ⇅ Web服务器／应用服务器 ⇅ 数据库服务器（网页请求／页面响应；查询SQL语句／查询结果：男学生选课表）	浏览器(基本上只有展示功能没有数据处理能力)	Web服务器和应用服务器	数据库服务器,接受业务逻辑层(应用服务器)发送的SQL,返回结果数据
	Web服务器完成向浏览器转发网页数据的工作 应用服务器中完成数据库的访问并依据动态数据的生成网页,再由Web服务器将网页结果返回给浏览器		
	业务逻辑层(应用服务器)可以通过ODBC或者JDBC来访问一个或多个不同的数据库服务器。这些数据库可以安装在不同的在网主机上。形象点说:Web服务器负责组装Web页,应用服务器负责提供零件,数据库服务器负责提供原料		
	重点:要显示动态网页、主动网页必须使用B/S三层模式		

6.2.3　数据库的设计和数据的抽象

1. 数据库设计

数据库设计是构建高效、可靠数据库系统的关键过程,其核心在于将现实世界的业务需求转化为合理的数据模型与存储结构。数据库设计通常遵循以下步骤:

(1)需求分析。

需求分析是数据库设计的起点,旨在全面、准确地了解用户需求。设计者需与用户、业务人员深入沟通,收集和分析数据处理的功能需求、性能需求及约束条件。例如,在设计企业销售数据库时,需明确记录哪些销售信息(如订单号、产品名称、销售数量、客户信息等),数据更新频率如何,对查询响应时间有何要求等。同时,通过绘制数据流图、编写数据字典等方式,详细描述数据的来源、流向、处理过程及数据元素的定义,为后续设计提供清晰依据。

(2) 概念结构设计。

此阶段主要将需求分析得到的用户需求抽象为概念模型,最常用的工具是实体—联系(E-R)模型。通过识别现实世界中的实体(如客户、产品、订单)、实体的属性(如客户的姓名、地址,产品的价格、规格)以及实体间的联系(如客户与订单的"下单"关系,产品与订单的"包含"关系),绘制 E-R 图。概念结构设计独立于具体的数据库管理系统,着重反映数据的语义和逻辑关系,构建出符合用户需求的、易于理解的全局数据视图。

(3) 逻辑结构设计。

逻辑结构设计是将概念模型转换为具体数据库管理系统支持的数据模型,如关系模型。以关系模型为例,需将 E-R 图中的实体、联系转换为对应的关系表,确定表的结构(字段名称、数据类型、主键、外键等)。例如,将"客户"实体转换为"客户表",包含客户 ID(主键)、姓名、联系方式等字段;将"订单"实体转换为"订单表",包含订单 ID(主键)、客户 ID(外键,关联客户表)、下单日期等字段。同时,运用规范化理论消除数据冗余,确保数据的完整性和一致性。

(4) 物理结构设计。

物理结构设计关注数据在存储设备上的具体实现方式。根据数据库管理系统的特点和性能要求,选择合适的存储介质、数据文件组织形式(如顺序文件、索引文件)和存储路径。例如,对于频繁查询的表,可建立索引以提高查询效率;对于数据量大的表,可采用分区存储技术优化存储和查询性能。此外,还需考虑数据的存储分配、块大小设置等细节,平衡存储效率与访问速度,提升数据库整体性能。

数据库设计一般采用"自顶向下、逐步求精"的设计原则。它强调从整体到局部、从抽象到具体的设计思路,有助于构建逻辑清晰、结构合理的数据库系统。

"自顶向下"要求设计者在数据库设计初期,先从宏观层面把握系统的整体需求与架构,将整个数据库系统视为一个整体,分析其核心功能与关键数据流程,而不陷入具体的数据结构和细节之中。例如,在设计一个医院信息管理数据库时,首先确定系统需要涵盖患者管理、诊疗管理、药品管理等核心功能模块,明确各模块之间的数据交互关系,如患者信息如何在挂号、诊断、取药等环节流转。通过绘制系统的顶层数据流图或架构图,以直观的方式呈现系统的整体轮廓,为后续设计奠定基础。

"逐步求精"则是在完成顶层设计后,沿着自顶向下的路径,对系统的各个部分进行逐步细化。以医院信息管理数据库为例,在确定核心功能模块后,进一步细化每个模块的具体功能和数据需求。如在患者管理模块中,详细分析需要记录患者的哪些信息,包括基本身份信息(姓名、性别、年龄等)、病历信息(就诊记录、检查报告等);在诊疗管理模块中,明确医生诊断过程中涉及的数据,如诊断结果、处方信息等。随着设计的推进,逐步将抽象的功能需求转化为具体的数据结构和操作流程,从概念模型(如 E-R 图)逐步过渡到逻辑模型(关系表结构),再到物理模型(存储结构设计),每一步都在之前的基础上增加更多细节,不断完善设计方案。

2. 数据的抽象

数据的抽象过程本质上是信息的转化过程,它将现实世界中纷繁复杂的客观事物,逐步提炼并转换为数据库管理系统（DBMS）能够处理和存储的数据，这一过程主要分为 3 个有序的阶段，如图 6-4 所示，每个阶段都承载着特定的抽象与转换任务。

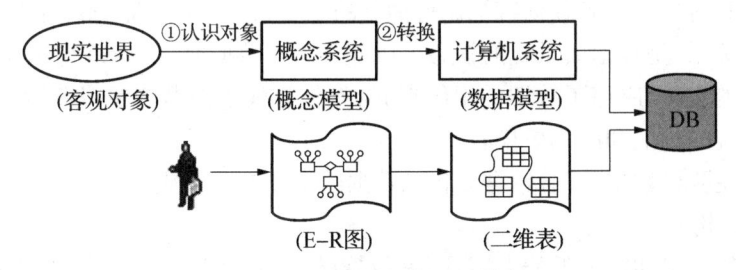

图 6-4　数据模型的三层抽象

第一阶段：从现实世界到信息世界。

现实世界是人们所感知的客观存在，包含了各类具体事物及其相互关系。在这一阶段，设计者需对现实世界中的事物进行认知与分析，筛选出与目标数据库相关的对象，将其抽象为信息世界中的实体。

实体是对现实世界中具有相同特征或属性的一类事物的抽象描述，例如在设计图书馆管理数据库时，现实世界中的每一本图书、每一位读者，都可抽象为信息世界中的"图书"实体和"读者"实体。同时，实体具有属性，用于描述实体的特征，如"图书"实体具有书名、作者、出版年份等属性，"读者"实体具有姓名、借阅证号、联系方式等属性。此外，实体之间存在联系，如"读者"实体与"图书"实体之间存在"借阅"联系。这一阶段通常采用实体-联系（E-R）模型进行表达，通过绘制 E-R 图，直观展现实体、属性及其联系，从而构建出信息世界的概念模型。

第二阶段：从信息世界到数据世界。

信息世界中的概念模型虽已对现实事物进行了初步抽象，但仍无法直接被 DBMS 处理。因此，需要将信息世界中的实体、属性和联系进一步转换为 DBMS 支持的数据模型，进入数据世界。例如，"图书"实体转换为"图书表"，包含"图书 ID"（主键）、"书名""作者"等字段；"读者"实体转换为"读者表"，包含"读者 ID"（主键）、"姓名"等字段，而"借阅"联系可通过在"借阅记录表"中设置"图书 ID"和"读者 ID"作为外键，关联"图书表"和"读者表"来体现。

第三阶段：数据在 DBMS 中的存储与管理。

当数据进入数据世界后，DBMS 将依据具体的存储策略和物理结构，对数据进行存储与管理。DBMS 会根据数据的特点和使用需求，选择合适的存储介质（如硬盘、固态硬盘）、确定数据文件的组织形式（顺序文件、索引文件等），并建立索引、优化存储布局，以提升数据的存储效率和访问性能。例如，对于经常用于查询的字段建立索引，能够加速数据检索；采用分区存储技术，可提高大数据量下的存储和查询效率。同时，DBMS 还提供数据定义、操纵、控制等功能，保障数据的安全性、完整性和并发访问控制，使得数据能够在数据库系统中稳定、高效地服务于各类应用程序和用户需求。

数据抽象的 3 个阶段层层递进，通过逐步提炼和转换，实现了从现实世界到数字世界的跨越，为数据库系统准确、高效地存储和处理数据奠定了基础。这一过程不仅体现了数据库设计的核心思想，也是构建可靠数据库应用的关键环节。

6.2.4 数据模型

数据模型是对现实世界数据特征进行抽象的工具，它以一种规范化、结构化的方式描述数据及其相互关系，是数据库系统的核心组成部分。在数据库设计与管理中，数据模型如同构建数据大厦的蓝图，决定了数据的组织形式、操作方式以及数据的完整性和一致性，直接影响数据库系统的性能和应用效果。

数据模型主要由数据结构、数据操作和数据约束3部分组成：

(1) 数据结构。

数据结构用于描述数据的静态特征，是数据模型的基础。它定义了数据的类型、内容、性质以及数据之间的联系。在关系型数据模型中，数据结构以二维表格的形式呈现，表中的每一列代表一个数据属性（如学生表中的"学号"、"姓名"、"年龄"），每一行对应一条记录（即一个学生的具体信息）。不同的表之间可以通过主键和外键建立关联，例如"学生表"和"成绩表"通过"学号"建立联系，从而描述学生与其成绩之间的关系。除了关系型数据结构，常见的还有层次型、网状型等数据结构，它们各自适用于不同的应用场景，如层次型数据结构适合描述具有树形层次关系的数据，像企业的部门组织结构。

(2) 数据操作。

数据操作指对数据库中各种对象（型）的实例（值）允许执行的操作集合，包括查询、插入、删除、修改等基本操作。这些操作定义了用户如何与数据进行交互，实现对数据的增删改查。例如，在关系型数据库中，用户可以使用 SQL 语言的 SELECT 语句进行数据查询，INSERT 语句插入新数据，UPDATE 语句修改已有数据，DELETE 语句删除数据。数据操作不仅提供了访问和处理数据的手段，还需要考虑操作的效率和性能，例如优化查询语句以减少数据检索时间，确保在大量数据环境下系统仍能快速响应。

(3) 数据约束。

数据约束用于保证数据的完整性、一致性和安全性，是对数据操作的限制规则。常见的数据约束包括实体完整性约束、参照完整性约束和用户定义的完整性约束。实体完整性约束要求表中的主键值不能为空且唯一，确保每个记录的唯一性，如"学生表"中的"学号"作为主键，不能出现重复或空缺；参照完整性约束用于维护表与表之间数据的一致性，当一个表中的外键关联到另一个表的主键时，外键的值必须是对应主键中已存在的值，或者为空（在特定条件下）；用户定义的完整性约束则根据具体应用需求，由用户自行设定数据的取值范围、格式等规则，例如规定"学生表"中的"年龄"字段必须是大于0且小于120的整数。通过这些约束条件，有效防止非法或无效数据的插入、修改，保障数据库中数据的质量和可靠性。

根据适用对象的不同，数据模型可以分为两类：

(1) 面向客观世界、面向用户的称为概念数据模型（简称"概念模型"），这类数据模型描述用户和设计者都能理解的信息结构，强调其表达能力和易理解性，如 E-R 模型。

(2) 面向数据库管理系统的，用以刻画实体在数据库中的存储形式，称为逻辑数据模型（简称"数据模型"），如层次模型、网状模型、关系模型、面向对象模型。

1. 概念数据模型

概念模型是从用户的观点和视角对数据建模，是对现实世界的第一层抽象，是用户和数据库设计人员之间的交流工具。长期以来,在数据库设计中广泛使用的概念模型当属"实体—联系"模型(Entity-Relationship Model,简称 E-R 模型)。

(1) E-R 模型。

实体—联系方法(Entity-Relationship,E-R)中包含 3 部分内容:

① 实体。实体(Entity)是客观存在、可以互相区别的事物。实体可以是具体的对象(例如一位学生、一本书),也可以是抽象的对象(例如一次考试、一场比赛)。

② 属性。对事物特征的抽象和描述,每个属性都有各自对应的数据类型和取值范围(值域)。能够唯一标识实体的属性或者属性组(不止一个)称为是实体主键。例如:学号,身份证号。

③ 联系。联系(Relationship)是实体集之间关系的抽象表示。分为:一对一关系(1∶1)、一对多关系(1∶n)、多对多关系(m∶n)。

(2) E-R 图。

如图 6-5 所示即为 E-R 图,它是描述现实世界关系概念模型的有效方法。是表示概念关系模型的一种方式。用"矩形框"表示实体型,矩形框内写明实体名称;用"椭圆框"表示实体的属性,并用"实心线段"将其与相应关系的"实体型"连接起来;用"菱形框"表示实体型之间的联系成因,在菱形框内写明联系名,并用"实心线段"分别与有关实体型连接起来,同时在"实心线段"旁标上联系的类型(1∶1,1∶n 或 m∶n)。E-R 图各部分整理如下:

① 矩形框——实体集;

② 菱形框——联系;

③ 椭圆(圆形)——属性;

④ 加斜杠线属性——主键。

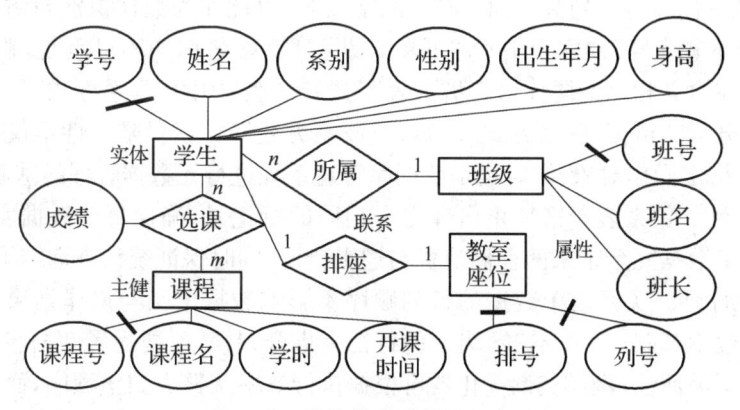

图 6-5　学籍管理系统的 E-R 图

由于建模的最终目的是按计算机系统所支持的数据模型来组织数据,所以我们还需要进一步抽象将概念模型表述的数据转化为数据模型,这个转化的过程就叫做逻辑数据模型。

2. 关系模型

(1) 关系模式与关系模型。

关系模型是一种基于数学理论的数据模型,以二维表格的形式组织和表示数据,是目前应用最为广泛的数据模型。关系模型由数据结构、数据操作和数据完整性约束 3 部分构成。

在数据结构方面,关系模型中的数据被组织成若干个关系表,每个表代表一个实体集,表中的每一行对应一个实体(元组、记录),每一列对应实体的一个属性(字段)。例如,"学生表"包含学号、姓名、年龄等列,每一行记录一个学生的具体信息。由于数据库的数据不断变化,所以关系是动态的。

关系模式是对关系的描述,用于定义关系表的结构,是关系模型在具体应用中的体现。它通常表示为关系名(属性1,属性2,…,属性n),数学表达式可以写成"$R(A_1, A_2, \cdots A_i, \cdots, A_n)$"。其中 R 为关系模式名(二维表名),$A_i(1 \leqslant i \leqslant n)$ 是属性名。

关系模式明确了关系表中包含哪些属性、属性的数据类型以及属性之间的约束关系等信息。与关系模型相比,关系模式更侧重于静态的结构定义。

例如, C (CNO, CNAME, LHOUR, SEMESTER)。其中表名是 C;属性有 CNO、CNAME 等;关键字是属性 CNO。

注意:关系模式本质上代表了数据的组织方式。且并不是每个符合语法的元组都能成为关系 R 的元组,它还要受到语义的限制;数据的语义不但会限制属性的值,而且还会制约属性间的关系。

(2) 关系数据模型的性质。

关系数据模型作为现代数据库管理的核心理论基础,其五大性质构成了数据规范化与高效操作的基石,各性质相互关联,共同保障数据的一致性、完整性与可操作性。

① 同域性。关系表中的每一列数据均源自同一数据域,即列内数据具有相同的数据类型与取值范围。例如在"员工信息表"中,"年龄"列的数据类型统一为整数,取值范围通常设定为符合人类年龄的合理区间(如 18~65 岁)。这种同域性确保了数据的一致性,使得基于列的计算、排序与筛选操作具备逻辑合理性。

② 字段唯一性。每一列必须拥有唯一的字段名,以此作为数据识别与访问的标识。在"订单表"中,"订单编号"、"客户 ID"、"下单日期"等字段名称均不可重复,避免数据混淆。即使不同表存在含义相似的属性(如"员工表"与"客户表"中的"联系方式"),也需通过表名前缀或别名区分(如"员工_联系方式"、"客户_联系方式")。字段唯一性不仅方便用户通过 SQL 语句精确指定操作对象,同时也是数据库管理系统进行元数据管理的基础。

③ 行唯一性。关系表严格禁止出现完全相同的行记录,确保每个数据实例的独立性。这一性质避免了数据冗余带来的存储浪费与逻辑错误,同时保证统计查询结果的准确性。

④ 行列无序性。关系表中数据的行列顺序不影响数据语义与操作结果。这种特性源于关系模型的数学基础——集合论,表中的行视为集合元素,列视为属性描述。无序性为数据库优化提供了灵活性,例如查询优化器可根据执行效率调整表扫描顺序,而无需担心改变数据逻辑。

⑤ 原子性。关系模式中的属性必须是不可再分的基本数据项,即每个单元格只能存储单一值,不能包含集合或嵌套结构。例如"员工地址"属性应拆分为"省""市""区"等独立字段,而非存储完整地址字符串。原子性确保数据结构的规范化,便于实现高效的查询过滤与聚合操作。

(3) 关键字。

关键字(Key)是数据库中用于唯一标识表中记录或建立表间关联的一个或多个属性(字段),它在数据管理与操作中起着至关重要的作用,是确保数据完整性和实现高效数据检索的核心要素。

从功能和特性角度,关键字主要分为以下几类:

① 超关键字。二维表中能唯一标识一条记录的一列属性或几列属性组被称为"超关键字"(Super Key)。显然,二维表的全体字段必然构成它的一个超关键字。超关键字虽然能唯一标识一条记录,但是它所包含的属性列可能有多余的。一般希望用最少的属性列来唯一确定记录。如果是用单一的属性列构成关键字,则称其为"单一关键字(Single Key)";如果是用两个或两个以上的属性列构成关键字,则称其为"合成关键字(Composite Key)"。注意:只要能唯一标示就是超关键字;一个关系中可以有多个超关键字;超关键字的属性组中可以有多余属性。

② 候选关键字。如果一个超关键字,去掉其中任何一个属性列后不再能唯一标识一条记录,则称它为候选关键字(Candidate Key)。注意:候选关键字没有多余的属性;一个关系中可以有多个候选关键字。

③ 主关键字。从二维表的候选关键字中,选出一个可作为主关键字(Primary Key)。注意,主关键字只有一个,其他方面的性质和候选关键字相同。

注意以上三者的递进定义关系。

④ 外部关键字。当一个二维表(A 表)的主关键字被包含到另一个二维表(B 表)中时,它就称为 B 表的外部关键字(Foreign Key)。例如,在学生表中,"学号"是主关键字,而在成绩表中,"学号"便成了外部关键字。外部关键字一定是对应主表的主关键字的。

(4) 索引。

索引是对数据表中一列或多列的值进行排序后再组织的一种结构,使用索引可快速访问数据库表中的特定信息。特别注意:索引的目的是排序,关键字的作用是唯一标示和连接。

将关键字和索引结合起来就有了主索引(对应主关键字),候选索引(对应候选关键字),普通索引(有可能有重复,不对应关键字,单纯为了排序),唯一索引(普通索引把重复的去掉只保留一个,和关键字已经没关系了,只是排序)。

(5) 关系操作和关系运算。

关系运算有两类:

一类是传统的集合运算(并、差、交等);另一类是专门的关系运算(选择、投影、连接)。对参与这些运算的关系模式是有要求和条件的:比如进行并、差、交运算的两个关系必须具有相同的关系模式,即两个关系的关系模式相容。

① 传统的集合操作。

并:R∪S,生成的新关系的元组由属于 R 的元组和属于 S 的元组共同组成。

差:R-S,生成的新关系,其元组由属于 R,但不属于 S 的元组组成。

交:R∩S,生成的新关系,其元组由既属于 R 又属于 S 的元组组成。

② 专门的关系运算(选择、投影、连接)。

选择:从关系中选择满足条件的元组组成一个新关系。如图 6-6 所示。

投影:从关系的属性中选择属性列,由这些属性列组成一个新关系。如图 6-7 所示。

连接:从关系 R 和 S 的广义笛卡尔积中选取共有属性值之间满足某一运算的元组,(特殊的等值连接,满足主关键字与外关键子数值相等的条件,即为自然连接)要求两个关系中进行比较的属性必须是相同的属性列,并且在结果中把重名的属性列去掉。这种连接一般都是主关键字对应外关键字,取值是笛卡尔积的子集,满足主关键字、外关键字取值相同这个条件。如图 6-8 所示。

SNO	SNAME	DEPART	SEX	BDATE	HEIGHT
A041	周光明	自动控制	男	2006.8.10	1.7
C005	张雷	计算机	男	2007.6.30	1.75
C008	王宁	计算机	女	2006.8.20	1.62
M039	李媛媛	应用数学	女	2008.10.20	1.65
R098	钱欣	管理工程	男	2006.5.16	1.8

→ 选择 →

SNO	SNAME	DEPART	SEX	BDATE	HEIGHT
A041	周光明	自动控制	男	2006.8.10	1.7
C005	张雷	计算机	男	2007.6.30	1.75
R098	钱欣	管理工程	男	2006.5.16	1.8

图 6-6　选择操作

SNO	CNO	GRADE
A041	CC112	92
A041	ME234	92.5
A041	MS211	90
C005	CC112	84.5
C005	CS202	82
M038	ME234	85
R098	CS202	75
R098	MS211	70.5

→ 投影 →

SNO	CNO
A041	CC112
A041	ME234
A041	MS211
C005	CC112
C005	CS202
M038	ME234
R098	CS202
R098	MS211

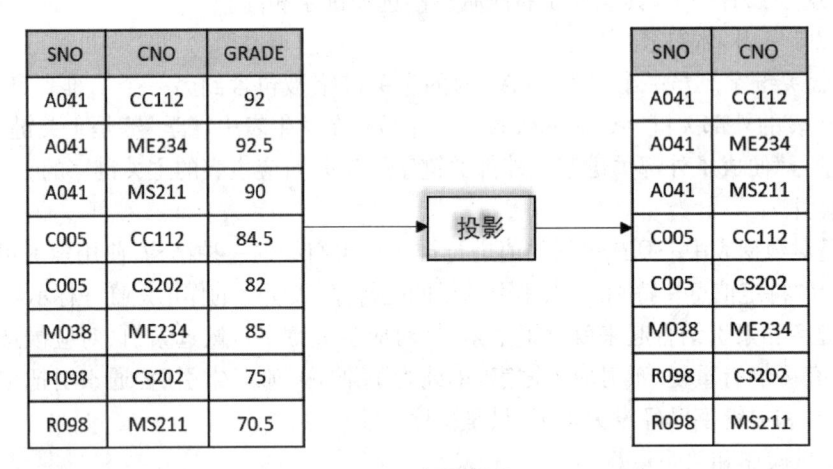

图 6-7　投影操作

SNO	SNAME	DEPART	SEX	BDATE	HEIGHT
A041	周光明	自动控制	男	2006.8.10	1.7
C005	张雷	计算机	男	2007.6.30	1.75
C008	王宁	计算机	女	2006.8.20	1.62
M039	李媛媛	应用数学	女	2008.10.20	1.65
R098	钱欣	管理工程	男	2006.5.16	1.8

连接

SNO	CNO	GRADE
A041	CC112	92
A041	ME234	92.5
A041	MS211	90
C005	CC112	84.5
C005	CS202	82
M039	ME234	85
R098	CS202	75
R098	MS211	70.5

SNO	SNAME	DEPART	SEX	BDATE	HEIGHT	CNO	GRADE
A041	周光明	自动控制	男	2006.8.10	1.7	CC112	92
A041	周光明	自动控制	男	2006.8.10	1.7	ME234	92.5
A041	周光明	自动控制	男	2006.8.10	1.7	MS211	90
C005	张雷	计算机	男	2007.6.30	1.75	CC112	84.5
C005	张雷	计算机	男	2007.6.30	1.75	CS202	82
M039	李媛媛	应用数学	女	2008.10.20	1.65	ME234	85
R098	钱欣	管理工程	男	2006.5.16	1.8	CS202	75
R098	钱欣	管理工程	男	2006.5.16	1.8	MS211	70.5

图 6-8　连接操作

(6) 关系数据库语言。

关系数据库语言是一种高级语言,它基于关系模型,通过特定的语法和命令来实现对关系数据库的各种操作。它提供了一种标准化的方式来与数据库进行通信,使得用户可以方便地创建、修改和查询数据库中的数据。关系数据库语言是用户与关系数据库进行交互的有效工具。

依据功能差异,关系数据库语言主要分为 3 类:

① 数据定义语言(DDL)用于构建和修改数据库结构,如使用 CREATE TABLE 创建新表、ALTER TABLE 修改表结构;

② 数据操作语言(DML)负责数据的增删改查,像 INSERT INTO 插入数据、SELECT 查询数据;

③ 数据控制语言(DCL)则管理数据库的访问权限与事务处理,例如 GRANT 授予权限、COMMIT 提交事务。

关系数据库语言的代表是 SQL(Structured Query Language,结构化查询语言、非过程的)语言。支持 SQL 的 DBMS 产品有:Oracle、Sybase、DB2、SQL Server、MySQL、Access、VFP(基本上所有市面上的商用 DBMS 都是支持关系数据模型和 SQL 的)。

SQL 包括了所有对数据库的操作,用 SQL 语言可实现数据库应用过程中的全部活动。

① 定义新的基本表(CREATE)。

CREATE TABLE 表名(字段名 1(数据类型),字段名 2(数据类型)……)

举例:

CREATE TABLE 保研学生表(学号 char(12) not null,姓名 char(6),性别 char(2)……)

② 数据查询。

SQL 语言提供了 SELECT 语句进行数据库查询,其一次查询的结果可以是多个元组。

注意:一般认为:查询是一个提取数据的过程;查询的结果是一个视图,与实际存储数据的数据库表(基本表)不同,查询的来源可以是数据库表也可以是其他视图。视图除了不真实存储数据其他的性质和用法与基本表完全相同。

SQL 基本形式如表 6-3 所示。

表 6-3 查询 SQL 语法细节

SELECT	[top n]A_1[AS],A_2,…,A_n(指出目标表的列名或列表达式序列,对应于投影)
FROM	R_1,R_2,…,R_m(指出基本表或视图序列,对应于连接)
	[WHERE F](F 为条件表达式,对应于选择)
	[GROUP BY G]
	[ORDER BY H[dec]]

举例说明:

Select 姓名,课程名,成绩

From 学生表,成绩表,课程表

Where 学生表.学号=成绩表.学号 AND 课程表.课程代号=成绩表.课程代号 AND 成绩表.成绩>=90

含义:查询成绩大于 90 分的学生和课程清单,输出姓名、课程名和成绩。

6.3 大数据分析

6.3.1 大数据概念

高速发展的信息时代,新一轮科技革命和变革正在加速推进,技术创新日益成为重塑经济发展模式和促进经济增长的重要驱动力量,而"大数据"无疑是核心推动力。

那么,什么是"大数据"呢? 如果从字面意思来看,大数据指的是巨量数据。那么可能有人会问,多大量级的数据才叫大数据? 不同的机构或学者有不同的理解,难以有一个非常定量的定义,只能说,大数据的计量单位已经越过 TB 级别发展到 PB、EB、ZB、YB 甚至 BB 来衡量。

最早提出"大数据"这一概念的是全球知名咨询公司麦肯锡,它是这样定义大数据的:一种规模大到在获取、存储、管理、分析方面大大超出了传统数据库软件工具能力范围的数据集合,具有海量的数据规模、快速的数据流转、多样的数据类型以及价值密度四大特征。

研究机构高德纳(Gartner)是这样定义大数据的:"大数据"是需要新处理模式才能具有更强的决策力、洞察发现力和流转优化能力来适应海量、高增长率和多样化的信息资产。

若从技术角度来看,大数据的战略意义不在于掌握庞大的数据,而在于对这些含有意义的数据进行专业化处理,换言之,如果把大数据比作一种产业,那么这种产业盈利的关键在于提高对数据的"加工能力",通过"加工"实现数据的"增值"。

大数据有什么特征? 一般认为,大数据主要具有以下 4 个方面的典型特征,即大量(Volume)、多样(Varity)、高速(Velocity)和价值(Value),即所谓的"4V",接下来,通过一张图来描述,具体如图 6-9 所示。

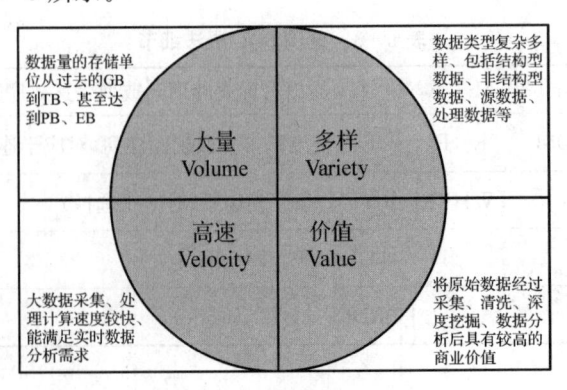

图 6-9 大数据 4V 特征

(1) Volume(大量)。

大数据的特征首先就是数据规模大。随着互联网、物联网、移动互联技术的发展,人和事物的所有轨迹都可以被记录下来,数据呈现出爆发性增长。换算关系如表6-4:

表6-4 大数据换算公式

单位	换算关系	单位	换算关系
byte	1 byte=8 bit	TB	1 TB=1 024 GB
KB	1 KB=1 024 byte	PB	IPB=1 024 TB
MB	1 MB=1 024 KB	EB	1 EB=1 024 PB
GB	1 GB=1 024 MB	ZB	1 ZB=1 024 EB

(2) Variety(多样)。

数据来源的广泛性,决定了数据形式的多样性。大数据可以分为3类,一是结构化数据,如财务系统数据、信息管理系统数据、医疗系统数据等,其特点是数据间因果关系强;二是非结构化的数据,如视频、图片、音频等,其特点是数据间没有因果关系;三是半结构化数据,如HTML文档、邮件、网页等,其特点是数据间的因果关系弱。有统计显示,目前结构化数据占据整个互联网数据量的75%以上,而产生价值的大数据,往往是那些非结构化数据。

(3) Velocity(高速)。

数据的增长速度和处理速度是大数据高速性的重要体现。与以往的报纸、书信等传统数据载体生产传播方式不同,在大数据时代,大数据的交换和传播主要是通过互联网和云计算等方式实现的,其生产和传播数据的速度是非常迅速的。另外,大数据还要求处理数据的响应速度要快,例如,上亿条数据的分析必须在几秒内完成。数据的输入、处理与丢弃必须立刻见效,几乎无延迟。

(4) Value(价值)。

大数据的核心特征是价值,其实价值密度的高低和数据总量的大小是成反比的,即数据价值密度越高数据总量越小,数据价值密度越低数据总量越大。任何有价值信息的提取依托的就是海量的基础数据,当然目前大数据背景下有个未解决的问题,那就是如何通过强大的机器算法更迅速地在海量数据中完成数据的价值提纯。

6.3.2 大数据系统架构

大数据架构是关于大数据平台系统整体结构与组件的抽象和全局描述,用于指导大数据平台系统各个方面的设计和实施。

一个典型的大数据平台系统架构应包括以下层次:
(1) 数据平台层(数据采集、数据存储、数据处理、数据分析);
(2) 数据服务层(开放接口、开放流程、开放服务);
(3) 数据应用层(针对企业业务特点的数据应用);
(4) 数据管理层(应用管理、系统管理)。

大数据架构如图 6-10 所示。

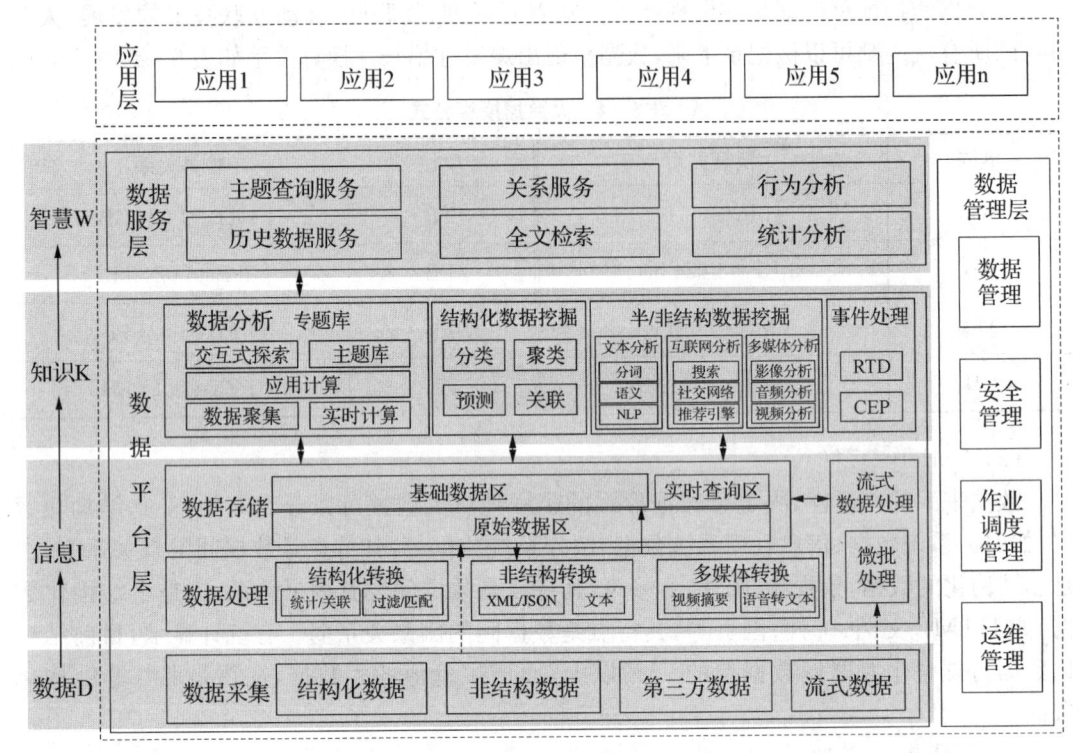

图 6-10 大数据架构

大数据架构是一个复杂且精密的技术体系,是支撑大数据全生命周期处理的核心框架,旨在高效管理、处理和分析海量、多样、快速变化的数据,为决策提供有力支持。在当今数字化时代,无论是互联网企业对用户行为数据的深度挖掘,还是金融机构对风险数据的实时监测,抑或是医疗行业对病例数据的智能分析,都离不开大数据架构的有力支撑。一个完整的大数据架构通常包含数据采集层、数据存储层、数据处理层、数据分析层以及数据应用层,各层相互协作,形成有机整体,下面将对各层进行详细阐述。

(1) 数据采集层作为大数据架构的起点,其核心任务是从多源异构的数据源中收集数据。数据源的类型丰富多样,既包含关系型数据库、非关系型数据库等结构化数据,也涵盖 JSON、XML 格式的半结构化日志文件,以及文本、图片、视频等非结构化数据。为了高效采集这些数据,业界开发了众多功能强大的工具。以 Flume 为例,它是一个高可用、高可靠、分布式的海量日志采集、聚合和传输的系统,能够实现数据的实时采集和批量采集。在实际应用中,互联网公司常利用 Flume 收集服务器产生的用户访问日志,通过配置相应的数据源和接收器,将分散在各个节点的日志数据汇聚到指定存储位置。Kettle 则是一款功能全面的 ETL(Extract-Transform-Load,即数据抽取、转换、加载)工具,不仅支持从多种数据源抽取数据,还具备强大的数据清洗、格式转换等预处理能力,例如将不同格式的日期数据统一转换为标准格式,为后续处理奠定坚实基础。

(2) 数据存储层是大数据架构的核心,肩负着持久化存储采集到的数据的重任。分布式文件系统 HDFS(Hadoop Distributed File System)以其出色的高容错性和可扩展性,成为大数据存储的基石。HDFS 采用主从架构,由 NameNode 负责元数据管理,DataNode 负责数据存储,通过将数据分块存储在多个 DataNode 上,并进行多副本备份,确保数据的安全性和可靠性,特别适合存储大规模的静态数据,如历史气象数据、电商交易记录等。而分布式列式数据库 HBase 基于 HDFS 构建,具有高并发读写、水平扩展等特点,适用于海量稀疏数据的存储与查询,在互联网企业的用户行为分析、物联网设备数据存储等场景中广泛应用。时序数据库 Influx DB 专为处理时序数据设计,在记录时间序列数据方面表现卓越,常用于监控系统中设备运行状态数据的存储,能快速查询某一时间段内设备的性能指标变化。

(3) 数据处理层在大数据架构中扮演着关键角色,负责对存储的数据进行计算和分析,主要分为批处理和流处理两种模式。批处理框架 MapReduce 是大数据处理领域的开创性技术,它将大规模数据处理任务分解为多个子任务,在集群的多个节点上并行执行,最后将结果汇总,适用于对历史数据的大规模离线分析,如电商平台对全年销售数据进行统计分析,计算各地区、各品类商品的销售占比。Spark 作为新一代的大数据处理框架,在 MapReduce 基础上进行了重大改进,它基于内存计算,大大提高了数据处理速度,不仅支持批处理,还具备强大的流处理能力,同时提供了丰富的 API,方便开发者使用 Scala、Java、Python 等多种编程语言进行开发。流处理框架 Flink 和 Storm 专注于实时数据的连续处理,能够快速响应数据变化。以金融风控为例,Flink 可以实时分析交易数据,一旦检测到异常交易行为,立即触发预警机制;Storm 则常用于实时日志分析,对服务器产生的海量日志数据进行实时过滤和分析,及时发现潜在问题。

(4) 数据分析层基于处理后的数据,运用数据挖掘、机器学习等技术,提取有价值的信息。Hive 是基于 Hadoop 的数据仓库工具,它提供 SQL-like 查询接口,方便数据分析师进行交互式分析,无需编写复杂的 MapReduce 程序,即可对大规模数据进行查询和分析,在企业数据报表生成、数据探索等场景中广泛应用。Scikit-learn、TensorFlow 等机器学习库为构建复杂的预测模型提供了强大支持。例如,在交通领域,利用 Scikit-learn 中的回归模型,可以根据历史交通流量数据、天气情况等因素,预测未来时段的交通拥堵程度;而 TensorFlow 凭借其强大的深度学习能力,在图像识别、自然语言处理等领域发挥着重要作用,如应用于智能安防系统,实现对监控视频中人物、车辆的自动识别。

(5) 数据应用层将分析结果以可视化报表、智能推荐、决策支持等形式呈现给用户。Tableau 和 PowerBI 是两款常用的可视化工具,它们支持连接多种数据源,通过简单的拖拽操作,即可将数据转化为直观的图表、仪表盘,帮助用户快速洞察数据背后的规律和趋势。在电商领域,基于用户行为数据构建的推荐系统,能够根据用户的浏览历史、购买记录等信息,实现个性化商品推荐,提高用户购物体验和平台销售额。在智慧城市建设中,大数据架构通过整合交通、能源、环境等多领域数据,为城市管理者提供决策支持,优化资源配置,提升城市管理效率。

随着技术的不断发展,大数据架构正朝着云原生、智能化方向演进。云原生架构借助容器化、微服务等技术,实现资源的灵活调度和高效利用,提升系统的弹性和可扩展性,使得大数据应用能够更好地适应业务的动态变化。人工智能与大数据的深度融合,则推动架构具备自动化数据治理、智能调优的能力。例如,通过机器学习算法自动识别数据质量问题,对数据进行清洗和修复;根据系统负载情况,智能调整计算资源分配,以适应更复杂的业务需求。未来,大数据架构将不断创新和完善,在更多领域发挥更大的价值。

6.3.3 大数据工具

大数据时代,数据量呈指数级增长,传统的数据处理方式难以应对海量、复杂的数据。大数据工具应运而生,成为高效处理和分析大数据的得力助手,广泛应用于商业决策、科学研究、社会治理等众多领域。下面介绍几类常见且重要的大数据工具。

1. 大数据存储工具

大数据存储工具旨在应对数据体量庞大、类型多样的存储需求,通过创新架构和技术实现数据的高效存储与访问。常见大数据存储工具有:

(1) 分布式文件系统:以 Apache Hadoop 分布式文件系统(HDFS)为典型代表,采用主从架构,将数据分割成数据块分散存储在多个 DataNode 节点上。这种架构具备高容错性和可扩展性,能够轻松处理 PB 级数据,常用于日志存储、数据仓库等场景。

(2) 分布式数据库:分布式数据库打破单机存储限制,通过数据分片和副本机制实现高并发访问和数据冗余。分布式关系型数据库如 TiDB,兼容 MySQL 协议,采用分布式事务处理技术,确保数据一致性和完整性,适用于金融交易、电商订单管理等对数据准确性要求极高的场景。分布式非关系型数据库中,MongoDB 以灵活的文档型数据模型见长,数据以 BSON 格式存储,无需预定义严格表结构,适合存储社交媒体动态、物联网传感器采集的非结构化数据。

(3) 云存储服务:云存储服务依托云计算平台,提供弹性可扩展的存储能力。如亚马逊的 Simple Storage Service(S3)、阿里云 OSS 等,用户无需关心底层硬件设施,可按需购买存储容量,支持海量数据的长期存储和快速访问。同时,云存储服务通常提供丰富的 API 接口,方便与各类应用集成,在大数据备份、数据湖建设等方面应用广泛。

2. 大数据管理工具

大数据管理工具围绕数据全生命周期,致力于提升数据质量、保障数据安全、促进数据共享与价值挖掘,常见的工具有:

(1) 数据治理工具:数据治理工具确保数据的规范性、准确性和安全性。Collibra 是专业的数据治理平台,通过数据目录、数据血缘分析、数据质量监控等功能,帮助企业梳理数据资产,追踪数据来源与流向,制定数据管理策略,实现数据的合规使用。

(2) 元数据管理工具:元数据管理工具专注于数据描述性信息的管理。Alation 通过自然语言处理技术,自动生成数据文档,促进团队成员对数据的理解和协作;同时支持数据资产搜索,帮助用户快速定位所需数据。Apache Atlas 是开源的元数据管理和治理平台,提供元数据收集、分类、血缘关系追踪等功能,与 Hadoop 生态系统紧密集成,便于对大数据平台中的元数据进行统一管理。

3. 大数据挖掘工具

大数据挖掘工具的核心功能围绕数据处理与知识发现展开。首先是数据预处理,由于原始数据往往存在噪声、缺失值、不一致等问题,工具需要具备数据清洗、转换、集成和归约等功能,提升数据质量。例如,对缺失的用户年龄数据进行插补,将不同数据源的客户信息整合为统一格式。其次是数据分析与建模,运用分类、聚类、关联规则挖掘、回归分析等算法,从数据中发现模式和规律。比如通过分类算法预测客户的购买倾向,利用聚类算法将客户划分为不同群体。最后是结果可视化，将挖掘出的复杂信息以直观的图表、图形等形式呈现，便于用户理解和决策，如用热力图展示商品销售的地域分布。

（1）通用型数据挖掘平台。

这类平台集成了丰富的数据挖掘算法和工具，适用于多种应用场景。

① Weka：作为一款开源的数据挖掘软件，Weka内置了大量经典的机器学习算法，包括分类、聚类、关联规则挖掘等，支持图形化操作界面，无需复杂编程即可完成数据挖掘任务，适合初学者快速上手。例如在教学场景中，学生可通过Weka分析鸢尾花数据集，学习分类算法的应用。

② RapidMiner：提供可视化的流程设计环境，用户通过拖拽操作即可构建数据挖掘流程，涵盖数据预处理、建模、评估等环节。它还支持与多种数据源集成，并且拥有丰富的扩展插件，在企业数据分析、市场调研等领域广泛应用，如帮助企业分析客户行为数据，制定精准营销策略。

（2）编程框架与库。

基于编程语言开发的数据挖掘框架和库，具有高度的灵活性和扩展性，适用于专业的数据科学家和开发者。

① Scikit-learn：Python语言中最受欢迎的数据挖掘库之一，它提供了丰富且高效的机器学习算法实现，包括分类、回归、聚类、降维等，具有简单易用的API接口。在实际应用中，常用于文本分类、图像识别等任务，例如构建模型对新闻文章进行主题分类。

② TensorFlow：由谷歌开发的开源机器学习框架，支持深度学习算法的开发与应用。TensorFlow拥有强大的计算能力和灵活的架构，可用于构建复杂的神经网络模型，在图像识别、语音识别、自然语言处理等领域取得了广泛应用。例如，利用TensorFlow开发的模型能够实现高精度的手写数字识别。

（3）分布式大数据挖掘工具。

针对海量数据处理需求，分布式大数据挖掘工具利用集群计算能力实现高效的数据挖掘。

① Apache Mahout：是Apache软件基金会旗下的一个开源项目，专注于可扩展的机器学习算法实现，与Hadoop生态紧密集成，能够在分布式环境下处理大规模数据集。例如，在电商平台中，Mahout可用于分析用户的购买行为数据，进行商品推荐。

② Spark MLlib：Spark是一个快速通用的大数据处理引擎，MLlib是其内置的机器学习库，提供了丰富的机器学习算法和工具，支持分布式数据处理。由于Spark基于内存计算，相比传统的MapReduce框架，在处理迭代计算任务时具有显著的性能优势，适用于大规模数据的挖掘与分析，如实时分析用户的点击流数据，为广告投放提供决策依据。

（4）大数据可视化工具。

大数据可视化工具的核心在于实现数据到信息的高效转化，主要具备以下功能：

① 数据接入与处理。支持多种数据源接入，包括关系型数据库（如MySQL、Oracle）、非关系型数据库（如MongoDB）、文件系统（CSV、Excel）以及API接口获取的数据。同时，工具需具备数据清洗、转换和整合能力，例如去除重复数据、统一数据格式，为可视化做好准备。

② 可视化设计与生成。提供丰富的可视化类型，如柱状图、折线图、饼图、散点图、热力图、地图等，用户可根据数据特点和分析目的选择合适的图表形式。部分高级工具还支持动态可视

化和交互设计，用户可通过鼠标操作实现数据筛选、钻取、联动等功能，深入探索数据细节。

③ 信息传达与展示。将复杂的数据以直观的视觉形式呈现，帮助用户快速理解数据背后的含义。例如，通过柱状图对比不同产品的销售额，利用折线图展示销售趋势变化，使用地图直观呈现数据的地理分布，降低用户获取信息的难度。

大数据可视化工具的代表有以下几种类型：

① 商业智能(BI)型可视化工具。

ⅰ) Tableau：作为行业领先的商业智能工具，Tableau 以其强大的数据连接能力和直观的可视化设计著称。用户无需编写代码，通过简单的拖拽操作即可快速创建可视化图表，并支持仪表板的设计与分享。Tableau 还提供丰富的交互功能，如筛选器、参数控制，便于用户进行数据探索，广泛应用于金融、零售、制造等行业的数据分析。

ⅱ) Power BI：由微软推出的商业智能工具，与微软生态系统紧密集成，可无缝连接 Excel、SQL Server 等数据源。Power BI 不仅具备强大的可视化功能，还提供数据建模和分析功能，支持创建复杂的计算字段和度量值。同时，其云端服务方便用户进行数据共享和协作，适合企业用户进行数据驱动的决策。

② 开源型可视化工具。

开源工具具有高度灵活性和定制性，适合技术人员和开发者使用。

ⅰ) ECharts：基于 JavaScript 的开源可视化库，提供丰富的可视化图表类型，包括基础图表、地图、3D 图表等，并支持高度的自定义配置。ECharts 具有良好的兼容性，可在 PC 端和移动端流畅运行，广泛应用于 Web 应用开发中的数据可视化展示。许多互联网公司利用 ECharts 在产品界面中展示用户数据、业务指标等信息。

ⅱ) D3.js：同样是基于 JavaScript 的开源库，D3.js 以数据驱动的方式操作文档对象模型(DOM)，实现数据与可视化元素的绑定和交互。它具有强大的动态可视化能力，允许开发者创建高度定制化的可视化效果，但对使用者的编程能力要求较高，常用于科研领域的数据可视化和创新型可视化项目开发。

③ 在线型可视化工具。

在线工具无需安装，使用便捷，适合个人用户和小型团队。

ⅰ) FineBI：帆软公司推出的在线 BI 工具，提供简单易用的操作界面，支持自助式数据分析。用户可快速上传数据，通过拖拽和设置轻松创建可视化报表和仪表板。FineBI 还具备数据权限管理功能，保障数据安全，适用于企业部门级的数据可视化应用。

ⅱ) 百度图说：一款免费的在线可视化工具，提供多种图表模板，用户只需上传数据并进行简单设置，即可生成美观的可视化图表。百度图说操作简单，上手容易，适合初学者制作日常数据报告和信息图表。

6.3.4　大数据处理的基本流程

大数据处理是一个复杂且系统的过程，旨在从海量、多样的数据中提取有价值的信息。其基本流程通常包括数据采集、数据预处理、数据存储、数据分析与挖掘、数据可视化等关键环节。

1. 数据采集

数据采集是从各种数据源收集数据的过程，是大数据处理的第一步。数据源种类繁多，包括传感器(如物联网设备中的温度、湿度传感器)、社交媒体平台(用户发布的文本、图片、视频等)、企业业务系统(如订单系统、客户关系管理系统)、日志文件(服务器日志、应用程序日志)等。

根据数据源的不同而有所差异。对于结构化数据(如数据库中的数据),可通过 ETL(Extract-Transform-Load)工具进行抽取、转换和加载;对于半结构化或非结构化数据(如网页文本、社交媒体数据),则常使用网络爬虫、消息队列等技术进行采集。例如,利用网络爬虫按照一定的规则自动抓取网页上的信息,将其收集到本地存储。

2. 数据预处理

数据预处理是对采集到的数据进行清洗、转换和集成等处理,以提高数据质量,为后续分析做准备。

(1) 清洗:去除数据中的噪声、重复数据和缺失值等。例如,在传感器采集的数据中,可能存在因设备故障导致的异常值,需要通过设定阈值等方法进行识别和处理;对于缺失值,可以采用填充均值、中位数或基于机器学习的方法进行填补。

(2) 转换:将数据转换为适合分析的格式和类型。这可能包括数据标准化(将数据映射到特定的区间或尺度)、数据编码(将分类数据转换为数字编码)等操作。例如,将日期格式统一转换为标准的"年-月-日"格式,将性别字段用数字 0 和 1 表示。

(3) 集成:将来自不同数据源的数据整合到一起。由于数据可能具有不同的结构和模式,需要进行数据融合和关联。例如,将企业的销售数据和客户数据进行关联,以便进行更全面的分析。

3. 数据存储

大数据需选择合适的存储方式和架构,将预处理后的数据持久化保存,以便后续的访问和分析。

根据数据的特点和应用需求,可选择不同的存储系统。对于结构化数据,关系型数据库(如 MySQL、Oracle)是常用的选择,它提供了强大的事务处理能力和结构化查询语言(SQL)支持;对于非结构化数据,分布式文件系统(如 Hadoop 分布式文件系统 HDFS)或非关系型数据库(如 MongoDB、Cassandra)更为适用,它们能够处理大规模的非结构化数据,并具有良好的扩展性和容错性。

4. 数据分析与挖掘

数据分析与挖掘是运用各种分析技术和算法,对存储的数据进行处理和分析,以发现数据中的模式、趋势和关联,提取有价值的信息和知识。

分析方法包括描述性分析(用于总结数据的基本特征,如计算均值、中位数、标准差等)、相关性分析(研究变量之间的关联程度)、预测分析(基于历史数据建立模型,预测未来趋势)等。例如,通过分析历史销售数据,预测未来的销售趋势,以便企业合理安排生产和库存。

常用的数据挖掘技术包括分类(将数据分为不同的类别,如将客户分为不同的细分群体)、聚类(将相似的数据对象归为一类)、关联规则挖掘(发现数据中不同项之间的关联关系)等。例如,通过关联规则挖掘发现顾客购买商品之间的关联关系,从而进行交叉营销。

5. 数据可视化

数据可视化将数据分析的结果以直观的图形、图表等形式展示出来,帮助用户更好地理解数据和分析结果,支持决策制定。可视化类型有柱状图、折线图、饼图、散点图、地图、雷达图等多种形式。例如,用柱状图比较不同产品的销售数量,用折线图展示股票价格的走势,用地图展示不同地区的销售额分布。

大数据处理的各个环节相互关联、相互影响,共同构成了一个完整的流程。通过这个流程,能够从海量的数据中提取出有价值的信息,为企业、政府和社会的决策提供有力支持,推动各领域的发展和创新。

6.4 大数据分析的日常应用

在互联网蓬勃发展的时代,大数据凭借其强大的分析与处理能力,深度融入互联网领域的各个环节,成为推动行业创新与发展的核心驱动力。以下从多个维度详细阐述大数据在日常生活中的广泛应用。

1. 个性化推荐

在信息爆炸的互联网环境中,用户面临着海量的选择,而个性化推荐系统借助大数据技术,能够精准捕捉用户需求。电商平台如亚马逊、淘宝,通过收集用户注册信息、浏览历史、收藏加购记录、购买时间与频次、评价内容等多维度数据,构建用户画像。以一位经常购买运动装备且关注户外登山用品的用户为例,系统会基于其行为数据,分析用户对运动和户外活动的偏好,进而推荐新款登山鞋、户外背包等相关商品,有效提升用户购物体验与平台转化率。在内容平台方面,抖音、今日头条等通过记录用户观看视频的时长、点赞评论操作、搜索关键词等数据,利用算法模型分析用户兴趣,为用户推送个性化的短视频和新闻资讯,极大增强用户黏性,使得用户在平台上停留时间更长。

2. 搜索引擎优化

搜索引擎是用户获取互联网信息的重要入口,大数据技术在搜索引擎优化中发挥着关键作用。搜索引擎公司通过收集海量用户搜索行为数据,包括搜索关键词、点击的搜索结果、搜索时段、搜索设备等,深入分析用户搜索习惯和需求。同时,对网页内容进行抓取和分析,提取文本、图片、链接等信息,构建网页索引库。基于这些数据,搜索引擎不断优化搜索算法,调整搜索结果的排序规则。例如,当用户搜索"人工智能发展趋势"时,搜索引擎会综合考虑网页内容与关键词的相关性、网页的权威性、用户的搜索历史和偏好等因素,为用户呈现最符合需求的搜索结果,提高搜索的准确性和效率,帮助用户快速找到有价值的信息。

3. 精准广告投放与营销

大数据为互联网广告投放带来了革命性变革。广告主和广告平台通过整合用户在互联网上的各类数据,如年龄、性别、地域、兴趣爱好、消费习惯、社交关系等,对用户进行精准分类和画像。以汽车品牌为例,通过分析用户数据,识别出对汽车感兴趣、有购车意向且具备一定消费能力的目标用户群体。然后,在合适的时间和场景,如用户浏览汽车资讯网站、使用汽车相关APP时，推送针对性的广告。同时，大数据还能实时监测广告投放效果，收集用户对广告的点击、转化等数据，分析广告的投放效果和投资回报率。根据分析结果，及时调整广告投放策略，优化广告内容、投放时间、投放渠道等，提高广告投放的精准度和效率，降低广告成本，实现营销效果最大化。

4. 社交网络分析

社交网络平台积累了海量的用户数据，大数据技术通过对这些数据的分析，挖掘出丰富的社交信息。在关系网络分析方面，通过分析用户之间的好友关系、关注与被关注关系、群组关系等，绘制社交图谱，揭示用户之间的社交结构和影响力。例如，发现社交网络中的意见领袖，品牌可以借助他们的影响力进行产品推广。在内容分析上，对用户发布的文字、图片、视频等内容进行语义分析、情感分析，了解用户的兴趣爱好、情绪状态和话题热点。社交平台根据这些分析结果，优化内容推荐算法，为用户推荐感兴趣的内容和可能认识的人，增强用户之间的互动和社交体验。同时，企业也可以利用社交网络分析，了解消费者对产品或品牌的评价和反馈，及时调整产品策略和营销策略。

5. 在线教育与学习

在线教育平台借助大数据技术，实现个性化教学和精准学习支持。平台收集学生的注册信息、课程选择记录、学习进度、在线学习时长、作业完成情况、考试成绩、课堂互动数据等。通过对这些数据的分析，为每个学生建立学习档案，评估学生的学习能力、知识掌握程度和学习风格。针对学习进度较慢、某一知识点掌握不扎实的学生，平台自动推送相关的复习资料、练习题和辅导视频，进行有针对性的辅导。同时，教师可以通过大数据分析了解班级整体的学习情况，发现教学过程中存在的问题，调整教学内容和方法，提高教学质量。此外，大数据还可以预测学生的学习趋势和潜在问题，提前采取干预措施，帮助学生顺利完成学习任务。

6. 在线金融与支付

在互联网金融领域，大数据被广泛应用于信用评估、风险控制和金融服务创新。金融机构通过收集用户的基本信息、银行流水、消费记录、社交数据、网络行为数据等，运用大数据分析和机器学习算法，构建信用评估模型，对用户的信用状况进行精准评估。对于信用良好的用户，提供更便捷的贷款服务和更高的信用额度；对于信用风险较高的用户，采取相应的风险防范措施。在支付安全方面，大数据实时监测用户的支付行为，分析支付时间、地点、金额、交易对象等数据，识别异常交易行为。例如，当检测到一笔在异地且消费金额较大的支付交易，与用户的常规消费行为不符时，系统会及时发出预警，并采取冻结账户、要求身份验证等措施，防范支付欺诈，保障用户资金安全。同时，大数据还能为用户提供个性化的金融产品推荐和理财建议，满足用户多样化的金融需求。

7. 网络安全与风控

随着互联网的发展，网络安全威胁日益严峻，大数据成为网络安全防护的重要手段。企业和网络安全机构通过收集网络流量数据、系统日志、用户行为数据等，利用大数据分析技术，实时监测网络中的异常活动和安全威胁。通过建立行为模型，分析用户的正常操作行为模式，一旦发现与正常模式不符的行为，如频繁尝试登录、异常数据访问等，及时发出警报。

对于网络攻击行为,如 DDoS 攻击、恶意软件传播等,大数据可以快速分析攻击特征和传播路径,采取相应的防护措施,如流量清洗、隔离受感染设备等,阻止攻击的蔓延。此外,大数据还能对历史安全事件进行分析,总结攻击规律和防范经验,不断优化网络安全策略,提高网络安全防护能力。

8. 物联网与智能家居

在物联网和智能家居领域,大数据技术实现了设备的智能化管理和服务的个性化定制。智能家居设备如智能门锁、智能摄像头、智能音箱、智能家电等,通过传感器实时采集数据,包括用户的使用习惯、环境数据(温度、湿度、光照等)、设备运行状态等。这些数据上传至云端后,利用大数据分析技术进行处理和分析。例如,根据用户每天回家的时间和习惯,智能系统自动调节室内温度、灯光亮度,开启电视或播放音乐;当检测到室内无人时,自动关闭电器设备,实现节能。在物联网应用中,大数据对工业设备、交通设施等产生的数据进行分析,实现设备的预测性维护,提前发现设备故障隐患,安排维修计划,减少设备停机时间和维修成本。同时,通过对交通流量数据的分析,优化交通信号控制,缓解交通拥堵,提高交通效率。

9. 生物医学领域中的应用

(1) 精准医疗。

华大基因:百万中国人基因组计划。

2018 年 10 月 10 日,华大基因团队发布一项关于中国人基因组学大数据研究成果。该项目由中国科学家主导,两年时间里对 14 余万中国人的无创产前基因检测数据进行了深入研究,揭秘中国人群基因遗传特征的科研成果。

"百万人群基因大数据研究"项目发起于 2016 年,团队在充分遵从相关伦理原则、知情权规范下,选取了 14 余万无创产前基因检测数据展开了群体水平的研究,并开发了一系列用于此类数据的分析方法。相关信息显示,华大基因研究小组主要从中国人群体遗传学、复杂性状的全基因组关联分析、中国人病毒感染图谱等 3 个方面揭秘中国人群体中的生物大发现。此次阶段性研究成果或类似超低深度测序数据,可以有效应用于群体遗传学、疾病与表型等领域的高水平研究,并将在遗传病诊断、肿瘤研究、药物研发等领域得到广泛的应用。目前研究结果已经以论文形式发表于国际学术期刊《细胞》中。

目前,该阶段性研究成果包括:揭示了汉族与少数民族群体的遗传结构特点及中国各省与欧洲、南亚、东亚人群的基因交流程度;发现了当代中国人的遗传特点同时受到丝绸之路及近代人口大规模迁徙等因素的多重影响;验证了 48 个与身高及 13 个与身体质量指数显著相关的基因位点,发现了两个与怀孕年龄显著相关的基因位点;发现了中国人血浆的病毒组与欧洲人存在比较大的差异。

(2) 药物研发。

近年来,科学家在根据氨基酸序列预测蛋白质结构方面取得了巨大进步。然而,要预测大型潜在药物库如何与致癌蛋白相互作用,依然具有挑战性,因为计算蛋白质三维结构需要大量时间和计算能力。

麻省理工学院团队以他们 2019 年首次开发的蛋白质模型为基础,此次将模型应用于确定蛋白质序列将与特定药物分子的相互作用。他们用已知的蛋白质—药物相互作用对网络进行训练,使其能学习将蛋白质特定特征与药物结合能力联系起来,而无需计算任何分子的三维结构。通过筛选包含约 4 700 种候选药物分子的库,团队测试了他们的模型,并确定了这些药物与 51 种蛋白激酶结合的能力。从热门结果中,研究人员选择了 19 组"药物-蛋白质对"进行实验测试,最终 12 对具有很强的结合亲和力,而几乎所有其他可能的药物-蛋白质对都没有亲和力。研究人员表示,药物研发成本之所以如此高昂,部分原因是它的失败率很高。如果能事先预测这种结合不可能奏效,就能减少失败率,从而大大降低新药开发的成本。

本章小结

本章介绍了数据库理论的基本知识,包括数据库系统的产生和发展、相关概念及数据模型。重点对关系数据库系统进行了讲述,从关系数据结构、关系操作和关系完整性等方面进行了详细的介绍。对典型的医学数据库系统和数据库技术新发展也进行了简要的阐述。对于关系数据库标准语言——SQL,从数据定义、查询等方面着手,介绍了它的基本应用。

同时,重点介绍了大数据处理与分析的基本知识,包括大数据分析的基本概念、系统架构、常用工具和基本流程,并展开列举了大数据在不同领域的应用。随着计算机与大数据应用的普及,掌握相关的数据库知识是非常必要的。本章可以作为学习数据库知识的入门,如有更高层次的需求,可以参阅数据库相关的专业书籍。

习题与自测题

一、选择题

1. 数据库管理系统是位于(　　)之间的一层管理软件。
   A. 硬件和软件　　　　　　　　　　B. 用户和操作系统
   C. 硬件和操作系统　　　　　　　　D. 数据库和操作系统
2. 层次模型必须满足的一个条件是(　　)。
   A. 每个结点均可以有一个以上的父结点
   B. 有且仅有一个结点,无父结点
   C. 不能有结点,无父结点
   D. 可以有一个以上的结点,无父结点
3. SQL 属于(　　)数据库语言。
   A. 关系型　　　　B. 网状型　　　　C. 层次型　　　　D. 面向对象型
4. Select 语句执行的结果是(　　)。
   A. 数据项　　　　B. 视图　　　　　C. 表　　　　　　D. 元组
5. 下列模型中用于数据库设计阶段的是(　　)。
   A. E-R 模型　　　B. 层次模型　　　C. 关系模型　　　D. 网状模型
6. 大数据的 4 个主要特征(4V)不包括以下哪一项?(　　)。
   A. Volume(数据量大)　　　　　　　B. Velocity(速度快)
   C. Variety(多样性)　　　　　　　　D. Value(价值密度高)
7. Hadoop 生态系统中,用于分布式存储的组件是(　　)。

A. HDFS	B. MapReduce
C. Hive	D. HBase

8. 以下哪种技术用于大数据的可视化？（　　）。

A. SQL	B. Python
C. Tableau	D. Hadoop

9. 以下哪种技术用于机器学习和数据分析？（　　）。

A. TensorFlow	B. Hadoop
C. Kafka	D. HBase

二、填空题

1. 一个数据库的数据模型由_____、_____和_____3部分组成。

2. SQL 的全称为_____。

3. SQL 语句中创建基本表的语句是_____。

4. 数据预处理是对采集到的数据进行_____、_____和_____等处理，以提高数据质量，为后续分析做准备。

5. 在大数据处理中，数据可视化的主要目的是将复杂的数据以_____的形式展示出来。

6. TensorFlow 是一种用于_____的开源软件库。

三、判断题

1. 数据管理技术经历了人工管理、文件系统和计算机管理3个阶段。（　　）

2. 关系模型由关系数据结构、关系操作集合和完整性约束3部分组成。（　　）

3. Access 是 MS Office 的套装软件之一，是一种关系数据库管理系统软件。（　　）

4. 大数据仅仅是指数据的体量大。（　　）

5. 大数据技术可以提高数据处理的效率和速度。（　　）

四、应用题

1. 某百货公司有若干连锁商店，每家商店经营若干产品，每家商店有若干职工，每个职工只服务于一家商店。试画出百货公司的 E-R 模型，并给出每个实体、联系的属性。

2. 假设有学生选课关系模式 SC(Sno,Cno,Grade)，其中 Sno 表示学号，Cno 表示课程号，Grade 表示成绩，那么 Sno→Cno 正确吗？为什么？

3. 假定老师表 R1 和学生表 R2 如下表所示，计算 R1 连接 R2。

表 R1

导师编号	姓名
D001	王飞
D002	牛强

表 R2

学号	姓名	导师编号
20090601	牛欣然	D001
20090602	王子越	D002
20090603	贾穆汉	D003

第 7 章

人工智能技术

7.1 人工智能概述

人工智能(Artificial Intelligence，AI)是研究、开发用于模拟、延伸和扩展人类智能的理论、方法、技术及应用系统的交叉学科领域，其核心在于构建能够执行需人类智能参与任务的智能体(Intelligent Agents)。从不同历史阶段和学术视角出发，AI的定义呈现出动态演化的特征：

(1) 历史奠基视角。计算机科学先驱艾伦·图灵(Alan Turing)在1950年发表的论文《计算机器与智能》中，首次通过可操作化的方式定义了机器智能。他提出的"图灵测试"(Turing Test)指出：若一台机器能通过自然语言对话使人类无法辨别其与真实人类的区别，即可认为其具备智能。这一标准虽未涉及智能的内在机制，却为AI发展提供了直观的评判框架，至今仍在人机交互领域具有重要参考价值。

(2) 学科建构视角。1956年达特茅斯会议上，约翰·麦卡锡与克劳德·香农、马文·明斯基等学者首次将"人工智能"确立为独立研究方向，并提出"让机器展现出与人类智能相关的行为特征"的研究纲领。该定义首次将AI确立为独立学科，强调通过形式化逻辑与算法赋予机器智能行为能力，奠定了早期AI研究以符号推理为核心的范式基础。

(3) 现代发展视角。现代AI呈现多元融合趋势。在符号推理与知识工程基础上，结合数据驱动的机器学习(如深度学习)、具身智能(Embodied Intelligence)及神经形态计算，强调智能体在开放环境中的自适应与持续学习能力。这一视角融合了机器学习、神经科学等多领域成果，体现了AI从"工具性智能"向"适应性智能"的跨越。

7.1.1 人工智能的典型特征

人工智能与传统计算机程序在技术架构与功能实现层面存在本质差异，其核心优势集中体现在动态环境适应能力与类人化智能特征。以下从学习进化、推理决策、环境感知、语言交互及自主行动5个维度，系统阐释人工智能的核心技术特征与应用价值。

(1) 学习能力：数据驱动的自我进化机制。

学习能力是人工智能区别于传统程序的核心标志，其本质在于通过数据驱动实现行为模式的自主优化。人工智能系统依托机器学习算法,对海量数据进行特征提取与模式识别,在迭代训练中持续调整模型参数,形成动态适应环境变化的能力。这种机制突破了传统程序"预设规则—执行任务"的固定模式,赋予系统从经验中自我进化的特性。

以抖音推荐系统为例,平台通过实时采集用户的观看时长、点赞、评论、转发等多维行为数据,构建个性化用户画像。基于深度学习算法中的协同过滤技术,系统持续分析用户兴趣演变趋势,动态优化推荐策略。随着用户使用数据的不断积累,推荐模型通过持续训练实现自我迭代,最终达成"越用越懂你"的精准推荐效果。这种能力在应对复杂动态场景时展现出显著优势,如在电商购物节流量激增、城市交通高峰时段,人工智能系统可通过实时数据分析自动调整资源分配与决策策略,而传统程序则需依赖人工频繁修改代码以适应环境变化。

(2) 推理与决策:逻辑与概率融合的智能判断。

人工智能的推理决策能力模拟人类思维过程,通过融合逻辑规则与概率计算,在信息不完整或不确定条件下实现合理判断。依托知识图谱、贝叶斯网络等技术,构建起基于数据驱动的决策模型。系统能够对复杂问题进行多层次分析,权衡不同方案的潜在收益与风险,输出最优决策建议。

IBM Watson 肿瘤辅助诊断系统是这一能力的典型应用。该系统整合数百万份医学文献、临床病例及药物数据,运用自然语言处理与机器学习技术,对患者病情进行多维度分析。在制定治疗方案时,系统不仅能够评估不同疗法的治愈率、副作用等医学指标,还能结合患者个体特征进行风险收益权衡,其决策逻辑与人类医学专家的临床思维高度相似。这种能力使人工智能在金融风控、灾难救援等对决策时效性与准确性要求极高的场景中,展现出超越人类的信息处理速度与决策稳定性。

(3) 环境感知:物理世界的数字化映射。

环境感知能力赋予人工智能系统获取和理解物理世界信息的能力,是连接数字世界与现实世界的关键桥梁。通过传感器、摄像头、麦克风等感知设备,系统将现实环境中的物理信号转化为可计算的数字信息,并利用计算机视觉、语音识别等技术进行特征提取与语义理解。

自动驾驶技术是环境感知能力的典型应用场景。以特斯拉为例,其车辆搭载的 8 个摄像头和 12 个超声波传感器,能够实时采集道路图像、交通信号、行人动作等环境信息。通过深度学习算法对感知数据进行实时分析,车辆可准确识别车道线、障碍物及交通标志,实现对复杂路况的动态响应。这种感知能力在工业质检、农业监测等领域同样发挥重要作用,如工厂视觉检测系统通过摄像头识别零件缺陷,农业无人机利用多光谱传感器监测作物生长状态,均体现了人工智能感知技术在现实场景中的广泛应用价值。

(4) 自然语言处理:语义与情感的深度理解。

自然语言处理技术突破传统关键词匹配模式,实现对人类语言背后语义、意图及情感的深度理解。人工智能系统通过预训练语言模型(如 GPT 系列),学习海量文本数据中的语言规律与语义关联,构建起对自然语言的上下文理解能力。这种能力使机器不仅能够理解字面含义,还能捕捉语气、情感等隐含信息,实现更自然、更智能的人机交互。

ChatGPT 作为自然语言处理技术的代表,展现出强大的语言理解与生成能力。用户提问"明天天气如何"时,系统不仅能够返回天气信息,还能根据对话场景主动提供穿衣建议;

在处理"撰写诚恳道歉信"等指令时，系统能够精准捕捉情感需求，生成符合语境的文本内容。这一技术革新正在重塑客服、教育等领域的人机交互模式，如智能语音客服可实现自然流畅的多轮对话，AI作文批改系统能够理解文章逻辑并提供针对性修改建议，显著提升人机协作效率。

（5）自主性：目标导向的独立行动能力。

自主性是指人工智能系统在预设目标框架下，无需人类持续干预即可独立完成复杂任务的能力。基于强化学习、自动规划等技术，使智能体能够根据环境反馈动态调整行为策略，实现任务目标的自主达成。

工业自动化领域中，ABB机械臂是自主性技术的典型应用。在智能生产线中，机械臂通过传感器实时感知零件位置、传送带速度等环境变化，利用内置算法自动调整抓取角度与运动轨迹，独立完成零件组装、质量检测等全流程操作。随着物联网技术的发展，自主性人工智能的应用边界持续拓展：智慧城市系统可根据实时交通流量自主调节红绿灯时长，火星探测车能够在无人干预的情况下自主规划探测路线、避开障碍物。这些应用标志着人工智能正从辅助工具向具备独立决策能力的智能体演进，推动各领域智能化变革。

7.1.2 人工智能的研究方法

要理解人工智能如何模拟人类智能，我们可以从计算机科学家的两种探索路径谈起。早期的研究者们发现，要让机器表现出智能行为，首先需要解决知识的编码与运用问题——就像人类通过学习获得知识再用于解决问题一样。这一阶段被称为符号主义学派，其核心思想是将人类知识转化为计算机可处理的符号系统。例如，一个医疗诊断程序需要将"发烧伴随咳嗽可能是流感"这样的医学常识，转化为"IF 体温>38 ℃ AND 有咳嗽症状 THEN 疑似流感（置信度70%）"的规则代码。这种基于逻辑推理的方法在20世纪80年代的专家系统中达到顶峰，IBM的深蓝计算机正是依靠对国际象棋规则的符号化表示，在1997年击败了世界冠军卡斯帕罗夫。

然而，符号主义方法很快显露出局限性。编写所有可能的规则需要耗费大量人力，更棘手的是现实世界充满不确定性——自动驾驶汽车无法预见到所有突发路况，语言翻译系统也难以用固定规则覆盖千变万化的表达方式。科学家们意识到，单纯模仿人类逻辑推理的功能模拟路径遇到了瓶颈，于是开始转向另一条道路：模仿人脑结构的连接主义。就像婴儿通过观察学习认识世界，计算机也可以通过分析海量数据自主发现规律。2012年，多伦多大学的研究团队采用深度神经网络在 ImageNet 图像识别竞赛中准确率突飞猛进，标志着数据驱动范式的崛起。这种方法的精妙之处在于，它并不要求程序员预先定义"猫"的特征，而是让算法通过数百万张猫的图片自行总结出胡须、耳朵形状等关键识别要素。

这种从"教知识"到"学知识"的转变，深刻影响了人工智能的发展方向。如今的智能系统往往兼具两种特性：既需要工程师设计基础架构（如神经网络的层数配置），又依赖数据自主演化出复杂行为模式。例如特斯拉的自动驾驶系统，既包含预设的交通规则知识库，又能通过数百万车主的驾驶数据持续优化变道策略。这种混合模式揭示了一个重要事实：人工智能并非要完全复制人脑，而是通过计算模型实现类人的智能表现。

当前的人工智能系统大多属于弱人工智能范畴，它们在特定任务上的表现已远超人类且不断地迅猛发展。如 AlphaGo 在围棋领域的统治力、GPT-4 撰写学术摘要的流畅度都证明了这一点。但这些系统本质上仍是"领域专家",比如会下围棋的 AI 看不懂 X 光片,能写诗的算法解不了微积分题目。科学家们正在探索通往强人工智能的路径,这需要突破 3 个关键障碍:(1) 建立常识认知体系,让机器理解"冰块在烈日下会融化"这样的基础物理常识;(2) 实现跨领域知识迁移,就像人类能将驾驶经验转化为手术操作的精细控制;(3) 发展自我反思能力,使系统能评估自身决策的可靠性。2023 年,谷歌发布的 PaLM-E 模型在操控机器人手臂时,已能结合视觉感知与语言指令调整动作轨迹,这或许预示着通用人工智能的曙光。但总的来说强人工智能目前还处于探索阶段,还需要科学家们和人类的努力。

从符号推理到深度学习,人工智能的发展历程本质上是对人类认知机制的渐进式模拟。无论是模仿神经元连接的神经网络,还是借鉴进化论的遗传算法,这些技术突破都在不断缩小机器思维与人类思维的鸿沟。但值得强调的是,当前所有 AI 系统都缺乏人类的主观意识——它们能诊断疾病却无法感受病痛,能创作诗歌但体会不到文字中的情感涌动。这种根本差异提醒我们,人工智能的本质终究是对人类智能特定维度的延伸与增强。

知识表示方法和推理技术是传统人工智能原理的两大主要课题,是用计算机实现人工智能系统的基本前提。

智能活动过程主要是一个获取和应用知识的过程,而知识必须有适当的表示才能便于在计算机中进行存储、检索、修改和运用。对同一个问题的知识表示也并不是唯一的,恰当的知识表示有助于计算机对推理技术的运用和对问题的求解。基于知识表示的程序主要利用推理在形式上的有效性,即在问题的求解过程中智能程序所使用的知识、方法和策略应较少地依赖于知识的具体内容。因此,通常的程序系统中都采用推理机制与知识相分离的典型体系结构。这种结构从模拟人类思维的一般规律出发来使用知识。

7.1.3 人工智能的研究范围

人工智能是研究和开发用于模拟、延伸和扩展人类智能的理论、方法、技术及应用的技术科学,是一门边缘学科,属于自然科学和社会科学的交叉。涉及学科包括:哲学和认知科学、数学、神经生理学、心理学、计算机科学、信息论、控制论和不定性论。研究范畴包括:自然语言处理、知识表现、智能搜索、推理、规划、机器学习、知识获取、组合调度问题、感知问题、模式识别、逻辑程序设计软计算、不精确和不确定的管理、人工生命、神经网络、复杂系统和遗传算法。

7.2 人工智能的起源和发展经历

人工智能的诞生始于人类对"思维机械化"的永恒追问。1936 年,24 岁的英国数学家艾伦·图灵在论文中描绘了一个抽象的计算模型——图灵机(如图 7-1 所示)。这个用纸带和读写头构成的理想装置,不仅奠定了现代计算机的理论基石,更揭示了一个革命性思想:任何形式化的推理过程都可以转化为机械运算。17 年后,当沃伦·麦卡洛克与沃尔特·皮茨在实验室用电路模拟神经元兴奋时,他们或许没有想到,这个被称为 M-P 模型的简单数学公式,将成为开启智能革命的另一把钥匙。

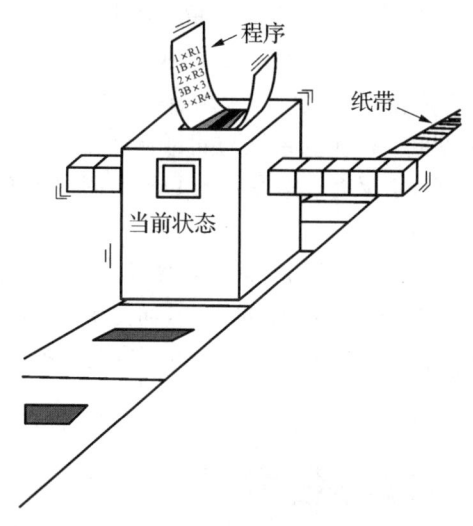

图 7-1　图灵机模型示意图

1956 年的达特茅斯会议犹如一道分水岭。约翰·麦卡锡、马文·明斯基等科学家在这座常春藤盟校的礼堂里,正式为这个新兴领域命名为"人工智能"。当时的乐观情绪弥漫整个学界——艾伦·纽厄尔展示的"逻辑理论家"程序已能自动证明数学定理,弗兰克·罗森布拉特发明的感知机更是让机器拥有了初步学习能力。人们开始相信,完全智能的机器将在 20 年内诞生。

但这种狂热在 1970 年代遭遇了严酷现实。英国数学家詹姆斯·莱特希尔受政府委托撰写的评估报告,犹如一盆冷水浇灭了资助者的热情。报告尖锐地指出:AI 既无法实现语言理解,也不能应对复杂环境。与此同时,明斯基在《感知机》中证明,单层神经网络连异或运算都无法完成。双重打击下,人工智能迎来了第一个寒冬,科研经费骤减,神经网络研究陷入长达 10 年的沉寂。

转机出现在 1986 年。大卫·鲁姆哈特等人提出的反向传播算法,像一把钥匙解开了多层神经网络的训练枷锁。虽然当时计算机性能尚不足以支撑复杂网络,但这一突破悄然埋下了种子。与此同时,专家系统在商业领域异军突起,DEC 公司的 XCON 系统每年节省 2 500万美元订单配置成本,IBM 的语音识别系统 Tangora 首次实现 2 万词汇量突破。这些成功让人们意识到:与其追求通用智能,不如深耕垂直领域。

真正的转折发生在 21 世纪第二个 10 年。2012 年 ImageNet 竞赛中,亚历克斯·克里热夫斯基团队的深度卷积神经网络 AlexNet,将图像识别错误率从 26% 骤降至 15%。这场胜利的背后是三重技术红利的同时爆发:GPU 算力的指数级增长、互联网大数据的积累以及算法架构的创新。4 年后,AlphaGo 在围棋棋盘上战胜李世石,不仅展现了深度强化学习的威力,更让公众首次直观感受到 AI 的战略决策能力。

正当深度学习高歌猛进时,2017 年谷歌团队发表的 Transformer 论文,悄然开启了另一场革命。这种基于注意力机制的架构,使模型能够捕捉文本中的长程依赖关系。OpenAI 在此基础上迭代出 GPT 系列,特别是 2022 年发布的 ChatGPT-3,展现出惊人的语言生成能力——从撰写学术论文到编写软件代码,生成式 AI 开始模糊人机创作的边界。而 DALL·E 与 Stable Diffusion 等文生图模型的出现,更是将这场创造力革命推向视觉领域。

在这场全球性技术浪潮中，中国正逐步成为重要参与者。2017年《新一代人工智能发展规划》的出台，标志着 AI 上升为国家战略。百度"文心一言"、阿里巴巴"通义千问"等大模型相继面世，商汤科技在计算机视觉领域持续领跑，科大讯飞保持语音合成技术世界纪录长达 15 年。2020 年新冠疫情期间，AI 测温系统与病毒基因分析平台的应用，展现了技术应对重大公共危机的能力。而 2025 年深度求索发布的 DeepSeek-R1 模型，更是在推理效率与本土化服务方面实现了突破性进展。

从图灵机的理论构想，到 ChatGPT 的对话流畅度超越常人，人工智能 80 余年的发展史印证了一个真理：智能的进化从来不是线性的飞跃，而是算法、算力与数据三重奏的共鸣。当我们站在大模型时代的门槛上回望，那些寒冬中的坚守与突破时的锋芒，都在诉说着人类探索智能本质的永恒渴望。

7.3 人工智能的核心技术

人工智能，作为当今科技领域的璀璨明珠，正以前所未有的速度改变着我们的生活与社会。它旨在让计算机模拟人类智能，涵盖学习、理解、推理、决策、语言、视觉等多方面能力，力求为人类提供更优质的服务与支持。经过多年发展，人工智能已衍生出一系列核心技术，这些技术是其实现智能行为的关键支撑。

1. 机器学习：数据驱动的智能进化

机器学习是人工智能领域中最热门且基础的研究方向之一，其核心目标是使计算机能够从数据中自主学习规律。在传统的软件开发中，程序员需精心编写详细规则，计算机按部就班执行任务。而机器学习则截然不同，它通过对大量数据的分析与处理，让计算机自动挖掘数据背后隐藏的模式、趋势和关联，从而构建预测模型或决策规则。

机器学习主要分为监督学习、无监督学习和半监督学习三大类别。监督学习是在有"标签"数据的指导下进行学习，如同学生在老师明确答案的教导下学习知识。例如，在图像分类任务中，为使计算机能准确区分猫和狗的图片，会给它提供大量已标注好"猫"或"狗"标签的图片数据，计算机通过学习这些数据特征，建立分类模型，进而能够对新的未标注图片进行正确分类。常见的监督学习算法包括决策树、支持向量机、朴素贝叶斯等。

无监督学习面对的是没有明确标签的数据，计算机需自行在数据海洋中探索规律、发现模式。比如，对一群用户的消费行为数据进行无监督学习，计算机可通过聚类算法，将具有相似消费模式的用户归为一类，帮助企业更好地理解用户群体特征，进行精准营销。主成分分析(PCA)、K-Means 聚类算法是无监督学习的典型代表。

半监督学习是介于监督学习和无监督学习之间的机器学习范式，旨在利用少量标注数据与大量未标注数据进行模型训练，解决标注数据获取成本高、标注过程耗时耗力的问题。在实际应用中，获取大量标注数据往往需要投入大量人力、物力和时间，而未标注数据则相对容易获取，半监督学习正是利用这一特性，有效提升模型性能与泛化能力。

机器学习是一门多领域交叉学科，涉及概率论、统计学、逼近论、凸分析、算法复杂度理论等多门学科。而深度学习则是机器学习的一个分支领域，它是一种基于对数据进行表征学习的方法。深度学习通过构建具有很多层的神经网络模型，自动从大量数据中学习复杂的特征表示。这些神经网络包含多个隐藏层,能够对数据进行逐层抽象和特征提取,从而发现数据中的深层次结构和模式。

机器学习与深度学习的详细内容将在第8章介绍。

2. 知识图谱:结构化的知识地图

知识图谱,作为人工智能领域的关键技术之一,以结构化的形式描绘了现实世界中概念、实体、属性以及它们之间的关系。其基本组成单元是"实体—关系—实体"或"实体—属性—属性值"的三元组。在知识图谱里,实体可以是具体的事物,如"苹果""北京",也可以是抽象概念,像"数学定理""文化思潮"。关系则用于界定不同实体间的联系,例如"位于""属于""制造"等。属性是对实体特征的描述,比如"苹果"的属性可能包含"颜色""品种""产地"。如图7-2所示。

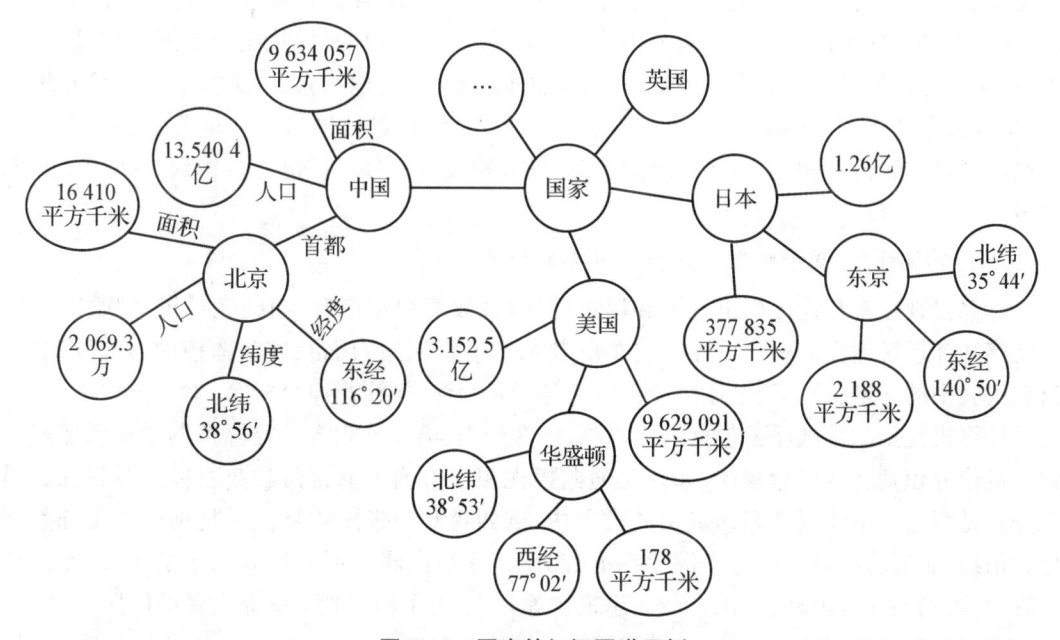

图7-2 国家的知识图谱示例

从逻辑结构来看,知识图谱主要由模式层与数据层构成。模式层处于上层,类似于知识图谱的"蓝图",它定义了实体的类别、属性以及实体间的关系类型,起着规范和组织知识的作用,通常借助本体库进行管理。举例来说,在一个描述生物的知识图谱中,模式层会明确"动物"、"植物"等类别,规定每个类别所具备的通用属性,以及不同类别实体间可能存在的关系,如"捕食"、"共生"等。数据层处于下层,是知识图谱中实际数据的存储之处,以三元组形式记录一个个具体事实。例如,"(大熊猫,属于,熊科动物)"、"(大熊猫,食性,竹子)"。

知识图谱按内容可划分为文本、视觉和多模态知识图谱。文本知识图谱围绕文本数据构建,通过从文本中抽取实体、关系和属性来组建图谱,广泛应用于语义检索、智能问答等场景,像搜索引擎利用文本知识图谱能更好理解用户查询意图,提供精准结果。视觉知识图谱聚焦于图像信息,旨在从图像里识别物体、理解物体间空间与语义关系,在自动驾驶的环境感知、工业质检的图像识别等方面发挥作用,例如帮助自动驾驶汽车识别道路上的行人、车辆和交通标志。多模态知识图谱整合文本、图像、音频等多种类型数据,能更全面、真实地反映现实世界知识,比如在智能客服中,结合用户语音、文字输入以及相关图片信息,为用户提供更贴心服务。

按领域范围,知识图谱又可分为通用知识图谱和领域知识图谱。通用知识图谱试图涵盖广泛领域的一般性知识,力求全面描绘世界,如谷歌知识图谱,能为用户提供跨领域的常识性知识查询服务。领域知识图谱则专注于特定专业领域,像医疗领域知识图谱,详细收录疾病症状、诊断方法、治疗方案、药物信息等专业知识,辅助医生诊断决策;金融领域知识图谱,梳理企业股权结构、交易关系、信用评级等信息,助力金融风险评估与投资分析。

在构建方式上,知识图谱有自顶向下和自底向上两种。自顶向下构建,先依据一些高质量结构化数据源(如专业百科网站),提取出高层次的本体和模式信息,搭建起知识图谱的基本框架,随后再逐步填充具体实体和事实数据。例如,构建一个历史知识图谱时,先从权威历史文献中确定历史时期、重大事件类别、人物角色等顶层概念和关系,再补充具体历史事件、人物事迹等详细信息。自底向上构建方式,是从大量开放的、碎片化的数据(包括网页文本、社交媒体内容等)中,运用实体抽取、关系抽取等技术,提取出实体、关系和属性等知识要素,将置信度高的部分逐渐聚合,形成知识图谱。比如,通过对网络上大量关于科技产品的讨论内容进行分析,抽取出不同品牌的产品、产品特性、用户评价等信息,构建科技产品知识图谱。

3. 计算机视觉:赋予机器感知视觉世界的能力

计算机视觉旨在让计算机理解和解释图像、视频等视觉信息,如同赋予机器"眼睛",使其能感知和理解周围的视觉世界。它在众多领域有着广泛应用,从安防监控中的人脸识别、自动驾驶中的环境感知,到工业生产中的产品质量检测、医疗影像分析等。

计算机视觉的基础任务包括目标检测、图像分类、语义分割等。目标检测是在图像或视频中定位并识别特定目标物体,如在交通监控视频中检测车辆、行人、交通标志等目标。图像分类是将输入图像划分到预定义的类别中,例如判断一张图片是猫还是狗。语义分割则更为精细,它要将图像中的每个像素都准确分类,标注出属于不同物体或场景部分,在自动驾驶中,可精确区分道路、车辆、行人、建筑物等元素,为车辆行驶决策提供详细信息。

实现这些任务依赖多种技术,如卷积神经网络(CNN)。CNN 是一种专门为处理图像数据设计的深度学习模型,通过卷积层、池化层和全连接层等结构,自动提取图像的特征。在图像分类任务中,CNN 模型经过大量图像数据训练后,能学习到不同类别的图像特征模式,从而对新图像进行准确分类。随着技术发展,基于 Transformer 架构的视觉模型也逐渐崭露头角,在处理长距离依赖关系和全局信息方面展现出优势,进一步推动计算机视觉技术的发展与应用。

4. 自然语言处理:打破人机语言沟通障碍

自然语言处理聚焦于让计算机理解、生成和交互人类自然语言,打破人机之间的语言沟通壁垒。在日常生活中,语音助手、机器翻译、智能客服、文本摘要等都是自然语言处理技术的应用实例。

自然语言处理面临诸多挑战,因为自然语言具有高度的灵活性、歧义性和上下文依赖性。例如"苹果从树上掉下来"和"我想买个苹果手机",同样"苹果"一词在不同语境含义不同。为解决这些问题,研究人员开发了多种技术。词法分析用于将文本分解为单词或词素,并标注词性；句法分析构建句子的语法结构树，揭示句子成分之间的关系；语义分析则深入理解文本的含义，包括词汇语义和句子语义。

深度学习在自然语言处理领域引发了革命性变革，以循环神经网络(RNN)及其变体长短时记忆网络(LSTM)、门控循环单元(GRU)为代表，能够有效处理序列数据，捕捉文本中的上下文信息。近年来，基于Transformer架构的预训练语言模型，如GPT系列、BERT等取得巨大成功。这些模型在大规模文本数据上进行预训练，学习到丰富的语言知识和语义表示，只需在特定下游任务上进行微调，就能在多种自然语言处理任务中展现出卓越性能，如GPT可根据给定提示生成连贯文本，BERT在文本分类、问答系统等任务中大幅提升准确率。

5. 机器人学与自主系统：智能体的现实世界行动

机器人学与自主系统致力于构建能够在现实世界中自主执行任务的智能体。智能机器人不仅具备感知环境的能力（通过传感器获取视觉、听觉、触觉等信息），还需运用人工智能技术进行决策和行动规划，以完成特定任务，如工业机器人在生产线上的精准操作、服务机器人在家庭或公共场所的服务提供、无人机在航拍测绘和物流配送中的应用等。

在机器人的决策与控制过程中，路径规划是关键环节。例如，移动机器人在复杂环境中需要规划从当前位置到目标位置的安全、高效路径，要考虑障碍物、地形等因素。常用的路径规划算法有A*算法、Dijkstra算法等，通过搜索空间寻找最优路径。同时，机器人需具备自适应能力，能根据环境变化实时调整行为。在工业生产中，当遇到零件位置偏差、生产线速度变化等情况时，工业机器人可通过视觉传感器反馈信息，结合机器学习算法调整操作参数和动作流程，保证生产任务的顺利进行。随着技术融合发展，机器人与人工智能、物联网等技术深度结合，正朝着更加智能、自主、协作的方向迈进，将在更多领域发挥重要作用，推动产业升级和社会生活的变革。

人工智能的这些核心技术相互交织、协同发展，共同构建起智能时代的技术基石。随着研究的深入和应用的拓展，它们将持续为各行业带来创新与突破，深刻改变人类的生活方式和社会发展进程，尽管在发展过程中面临可解释性、安全性、伦理道德等诸多挑战，但也激励着科研人员不断探索前行，让人工智能更好地造福人类。

7.4 人工智能的相关应用

随着人工智能理论研究的发展，人工智能的应用领域越来越宽广，应用效果也越来越显著。广泛应用于：机器视觉、虚拟现实、指纹识别、人脸识别、视网膜识别、虹膜识别、掌纹识别、专家系统、自动规划、智能搜索、定理证明、博弈、自动程序设计、智能控制、机器人学、语言和图像理解、遗传编程等领域。

7.4.1 人工智能在医疗诊断领域的应用和发展

在当今数字化与智能化飞速发展的时代，人工智能(Artificial Intelligence，AI)作为前沿技术的代表，正以迅猛之势融入医药领域的各个环节，深刻改变传统医药行业的格局，为解决长期以来困扰该领域的诸多难题提供了创新路径与有力支撑。

1. 药物研发

药物研发堪称医药领域最为关键且复杂的环节之一,传统模式面临着成本高昂、周期漫长以及失败率居高不下等严峻挑战。从最初的药物靶点发现,到历经多轮临床试验最终获批上市,整个过程往往需要耗费数年时间以及数十亿美元的巨额投入。而人工智能技术的介入,为这一困境带来了曙光。

(1) 药物靶点发现。人体的生理病理过程涉及众多复杂的分子机制,确定精准有效的药物靶点是药物研发的关键起点。AI 能够对海量生物数据,如基因序列、蛋白质结构与功能信息、细胞信号通路数据等,进行深度挖掘与分析。通过机器学习算法,可识别出与疾病发生发展密切相关的潜在靶点,显著提高靶点发现的效率与准确性。例如,利用深度学习算法对大规模基因表达数据进行分析,能够发现疾病特异性的基因表达模式,从而筛选出可能的药物作用靶点。

(2) 药物分子设计与筛选。在确定药物靶点后,需设计并筛选出能够与靶点有效结合且具备良好成药性的药物分子。AI 在这一环节展现出强大的能力,可通过虚拟筛选技术,在庞大的化合物数据库中快速搜索并预测具有潜在活性的药物分子。一些先进的 AI 模型,如生成对抗网络(GANs)和变分自编码器(VAEs),甚至能够根据特定的靶点特征和药物性质要求,全新生成具有创新性结构的药物分子,为药物研发开辟了新思路。例如,英国的 BenevolentAI 公司利用其开发的 AI 平台,针对埃博拉病毒病进行药物研发。通过对海量的化合物数据库以及相关生物医学文献进行挖掘与分析,AI 系统快速筛选出了一些潜在的药物分子。这些分子在传统的研发模式下可能需要耗费大量的时间和人力才能被发现。随后,研究人员基于 AI 的筛选结果进行进一步的实验验证,发现其中一种化合物能够有效抑制埃博拉病毒的复制,展现出了作为新型抗埃博拉药物的潜力。

(3) 临床前药物研究。临床前研究旨在评估药物的安全性和有效性,为临床试验提供依据。AI 可模拟药物在体内的药代动力学和药效学过程,预测药物在不同个体中的吸收、分布、代谢和排泄情况,以及药物与机体的相互作用,减少动物实验的盲目性,降低研发成本。通过构建生理药代动力学(PBPK)模型结合 AI 算法,能够更准确地预测药物在人体中的剂量—反应关系,优化药物的剂型和给药方案。

(4) 临床试验优化。临床试验的设计与实施复杂且耗时,AI 可助力优化这一过程。利用机器学习算法对患者数据进行分析,能够更精准地筛选合适的试验参与者,提高试验效率与成功率。AI 还可实时监测临床试验数据,及时发现潜在问题与风险,如药物不良反应的早期预警,有助于及时调整试验方案,保障试验的顺利进行与受试者安全。

2. 疾病诊断

准确及时的疾病诊断是有效治疗的前提,AI 在医学影像诊断、辅助临床决策等方面取得了令人瞩目的进展。

(1) 医学影像诊断。医学影像检查,如 X 光、CT(计算机断层扫描)、MRI(磁共振成像)等,在疾病诊断中应用广泛,但影像的判读依赖医生的经验与专业水平,且面对复杂影像时易出现误诊或漏诊。深度学习算法能够对各类医学影像进行快速、精准分析,识别病变特征,辅助医生做出更准确的诊断。例如,在肺部疾病诊断中,AI 可对肺部 CT 影像进行分析,准确检测出肺结节,如图 7-3 所示,并判断其良恶性,提高早期肺癌的诊断率。在眼科领域，AI能够通过分析眼底图像，诊断糖尿病视网膜病变等眼部疾病，如图7-4所示，为患者的及时治疗争取宝贵时间。

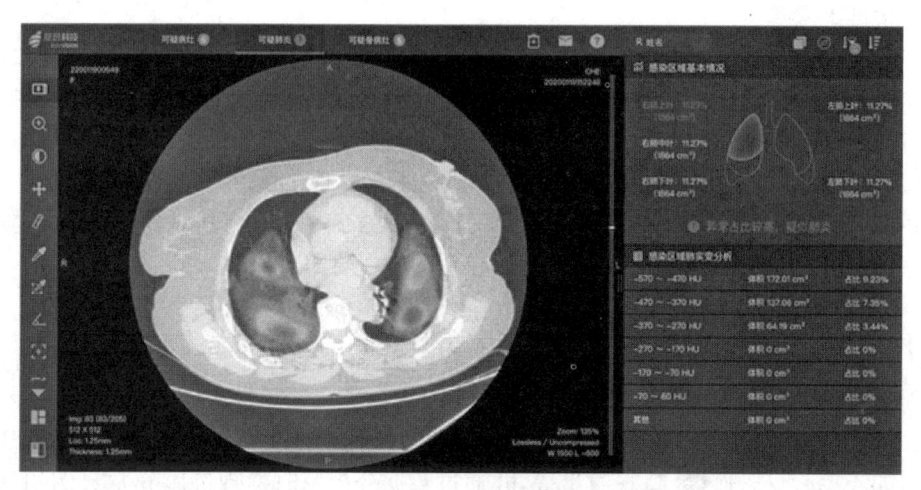

图7-3　AI系统标注的肺部微小结节

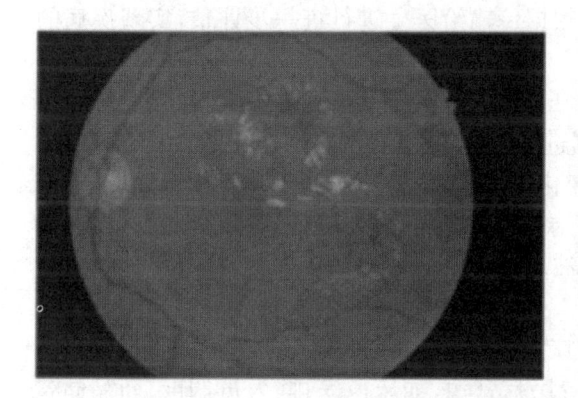

图7-4　AI系统IDx-DR筛查糖尿病视网膜病变

(2) 辅助临床决策。患者的临床数据，包括症状、病史、实验室检查结果、基因检测数据等，往往复杂多样。AI系统可整合这些多源数据，利用决策树、贝叶斯网络等算法，为医生提供辅助诊断建议与治疗方案推荐。例如，IBM Watson for Oncology系统，通过学习海量医学文献、临床指南和真实病例数据，能够针对不同类型的癌症患者，综合考虑其病情、身体状况等因素，提供个性化的治疗方案建议，帮助医生拓宽诊疗思路，提高诊疗的规范性与精准性。同时，AI还可通过对临床数据的实时分析，预测疾病的发展趋势与转归，为医疗干预提供依据。

3. 个性化医疗

每个人的基因背景、生活环境、生理状态等存在差异，对疾病的易感性以及对药物的反应各不相同。个性化医疗旨在根据个体特征制定精准的医疗方案，以实现最佳治疗效果，而AI为此提供了有力的技术支撑。

(1) 基因分析与疾病风险预测。AI能够对个体的基因组数据进行深度解读，分析基因突变与疾病发生风险的关联，预测个体患某些遗传性疾病或复杂疾病（如心血管疾病、肿瘤等）的风险。通过整合基因数据与临床信息，构建风险预测模型，可为个体提供个性化的疾病预防建议与健康管理方案。例如,通过对乳腺癌相关基因(如 BRCA1 和 BRCA2)的分析,结合家族病史等信息,AI 可评估女性患乳腺癌的风险,并指导采取相应的预防措施,如定期筛查、预防性手术等。

(2) 药物基因组学与个性化用药。药物基因组学研究基因多态性对药物疗效和不良反应的影响。AI 可综合分析患者的基因数据、临床特征以及药物代谢相关信息,预测患者对特定药物的反应,包括疗效和可能出现的不良反应,帮助医生选择最适合患者的药物种类与剂量,实现个性化用药,提高治疗效果并减少药物不良反应的发生。例如,在抗血小板药物氯吡格雷的使用中,AI 可根据患者的 CYP2C19 基因多态性,预测其对药物的代谢能力,指导医生合理调整用药剂量,避免因药物抵抗导致的心血管事件发生。

4. 医疗保健与疾病管理

AI 在医疗保健与疾病管理方面同样发挥着重要作用,有助于提高医疗服务的可及性与质量,促进疾病的早发现、早治疗与长期有效管理。

(1) 智能健康监测。随着可穿戴设备与移动医疗技术的发展,AI 可实时监测个体的生命体征,如心率、血压、血糖、睡眠质量等,并通过数据分析及时发现健康异常。例如,智能手环能够实时监测用户的心率变化,当检测到心率异常升高或出现心律失常时,通过 AI 算法分析判断后,及时向用户发出预警,并将相关数据传输给医生进行进一步评估,实现疾病的早期预警与干预。

(2) 慢性病管理。慢性病如糖尿病、高血压、心脏病等,需要长期的规范化管理。AI 可通过建立慢性病管理模型,对患者的疾病数据进行分析,为患者制订个性化的饮食、运动、药物治疗等管理方案,并实时跟踪患者的病情变化,提供远程指导与调整建议。例如,针对糖尿病患者,AI 可根据其血糖监测数据、饮食记录、运动情况等,为患者制订合理的饮食计划和运动方案,提醒患者按时服药,并根据血糖波动情况及时调整治疗方案,提高慢性病患者的自我管理能力与生活质量。

(3) 医疗资源优化配置。AI 可通过对医疗大数据的分析,预测不同地区、不同时间段的医疗服务需求,帮助医疗机构合理规划和配置医疗资源,如床位安排、人员调度、药品储备等,提高医疗资源的利用效率,改善医疗服务的可及性与公平性。例如,通过分析历史就诊数据和疾病流行趋势,AI 可预测流感高发季节某地区的发热门诊就诊人数,医疗机构据此提前调配医护人员、准备药品和物资,以应对就诊高峰。

尽管人工智能在医药领域已取得诸多令人振奋的成果,但在广泛应用过程中仍面临一系列挑战。如医疗数据的质量与安全性问题,医疗数据具有敏感性、复杂性和隐私性,确保数据的准确、完整以及在 AI 应用过程中的安全保护至关重要;AI 算法的可解释性与透明度有待提高,在医疗决策中,医生和患者需要理解 AI 做出决策的依据;医疗法规与监管政策需与时俱进,以规范 AI 医疗产品的研发、审批与使用。随着技术的不断进步与完善,以及相关政策法规的健全,人工智能必将在医药领域发挥更大的作用,推动医药行业迈向更加智能、精准、高效的新时代,为人类健康福祉带来更为深远的积极影响。

7.4.2 人工智能在教育领域的应用和发展

1. 个性化学习指导

传统教育模式往往采用"一刀切"的教学方法,难以兼顾每个学生独特的学习节奏、风格与需求。而人工智能技术借助对学生学习数据的深度挖掘与分析,能够为个性化学习提供有力支撑。通过在线学习平台、智能学习设备等收集学生的学习进度、答题情况、作业完成时间、知识点掌握程度等多维度数据,运用机器学习算法构建学生学习画像。例如,系统能够依据学生对不同学科知识点的理解与掌握差异,判断其优势与薄弱环节,进而量身定制个性化学习路径。对于数学学科中几何部分掌握欠佳的学生,智能学习系统可自动推送针对性的知识点讲解视频、练习题以及拓展学习资料,帮助学生有重点地进行强化学习。此外,人工智能还能根据学生的兴趣偏好,推荐契合其兴趣点的学习资源,激发学生的学习内驱力,提升学习的主动性与积极性。例如,对于热爱科幻文学的学生,在语文学习中,系统可推荐相关科幻主题的阅读材料、写作任务,让学习过程更具吸引力。

2. 智能辅导与答疑

智能辅导系统是人工智能在教育领域的典型应用之一,能够实时为学生提供精准的学习支持。这些系统运用自然语言处理技术,理解学生的问题,并通过知识图谱等技术,快速检索和匹配相关知识点,为学生提供详细、准确的解答。以作业帮、小猿搜题等智能学习APP为例,学生在遇到难题时,只需通过拍照或语音输入问题,系统便能迅速给出解题思路、答案以及详细的步骤解析。更先进的智能辅导系统,还能深入分析学生的错误原因,针对学生的思维误区进行个性化辅导。比如,当学生在物理电路问题上频繁出错时,系统不仅告知正确解法,还能通过模拟电路运行过程,以可视化方式帮助学生理解电路原理,纠正错误认知,提升学生自主解决问题的能力。同时,智能辅导系统还能实现 7×24 小时不间断服务,打破时间与空间限制,随时随地满足学生的学习需求,弥补传统教师辅导在时间和精力上的不足。

3. 教学过程优化

在教学过程中,人工智能助力教师实现教学内容与方法的优化。一方面,通过对课堂教学数据的分析,如学生课堂互动参与度、注意力集中时长、表情识别等,教师能够实时了解学生的学习状态。利用智能教学设备收集的这些数据,经人工智能算法处理后,生成可视化报告,为教师调整教学节奏、改进教学方法提供依据。例如,若报告显示在讲解某一复杂知识点时,多数学生注意力下降、表情困惑,教师可及时放缓教学进度,采用更生动形象的案例或多媒体资源进行二次讲解。另一方面,人工智能可辅助教师进行备课工作。智能备课系统能够根据教学大纲、课程目标以及学生学情,自动生成教学方案、课件素材等。教师只需输入相关教学主题与要求,系统便能从海量教学资源库中筛选、整合出合适的教学内容,包括知识点讲解、案例分析、课堂练习等,节省教师备课时间,且提供多元化的教学思路,提升备课质量。此外,在教学资源制作方面,人工智能的图像识别、语音合成等技术可用于创建丰富的多媒体教学资源,如将文字教材转化为有声读物,制作生动的动画演示视频,增强教学内容的趣味性与吸引力。

4. 智能教学评价

传统教学评价方式主要依赖考试成绩与教师主观评价,存在一定局限性。人工智能推动教学评价向多元化、精准化、过程性方向发展。在学习过程中,通过对学生学习行为数据的持续采集与分析,如在线学习时长、参与讨论的活跃度、作业完成质量与时间等,构建过程性评价体系,全面、动态地反映学生的学习努力程度与进步情况。在终结性评价方面,人工智能能够对考试结果进行深度分析,不仅呈现学生的成绩排名,还能挖掘学生对不同知识模块的掌握情况、解题思路与技巧运用、知识点之间的关联理解等信息,为教师提供详细的学情诊断报告。例如,通过对数学考试结果的分析,系统能指出学生在函数、几何、代数等各个板块的得分率、易错点以及学生群体在解题思维上的共性问题与个体差异,帮助教师更精准地了解学生学习状况,为后续教学改进提供明确方向。同时,基于人工智能的智能评分系统可实现对主观题,如作文、论述题等的自动评分,通过对大量优秀范文的学习,系统能够识别不同等级作文的语言特征、逻辑结构、内容深度等要素,为学生作文给出相对客观、准确的评分,并提供针对性的改进建议,提高评价效率与公正性。

7.4.3 人工智能在金融领域的应用和发展

1. 智能客服与投资顾问

(1) 智能客服。金融机构每天都会面临海量客户咨询,涵盖账户信息查询、业务办理流程、产品详情咨询等多方面问题。传统人工客服难以满足如此高强度、多样化的服务需求,且成本高昂。智能客服依托自然语言处理和语音识别技术,能够实时与客户沟通交流。当客户来电或在线咨询时,智能客服可迅速理解客户意图,精准定位问题关键,从庞大的知识库中提取合适答案,为客户提供准确解答,同时还能协助完成账户查询、部分业务办理等操作。以某大型商业银行为例,引入智能客服系统后,常见业务咨询的响应时间从原本人工客服的平均几分钟缩短至数秒,客户满意度大幅提升,人工客服工作量显著减轻,释放出更多人力投入到复杂业务处理中。

(2) 智能投资顾问。个人投资者在进行投资决策时,常因缺乏专业知识和时间精力,难以制定合理投资策略。智能投资顾问借助算法对客户风险偏好、财务状况、投资目标等多维度信息进行深度分析,为客户量身定制个性化投资建议与资产配置方案。同时,实时跟踪市场动态,依据市场变化迅速调整投资组合。如美国的 Betterment 平台,通过智能投资顾问系统,为大量中小投资者提供低门槛、低成本且专业的投资服务,帮助投资者实现资产稳健增值。在市场波动时,能及时调整投资组合中各类资产比例,有效降低风险并保障收益。

2. 风险管理

(1) 风险识别与评估。金融市场复杂多变,风险无处不在,精准识别与评估风险至关重要。人工智能可对海量历史交易数据、市场数据、客户信息等进行分析。利用机器学习算法构建风险评估模型,能有效识别信用风险、市场风险、操作风险等潜在风险因素。例如,在信用风险评估方面,传统方法主要依据客户财务报表、信用记录等有限信息,难以全面反映客户真实信用状况。而人工智能模型可整合客户消费行为、社交关系、网络浏览痕迹等多源数据,更精准预测客户违约概率。像一些互联网金融平台运用人工智能技术,将信用评估准确率大幅提高,有效降低违约风险。

(2) 风险监测与预警。实时监测金融市场运行状况,及时发现潜在风险并预警,是防范金融风险的关键。人工智能通过对市场数据的实时分析,能迅速捕捉异常波动和潜在风险信号。例如,在股票市场中,可实时监测股票价格、成交量等数据变化,当发现某只股票价格短期内异常波动且交易量急剧放大,偏离正常波动范围时,人工智能系统即刻发出预警,提示投资者和金融机构关注,以便及时采取措施,如调整投资组合、加强风险管控等,避免损失扩大。

3. 反欺诈检测

金融欺诈手段层出不穷，给金融机构和客户带来巨大损失。人工智能通过对交易行为数据的分析，建立欺诈行为识别模型。正常交易行为往往具有一定规律和模式，而欺诈交易通常会出现异常特征，如交易金额异常、交易地点频繁变动、交易时间不符合常理等。人工智能模型能够实时监测交易数据，一旦发现异常交易，立即发出警报，阻止欺诈行为发生。以信用卡交易为例，人工智能系统可实时分析每一笔刷卡交易信息，当检测到某笔交易在短时间内跨地域频繁刷卡，且消费金额与持卡人过往消费习惯不符时，迅速冻结账户，要求持卡人进行身份验证，有效防范信用卡盗刷等欺诈行为。

7.4.4 人工智能在农业领域的应用

1. 精准农业生产管理

精准农业旨在根据农田内不同区域的土壤、作物生长状况等差异，进行精准投入与管理，以提高资源利用效率和农作物产量。通过卫星图像、无人机航拍影像以及地面传感器网络等多种手段，能够收集大量关于农田土壤肥力、水分含量、作物生长态势等数据，运用机器学习算法对这些多源数据进行分析，可精准识别出农田中土壤贫瘠、水分缺失或作物生长异常的区域，如图 7-5 所示。例如，利用图像识别技术对无人机拍摄的农田影像进行处理，能够快速检测出作物的病虫害感染范围与严重程度。基于分析结果，农民可针对性地对这些区域进行施肥、灌溉或病虫害防治，避免在整个农田进行统一、粗放式作业，从而减少资源浪费，降低生产成本。

2. 作物生长监测与预测

实时、准确地掌握作物生长状况，并对未来生长趋势进行有效预测，对农业生产决策至关重要。人工智能通过整合各类传感器数据，如温湿度传感器、光照传感器、土壤养分传感器等，结合作物生长模型，能够实时监测作物生长环境参数和作物自身生理指标。例如，通过分析作物叶片颜色、形状变化以及植株高度增长数据，可判断作物的健康状况与生长阶段，如图 7-6 所示。利用深度学习算法对大量历史数据进行学习，还能预测作物的产量、成熟时间以及可能面临的自然灾害风险。比如，依据历史气象数据、土壤条件和作物生长数据，预测在未来一段时间内，某种作物遭遇干旱、洪涝等自然灾害时的受灾程度，帮助农民提前制定应对措施，保障农业生产的稳定性。

图 7-5　土壤 CT 扫描

图 7-6　AI 在叶片照片上圈出的锈病斑点

3. 智能灌溉与施肥系统

合理的灌溉和施肥是保证作物健康生长、提高产量的关键因素。人工智能驱动的智能灌溉与施肥系统，能够根据土壤湿度、作物需水、需肥规律以及气象条件等多方面数据，实现精准灌溉和精准施肥。系统中的传感器实时监测土壤水分和养分含量，当土壤湿度低于作物适宜生长范围时，自动开启灌溉设备，并根据作物不同生长阶段的需水量，精确控制灌溉水量和时间，避免过度灌溉或灌溉不足。在施肥方面，通过分析土壤养分数据和作物生长模型，确定不同区域所需肥料的种类和用量，自动施肥设备依据指令进行精准施肥，既满足作物生长需求，又防止肥料浪费和环境污染，提升农业生产的可持续性。

4. 农产品质量检测与分级

在农产品收获后，对其进行快速、准确的质量检测与分级，有助于提升农产品市场竞争力，实现优质优价。利用计算机视觉和深度学习技术，能够对农产品的外观特征，如形状、大小、颜色、表面缺陷等进行分析，判断农产品的品质等级。例如，在水果分级中，通过对水果图像的分析，识别出水果的大小、色泽均匀度、有无病虫害斑点等，将水果分为不同等级，满足不同市场需求。在肉类产品检测中，结合近红外光谱分析技术和机器学习算法，可检测肉类的脂肪含量、水分含量、肉质纹理等指标，评估肉类品质，保障食品安全。

7.4.5 人工智能在自动驾驶领域的应用和发展

在现代交通科技不断演进的进程中，人工智能正逐渐成为自动驾驶领域的核心驱动力，重塑着未来出行的蓝图。以下将从多方面简单介绍人工智能在这一领域的应用。

1. 环境感知，传感器融合

自动驾驶车辆要实现安全行驶，精准感知周围环境是首要前提。人工智能在此发挥着关键作用，借助多种传感器与先进算法，让车辆仿若拥有"智慧之眼"。

自动驾驶汽车配备了丰富多样的传感器，如激光雷达、毫米波雷达、摄像头以及超声波雷达等。激光雷达通过发射激光束并测量反射光的时间来构建周围环境的三维点云图，能够精确获取目标物体的距离、位置和形状信息，精度高且可靠性强，例如在识别前方车辆、行人及障碍物时表现出色。毫米波雷达则利用毫米波频段的电磁波探测目标，在恶劣天气（如雨、雾、雪）条件下仍能稳定工作，主要用于检测目标物体的速度和相对距离。摄像头作为视觉传感器，可识别车道线、交通信号灯、交通标志、行人、车辆等丰富信息，成本相对较低，但易受光照条件影响。

2. 路径规划

路径规划旨在为自动驾驶车辆找到一条从当前位置到目标位置的安全、高效行驶路径，需综合考虑交通规则、道路状况、车辆自身状态等多方面因素。人工智能技术为复杂环境下的路径规划提供了强大支持。

（1）全局路径规划。全局路径规划通常基于地图信息，确定车辆从起点到终点的大致行驶路线。高精度地图在其中扮演重要角色，它不仅包含道路的拓扑结构、车道信息，还标注了交通规则（如禁止转弯、单行线等）以及道路设施（如信号灯、收费站）等详细信息。人工智能算法结合车辆当前位置和目的地信息，在高精度地图上运用 A *算法、Dijkstra 算法等经典搜索算法,或基于强化学习的优化算法,搜索出一条全局最优路径。例如,当车辆需要从城市的一端驶向另一端时,全局路径规划算法会考虑避开拥堵路段、施工区域,选择最快捷的道路组合,同时遵循交通规则,规划出一条最优的行驶路线。

(2) 局部路径规划。局部路径规划关注车辆在短时间内的具体行驶轨迹,以应对实时变化的交通状况,如突然出现的障碍物、前方车辆的急刹车等。基于传感器实时感知到的周围环境信息,利用搜索算法、采样算法(如快速探索随机树算法,RRT)或模型预测控制(MPC)等人工智能技术,在全局路径的基础上,动态规划出车辆下一时刻的行驶路径,确保车辆能够安全、平稳地避开障碍物,跟随前车行驶或完成变道等操作。

3. 决策与控制

决策与控制是自动驾驶系统的核心环节,依据环境感知和路径规划的结果,决定车辆的行驶策略并控制车辆的执行机构,实现安全、稳定的自动驾驶。

(1) 决策算法。决策算法模拟人类驾驶员的决策过程,根据感知到的交通场景和规划好的路径,做出合理的行驶决策。强化学习在这方面得到广泛应用,通过让车辆在大量不同的交通场景中进行模拟训练,与环境不断交互并获得奖励反馈,学习到在各种情况下的最优决策策略。例如,在遇到交通拥堵时,决策算法能够根据路况信息、车辆排队情况以及与前车的距离等因素,决定是跟随车流缓慢行驶、尝试变道还是采取其他策略以提高通行效率;在接近交叉路口时,依据信号灯状态、其他车辆和行人的通行情况,决定是否通过路口以及以何种速度通过。

(2) 车辆控制。在决策确定后,车辆控制负责将决策转化为实际的车辆操作,控制车辆的加速、减速、转向和制动等。人工智能算法通过对车辆动力学模型的精确建模和实时计算,根据决策指令输出合适的控制信号,驱动车辆的发动机、变速器、转向系统和制动系统等执行机构,实现对车辆行驶状态的精准控制。例如,在自动泊车场景中,车辆控制算法根据感知到的停车位位置和车辆当前姿态,精确控制车辆的转向角度、速度和加速度,使车辆能够平稳、准确地倒入停车位。同时,为确保行驶安全,车辆控制还具备故障诊断和冗余备份功能,当某个执行机构出现故障时,系统能够及时切换到备用方案,维持车辆的基本行驶能力。

7.4.6 人工智能在文娱领域的应用

在科技飞速发展的当下,人工智能正以独特优势重塑文娱领域,从创作、制作到分发、消费各环节,带来前所未有的变革与机遇,让文娱产业焕发全新活力。

1. 创作环节的革新

(1) 内容创意激发。传统创作常依赖创作者个人灵感与经验,而人工智能能拓展思路。借助自然语言处理技术,AI 可对海量文学作品、影视剧本、音乐旋律等文娱素材深度分析,挖掘热门主题、情节架构、情感表达趋势等,为创作者提供创意启发。比如,文学创作者输入特定关键词、风格偏好后,AI 写作辅助工具能生成故事梗概、人物设定、情节走向建议,打破创作瓶颈。以某知名网文平台为例,引入 AI 创意助手后,创作者平均创作灵感获取时间缩短约 30%,且新作品题材创新性提升 20%,平台上涌现出一批融合科幻、悬疑、古风等多元元素的新颖网文。

(2) 素材生成助力。图像、音乐、视频等素材制作耗时费力,AI 技术显著提升效率。在图像创作方面,生成对抗网络(GANs)可依据文本描述生成精美图像。如游戏公司策划新游戏场景时,输入"奇幻森林中古老城堡,周围有发光精灵飞舞",AI绘图工具能快速输出相应概念图,经美术团队微调即可用于游戏设计,相比传统手绘概念图,制作周期从数天缩短至数小时。音乐创作中,AI能根据给定节奏、风格、情感基调生成旋律与和声。

2. 制作过程的优化

(1) 视觉效果提升。电影、游戏等文娱作品对视觉效果要求严苛。深度学习与计算机视觉技术,特别是卷积神经网络(CNN),可自动识别和剪辑关键场景,实时应用特效,极大提升视觉效果质量与制作速度。如在影视后期制作中,对复杂场景的抠图、合成,传统方法需人工逐帧处理,效率低且易出错,而 AI 技术能精准识别主体与背景,快速完成抠图合成,让特效融入更自然。在游戏制作中,利用 AI 优化图形渲染,可使游戏画面光影效果更逼真、纹理更细腻,提升玩家视觉体验。

(2) 虚拟角色塑造。虚拟数字人在文娱领域应用愈发广泛,涵盖虚拟偶像、虚拟主播、影视虚拟角色等。AI 赋予虚拟角色自然交互能力与生动表现力。通过语音识别和自然语言处理技术,虚拟角色可实时理解用户话语并做出恰当回应,实现自然流畅对话。在动作捕捉方面,借助 AI 技术,仅需少量数据即可驱动虚拟角色做出丰富、自然的动作,无需复杂动作捕捉设备与大量数据采集。

7.4.7 人工智能应用总结

人工智能已成为推动各行业变革的核心技术,其应用价值在多领域逐步显现。在教育领域,AI 贯穿教学全流程,从智能备课、课堂学情分析到课后个性化辅导,有效提升教学精准度与学习效率。医疗行业中,深度学习助力医学影像快速诊断,AI 分析多源数据实现疾病风险预测,同时加速药物研发进程,为攻克疑难病症提供技术支撑。金融领域,人工智能构建风险评估模型,实时监测交易异常,智能投资顾问基于用户画像提供动态资产配置方案,智能客服实现高效咨询服务。文娱产业中,AI 辅助内容创作,驱动虚拟数字人发展,并通过精准推荐系统优化用户体验。

尽管人工智能在多领域取得显著成效,但其发展仍面临数据安全、算法偏见、伦理规范等挑战。未来需在技术创新与风险管控间寻求平衡,完善相关法规政策,确保人工智能技术更好地服务于社会发展与人类福祉。

本章小结

本章系统性地介绍了人工智能技术的核心概念、发展历程、技术体系及典型应用。首先从人工智能的定义出发,梳理了其从符号主义到连接主义的范式演进,并总结了人工智能的五大典型特征:学习能力、推理与决策、环境感知、自然语言处理和自主性。随后,深入剖析了人工智能的基本原理,包括知识表示、机器学习及深度学习等关键技术,揭示了数据、算法与算力在智能系统构建中的协同作用。最后深入展开介绍了人工智能在不同领域的应用,探讨了人工智能的社会影响与技术挑战。人工智能的发展不仅是技术的突破,更是人类认知边界的拓展,其未来将依赖于跨学科协作与创新生态的持续进化。

习题与自测题

一、选择题

1. 人工智能的核心目标是什么？（　　）。
   A. 模拟人类智能行为　　　　　　　　B. 完全替代人类工作
   C. 仅用于科学研究　　　　　　　　　D. 提高计算机运算速度
2. 以下哪项不属于人工智能的典型特征？（　　）。
   A. 学习能力　　　B. 自主性　　　C. 完全自主意识　　　D. 环境感知
3. 1956年达特茅斯会议标志着什么？（　　）。
   A. 计算机的发明　　　　　　　　　　B. 人工智能成为独立学科
   C. 深度学习的诞生　　　　　　　　　D. 专家系统的广泛应用
4. 深度学习的核心结构是什么？（　　）。
   A. 决策树　　　B. 支持向量机　　　C. 神经网络　　　D. 贝叶斯网络
5. 知识图谱的基本表示单元是什么？（　　）。
   A. 向量　　　　　　　　　　　　　　B. 三元组（头实体—关系—尾实体）
   C. 矩阵　　　　　　　　　　　　　　D. 逻辑规则
6. 计算机视觉在自动驾驶中主要用于哪项任务？（　　）。
   A. 语音识别　　　　　　　　　　　　B. 图像分类与目标检测
   C. 文本翻译　　　　　　　　　　　　D. 金融风控
7. 自然语言处理（NLP）的核心挑战是什么？（　　）。
   A. 提高计算速度　　　　　　　　　　B. 理解语义和上下文
   C. 优化存储空间　　　　　　　　　　D. 降低硬件成本
8. 强化学习的核心思想是什么？（　　）。
   A. 通过数据标注进行学习　　　　　　B. 通过试错与环境交互优化策略
   C. 仅依赖预定义的规则　　　　　　　D. 仅用于图像识别
9. 人工智能在医疗诊断中的主要优势是？（　　）。
   A. 完全替代医生　　　　　　　　　　B. 提高诊断速度和准确性
   C. 降低医疗成本至零　　　　　　　　D. 仅用于药物研发
10. 以下哪项不是人工智能伦理关注的重点？（　　）。
    A. 算法公平性　　　B. 数据隐私　　　C. 计算速度优化　　　D. 可解释性

二、填空题

1. 人工智能的两大研究范式是_____和_____。
2. 机器学习按照学习方式可分为监督学习、无监督学习和_____。
3. 知识图谱的存储方式主要包括基于_____和基于图数据库的存储。
4. 计算机视觉的核心任务包括图像分类、目标检测和_____。
5. 人工智能在自动驾驶中的关键技术包括环境感知、决策规划和_____。

第 8 章

机器学习与深度学习

8.1 机器学习概述

　　AlphaGo 的胜利，无人驾驶的成功，模式识别的突破性进展，人工智能的飞速发展一次又一次地挑动着我们的神经。我们已经知道通过人工智能技术，计算机可以模拟人的思维方式来实现思考、推理与联想等智能化行为。而这些智能的本质不是因为计算机复制了人类知识，而是它们拥有可以从数据中获取信息，不断学习新知识的能力。这源于人工智能的核心技术——机器学习（Machine Learning）。

8.1.1 机器学习的诞生与发展

　　现实世界中我们已经非常习惯依靠各种"聪明"的软件或者机器来帮助解决身边的麻烦。比如出行时我们会用地图软件随时随地为自己规划一个便捷通畅的路线，无聊时会用试听软件随机推荐符合自己喜好的音乐或视频，理财时会用预测软件来预测股市或基金的走势，面对家务时会在家中放置一个扫地机器人来进行日常保洁……这些正是机器学习在发挥它的能力，但机器学习发展至今并不是一帆风顺的。

　　自 20 世纪 50 年代，机器学习正式进入人们的视野并开始了不断发展，其演变过程更是与计算机科学、概率论、统计学、信息论、神经科学等多个领域相互交织。机器学习的发展历程大体可以分为 5 个阶段。

　　第一阶段是从 20 世纪 50 年代初至 60 年代中叶，是机器学习奠定基础的热烈时期。

　　唐纳德·赫布(Donald Hebb)于 1949 年基于神经心理学的学习机制开启了机器学习的第一步。此后被称为 Hebb 学习规则。Hebb 学习使网络能够提取数据集的统计特性，从而按照它们的相似性程度划分为若干类。这与人类观察和认识世界的过程非常吻合，人类一定程度上就是在根据事物的统计特征对其进行分类。1950 年，艾伦·图灵(Alan Turing)发表论文《计算机器与智能》，提出"图灵测试"，暗示了机器可能通过"学习"获得智能。1952 年，IBM 科学家亚瑟·塞缪尔开发了一个西洋棋程序。只需要在开始时告诉程序游戏规则和一些常用的技巧，经过一段时间的学习后，即可学习到足以战胜作者的棋艺。这个游戏程序是世界上第一个自主学习的计算机程序,宣告了机器学习的诞生。1959年,塞缪尔正式确立了"机器学习"这个名字。

这一时期机器学习研究的是"没有知识"的学习,即"无知学习",以实现自适应或自组织系统。通过不断修正系统中的控制参数以改进系统的执行能力。观测机器环境及其相应参数的改变对系统产生的影响,系统不断调整自身并选择一个最优的环境继续生存。

第二阶段是从20世纪60年代中到70年代末,机器学习的发展步伐几乎处于停滞状态,称为机器学习的冷静时期。

这时期的主要研究目标是模拟人类的概念学习过程,将各领域的知识植入系统,同时采用图结构及逻辑结构方面的知识进行系统描述。虽然这个时期温斯顿(Winston)的结构学习系统和海斯·罗思(Hayes Roth)等的基于逻辑的归纳学习系统取得较大的进展,但只能学习单一概念,而且未能投入实际应用。此外,神经网络学习机因理论缺陷未能达到预期效果而转入低潮。

第三阶段从20世纪70年代末到80年代中,是机器学习的复兴时期。

从20世纪70年代末开始,人们从学习单个概念扩展到学习多个概念,探索不同的学习策略和各种学习方法。学习系统与各类应用相结合取得了巨大的成功,并出现了第一个专家学习系统。机器学习在大量的实践应用中回到人们的视线,慢慢复苏。1980年,在美国的卡内基梅隆大学(CMU)召开了第一届机器学习国际研讨会,标志着机器学习研究已在全世界兴起。此后,机器归纳学习进入应用。经过一些挫折后,多层感知器(Multilayer Perceptron,MLP)由伟博斯在1981年的神经网络反向传播(Back Propagation,BP)算法中具体提出。BP仍然是今天神经网络架构的关键因素。有了这些新思想,神经网络的研究又加快了。1989年,设计出了第一个真正意义上的卷积神经网络,用于手写数字的识别。

第四阶段从20世纪90年代初末至21世纪初,机器学习学科的成型与突破时期。

这一时期,知识发现与数据挖掘研究的蓬勃发展,为从计算机数据库和计算机网络中提取有用的信息和知识提供了新的方法。知识发现的核心是数据驱动,基于大量数据构建概率统计模型,并运用模型对数据进行预测与分析。统计学习逐渐成为机器学习的主流技术。与此同时,博瑟(Boser)、盖约(Guyon)和瓦普尼克(Vapnik)提出了著名的支持向量机算法(Support Vector Machine,SVM),其优越的性能在文本分类研究中初露锋芒。这是机器学习领域中一个最重要的突破。

第五阶段,即机器学习的蓬勃发展时期,自21世纪初至今。

神经网络研究领域领军者辛顿(Hinton)在2006年提出了神经网络Deep Learning算法,使神经网络的能力大大提高,向支持向量机发出挑战。其与学生在顶尖学术刊物 *Science* 上发表的一篇文章正式开启了深度学习在学术界和工业界的浪潮。

深度学习不仅使机器学习走出了瓶颈期,而且呈现出爆发式的发展,现已广泛深入到各个领域中。例如视觉识别、语音识别、机器翻译、推荐系统、信息检索等,由于可获取大规模数据,深度学习已获得了令人瞩目的成绩。最令人印象深刻的深度学习事件非AlphaGo莫属。2016年,Google开发的深度学习机器人AlphaGo以总分4:1大胜围棋世界冠军李在石,如图8-1所示。2017年,升级后的

图8-1 ALPHAGO的胜利

AlphaGo历经7天"踢馆"大战,全面战胜60位世界顶级围棋选手。

人工智能机器学习是诞生于20世纪中叶的一门年轻的学科,它对人类的生产、生活方式产生了重大的影响,也引发了激烈的哲学争论。但总的来说,机器学习的发展与其他一般事物的发展并无太大区别,同样可以用哲学的发展的眼光来看待。

机器学习的发展并不是一帆风顺的,也经历了螺旋式上升的过程,成就与坎坷并存。其中大量研究学者的成果才造就了今天人工智能的空前繁荣,是量变到质变的过程,也是内因和外因的共同结果。

8.1.2 什么是机器学习

机器学习的核心是"学习",然而究竟什么是"机器学习",至今依然没有统一的定义。亚瑟·塞缪尔最早对机器学习的定义是:机器学习是使计算机不用显式编程就能具备学习能力的研究领域。该定义强调了机器学习区别于传统编程的特点,即通过数据和算法让计算机自动学习规律,而不是依靠人工逐条编写规则。兰利(Pat·Langley,1996)将机器学习定义为一门人工智能的科学,该领域对象是人工智能,特别是如何在经验学习中改善具体算法的性能。汤姆·米切尔(Tom·M.Mitchell)对机器学习领域中研究的算法提供了一个被广泛引用的、更正式的定义:"计算机程序被描述为从经验E中学习某些类型的任务T和性能度量P,如果一个计算机程序在T上以P衡量的性能随着经验E而自我完善,那么就称这个计算机程序在从经验E中学习"。这个定义更具体地描述了机器学习的过程,明确指出了任务、性能度量和经验这3个关键要素,以及它们之间的关系。这与艾伦·图灵在他的论文中的提议一脉相承。

综合来看,机器学习就是研究计算机如何模拟或实现人类学习活动的科学。如果从数据分析的角度来解释,那么机器学习就是从数据中学习得到知识和规律,并用于之后的推断和决策。这其中的"学习"过程需要依赖庞大的数据量来自己构建(训练)学习模型,因此机器学习是由数据驱动的。

人工智能是一个综合性的领域,机器学习是人工智能领域的一部分,而深度学习则又是机器学习的一个子集。人工智能概念关系如图8-2所示。

在介绍"学习"方法之前,将介绍机器学习中的一些常见概念与专业术语。

(1) 学习模型(Learning Model)。学习模型在机器学习领域中是指一种能够从数据中自动学习规律和模式,并利用这些学习到的知识进行预测、分类或其他任务的算法或数学结构。

(2) 训练(Training)。训练是一个让学习模型不断优化模型参数使其能够对新数据进行准确预测或分类的过程。训练的目标是找到一组最优的模型参数,使得模型能够最好地拟合训练数据,并且在面对新的、未见过的数据时也能有良好的泛化能力,即准确地执行预测或分类等任务。

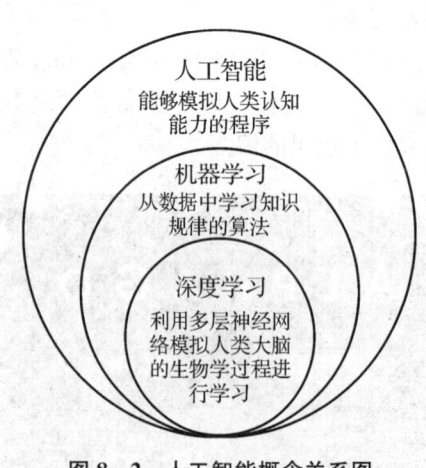

图8-2 人工智能概念关系图

(3) 数据集(Data Set)。在机器学习中,数据集是指用于训练、验证和测试机器学习模型的一组数据。它通常表现为二维表的形式,表中的每一行记录对应为一个事件或一个对象,称为一个"样本"。每个样本可包含多列信息,每一列称为样本的一个特征或属性,由于特征通常不止一个,因此一个样本也称为一个特征向量。最后还可以给样本的结果或目标值指定一个标签(也称为目标或输出),这个过程称为"标注"。

在学习过程中,数据集又可划分为"训练集(Train Set)"和"测试集(Test Set)"。训练数据集用于让模型算法学习特征与标签之间的关系。例如,通过分析大量带有疾病诊断标签的医疗影像数据,让模型学习到不同影像特征与疾病之间的关联,从而能够对新的未标注影像进行疾病预测。测试数据集用于在模型训练完成后,客观地评估模型在新数据上的泛化能力。有时会在模型训练过程中单独留出小部分样本集,它可以用于调整模型的超参数(Hyperparameter,机器学习开始前人为设置好的参数)和用于对模型的能力进行初步评估,以防止模型过拟合。

(4) 目标函数(Objective Function)与优化算法(Optimization Algorithms)。优化算法与目标函数是机器学习中两个核心的概念。

目标函数是一个用于衡量模型性能或优化目标(如模型预测结果与实际结果之间的差距)的数学函数。目标函数的概念涉及面较广,通常还可以再细分成不同的部分,如损失函数、正则化函数等(本书不具体讨论机器学习算法的细节,因此不做过多介绍)。

优化算法是一类用于求解最优化问题的数学方法,它通过调整模型参数,以最小化或最大化目标函数从而使得模型在给定数据集上的性能达到最佳状态。

(5) 拟合。拟合也是机器学习中的一个重要概念。数学的观点中,拟合就是用一条光滑的曲线把平面坐标系中一系列散落的点串连起来,因此拟合也称为"曲线拟合"。拟合的曲线一般可用函数表达,但通常可能会存在着多种拟合方式,即多种拟合函数,因此找到一条最佳的拟合曲线是机器学习的一项重要任务。从这个角度来看,机器学习的研究目标就是让模型能更好地拟合数据。

过拟合(Overfitting)与欠拟合(Underfitting)是模型训练时常见的问题。所谓过拟合是指模型过度拟合训练样本,而在验证数据集和测试数据集中表现不佳,泛化能力较差。欠拟合则是在训练和测试阶段均无法输出理想的结果。

8.1.3 机器学习的分类

根据不同的角度和标准,机器学习有不同的分类方式。目前最主流的是基于学习能力的分类,可分为监督学习(Supervised Learning)、无监督学习(Unsupervised Learning)和弱监督学习(Weakly Supervised Learning)[①],弱监督学习又可以分为半监督学习、强化学习和迁移学习,如图8-3所示。机器学习领域有一个著名的比喻:"假设机器学习是一个蛋糕,强化学习是蛋糕上的一粒樱桃,监督学习是外面的一层糖衣,无监督学习才是蛋糕坯。"

---

① 不同的文献中对第三种学习分类有不同的理解,但分类思想基本保持一致。

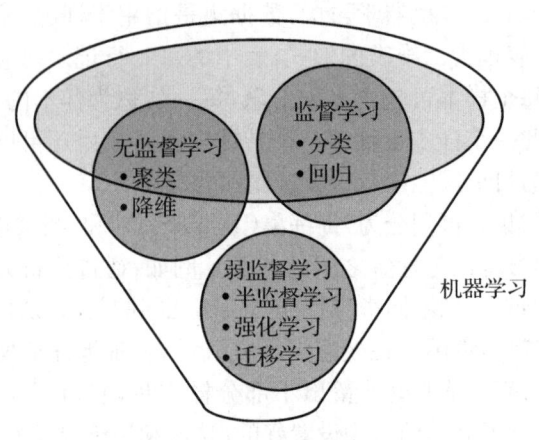

图 8-3 机器学习的分类

1. 监督学习

监督学习是指从有标记的数据集(即已知某种特征的数据及其对应的输出)中训练学习模型的方式。监督学习就好比学生需要在教师的示教或指导下学习,而在监督学习中"教师"就是有标签的训练样本,系统根据"教师"提供的响应来调整参数和结构,如图 8-4 所示。因此,监督学习又称为有教师学习,或有导师学习。监督学习的本质是学习输入到输出的映射。以一个垃圾邮件识别任务为例:若提供一个电子邮件样本库,其中每一封邮件都已被准确地标记为是不是垃圾邮件(即带标签),则我们可以使用监督学习算法来构造一个学习模型,用于识别一封新的电子邮件是否为垃圾邮件。

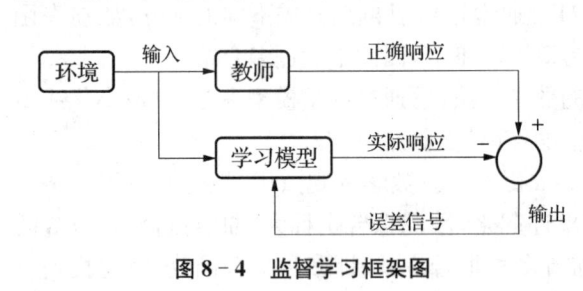

图 8-4 监督学习框架图

最典型的监督学习算法包括了分类和回归。分类是基于事先已知的属性来将数据进行划分,学习过程中使用的是离散的标签,即将输入 x 判别为某种特定的类别。例如垃圾邮件识别问题就是一个分类问题。而回归是构建一个算法来描述特征与标签之间的映射关系,是将输入 x 映射到一个连续的空间,即回归问题的输出是连续值。例如,我们可以通过一些房产资源的数据(如建筑面积、地理位置、建造年代以及价格)来训练一个模型找到房价与这些特征因素之间的关系,从而可以对某处新房的房价进行预测。

2. 无监督学习

无监督学习与监督学习恰好相反,即输入的数据无标签,学习模型没有明确的预测目标,只能从数据集中自行寻找内在关系或统计规律,并根据其特征进行归纳性的学习,因此无监督学习又称为无教师(导师)学习,如图 8-5 所示。无监督学习无需人工进行数据标注,而是通过模型不断地自我认知、自我巩固,最后进行自我归纳来实现学习过程,这对大数据分析尤为重要。但无监督学习由于缺乏标签,在实际应用中往往存在着很大局限。无监督学习算法一般以聚类和降维作为代表。

图 8-5 无监督学习框架图

3. 弱监督学习

弱监督学习是介于监督学习与无监督学习之间的一种状态，其允许数据集中的标签是不完全的，即允许只有一部分样本具有标签，而其余大部分样本或数据是无标签的。弱监督学习的方式很像人类自身的成长方式。例如，人在幼儿时期会首先通过一些小玩具或者画册来认识狗这种动物，然后随着日后在不同场合遇到各种新的、不同于画册中的狗，即使父母并不会一直给予回应，但幼儿也会不断地自我分辨、自我学习并调整对狗的认知，从而最终可以认出所有的狗类动物。这样的过程就是一种弱监督学习。对于机器学习来说，如果用监督学习，则可能需要人工事先进行大量的数据标记工作，显然弱监督学习更加符合人对于机器学习的期待。因此，如何尽可能提高弱监督学习的性能成了当前机器学习领域的重要研究方向，且已被广泛应用在自动控制、金融、通信等领域。

弱监督学习的典型代表包括半监督学习、迁移学习和强化学习3种。

(1) 半监督学习。半监督学习是一种典型的弱监督学习方法。所谓半监督，即既有少量标注的数据可以用于训练模型，又包含有大量未标注的无监督数据可用于改善模型性能。半监督学习能够在最大限度地利用标注数据的同时，从繁杂的、大体量的无标注数据中挖掘内在关联以及隐含规律。例如，在医学图像处理中，虽然近年来对影像数据的获取变得越来越容易，但对于具体的病灶数据的标识仍需要经由相关医生的诊断。但由于人力资源的局限性，医学专家们往往仅能对其中少量的图像进行标注，因此，医学影像分析中通常可以采用半监督学习来进行识别。

(2) 迁移学习。迁移学习的方法，就是把某个任务构造的模型作为另一个任务训练开发的过程中，即运用已有的知识来学习新的知识。其核心是找到新、旧知识之间的相似性和关联性，用成语来概括就是举一反三。比如，已经会下中国象棋，就可以类比着来学习国际象棋；学会打羽毛球，再学打网球就会变得容易等。世间万事万物皆有共性，如何合理地找寻它们之间的相似性，进而利用这个桥梁来帮助学习新知识，是迁移学习的核心问题。随着大数据时代的发展，各个行业、各个平台随时随地都在爆炸式地制造各种类型的数据，而这些数据绝大多数都是没有标注的。如果能够将已有的学习模型有效地迁移到这些无标注数据上，那无疑会带来重要的价值和意义。目前，迁移学习已在机器人控制、机器翻译、图像识别、人机交互等诸多领域获得了广泛的应用。

(3) 强化学习。强化学习也是弱监督学习的一种典型代表，该算法理论的形成最早可以追溯到20世纪七八十年代，直到近些年，才又重新引起了广泛关注。尤其是AlphaGo作为机器学习的代表性产物，利用强化学习算法战胜人类围棋选手的成功案例，为众多人工智能问题展示了新的有效路径。

强化学习的大致思想如图8-6所示。监督学习是对每个输入都有一个明确的目标输出，与监督学习不同的是，强化学习中外部环境仅对系统的输出给予评价(奖惩)信息，而非正确答案，系统需要不断地与环境进行交互、试错，从而改善自身的性能，以得到在各个状态环境中最好的决策。

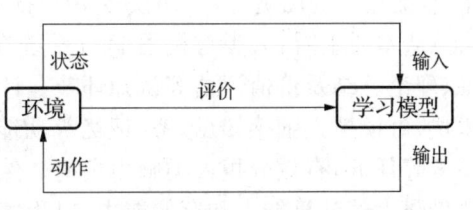

图8-6 强化学习思想

8.1.4 机器学习与人类逻辑思维的类比

逻辑思维是一种抽象的思维方法,通过推理、分析来寻找事物的本质特征和内在联系。在人的成长与认知行为过程中,一般以归纳演绎的逻辑思维为主。机器学习和人类的逻辑思考模式在很多方面存在相似之处。如图8-7所示。

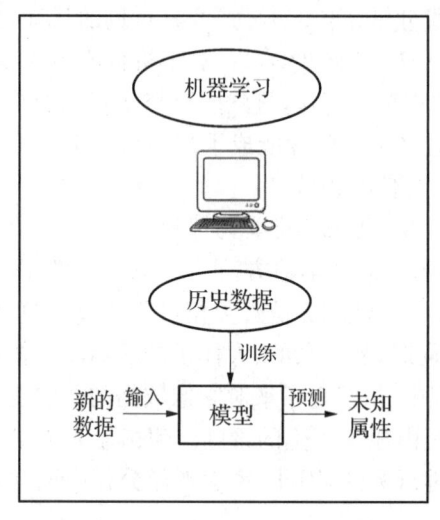

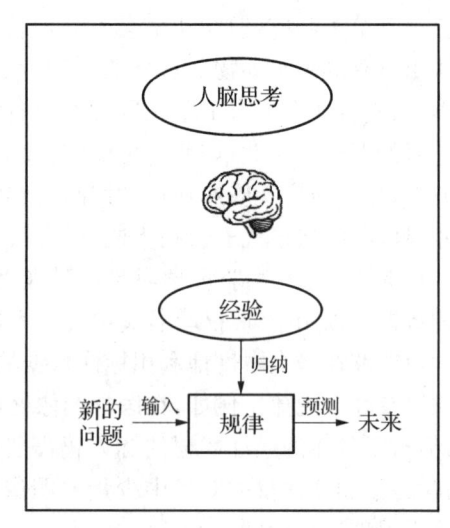

图8-7 机器学习与人类思考类比

(1) 数据获取与感知。人类在成长过程中会通过各种感官以及经历来感知周围的世界,获取信息。这些积累的信息是人类进行思考和决策的基础。机器学习则是通过各种传感器或数据收集工具获取大量的数据,这些数据就相当于机器学习系统的"感知输入"。例如,图像识别系统通过摄像头获取图像数据,语音识别系统通过麦克风获取音频数据。

(2) 学习与知识积累。人类通过对历史经验和各种积累信息进行归纳总结来获取知识。从婴儿时期开始,通过不断地观察、尝试和试错,逐渐建立起对世界的认知和理解,形成各种概念、规则和思维模式。机器学习是从大量的数据中学习模式、规律和特征,并将这些知识存储在模型参数中。模型通过不断调整参数来优化对数据的拟合和预测能力,就像人类不断积累知识和经验一样。

(3) 推理与决策。人类根据已有的知识、经验和当前的感知信息进行推理和决策。在面临选择时,会综合考虑各种因素,权衡利弊,然后做出决策。机器学习基于模型和输入数据进行推理和决策。例如,在分类任务中,模型根据输入特征预测所属的类别;在推荐系统中,根据用户的历史行为和偏好为用户推荐物品。

从本质上看,人类与机器学习系统在积累历史经验或获取数据后,均需经历抽象提炼、理论总结及价值评估等认知环节。计算机依托输入、存储、运算、控制与输出五大核心模块,可模拟人脑感知、思考、记忆等功能,承担诸如数值计算、逻辑推理、语言翻译、信息检索等任务,有效分担人类脑力负荷。然而,二者的逻辑运作机制存在显著差异。计算机凭借强大的计算能力和存储能力,以程序化的方式模拟人类复杂的思维流程;其优势在于精准信息处理的高效性,但面对模糊或不确定性数据时,相较人类灵活的情境化判断能力仍显局限。

8.1.5 机器学习的"学习"流程

机器学习作为人工智能领域的核心分支,其流程涵盖了多个紧密相连的环节,每个环节都对最终模型的性能和效果起着关键作用。以下将详细介绍机器学习的一般流程:

(1) 问题定义与目标设定。

在开启机器学习项目之前,首要任务是清晰地定义问题并明确目标。这需要我们深入理解实际应用场景,确定是进行分类(如区分不同种类的动物)、回归(如预测房价),还是其他更复杂的任务(如自然语言处理中的机器翻译)。同时,要根据具体问题设定合理的评估指标,如分类问题常用准确率、召回率、F1 值等,回归问题则常使用均方误差、平均绝对误差等。明确的问题定义和目标设定为后续的工作提供了清晰的方向。

(2) 数据收集。

数据是机器学习的基础,高质量的数据对于训练出优秀的模型至关重要。数据收集来源广泛,包括但不限于数据库、传感器、网络爬虫等。

(3) 数据预处理。

收集到的原始数据往往是原始且杂乱的,不能直接用于模型训练,数据通常需要进行预处理。这一环节包括数据清洗、转换以及归一化等处理,以提高数据质量。

数据清洗指的是对数据进行各种检查和校正的过程,通常以处理异常值和缺失值为主。两类非正常数值的处理一般可采用删除,或使用其他数值进行填充和替换。数据转换是指将一种形式的数据转换为另一种形式,如对类别型数据进行特殊编码,将其转换为数值型数据,便于模型处理。数据归一化或标准化,是使不同特征具有相似的尺度,避免某些特征对模型训练产生过大影响。

(4) 特征工程。

特征工程是从原始数据中提取和选择有价值特征的过程。它涉及特征选择、特征提取、特征构造等环节,主要目的是为了增强数据表达能力、提升模型性能和挖掘数据潜在信息等。

特征选择是从原始数据中筛选并保留最具代表性的关键信息,其核心目标是通过简化数据表示提升后续分析或建模的效率与准确性,例如,在预测某个人是否会患某种疾病时,从大量的生理指标和生活习惯等特征中选择出与该疾病相关性较高的特征。

特征提取是通过一些特定算法在从原始数据中提取出更具代表性、更能反映数据内在结构和规律的新特征。这些新特征通常是对原始数据的某种变换或组合,能够降低数据的复杂度,同时保留对模型训练有用的信息,有助于提高模型的性能和泛化能力。例如,在图像识别中,将原始的图像像素数据通过卷积神经网络提取出图像的边缘、纹理等特征。

特征构造则指的是凭借原始数据,运用特定的方法和规则创造出新特征的过程,它也是特征工程里的一个关键环节。例如在医疗数据中,通过构造新特征可以辅助疾病的诊断。如根据患者的各项生理指标(如血压、血糖、心率等)构造"健康综合指数",为医生提供更直观的诊断依据。

(5) 模型选择与构建。

机器学习中常见的模型有决策树、支持向量机、神经网络、朴素贝叶斯等。模型没有绝对的优劣,性能的好坏都是相对于特定任务、特定场景以及特定数据类型而言的。例如决策树模型简单易懂,适用于处理具有明确层次结构的数据;支持向量机在处理二分类问题且数据线性可分或近似线性可分时有较好表现；神经网络则擅长处理复杂的非线性问题，能够自动学习数据中的深层次特征表示。因此，需要根据任务需求和数据特点，选择合适的机器学习模型。在选定模型后，还需要根据具体问题对模型进行参数配置和构建，确定模型的结构和初始参数。

（6）模型训练。

使用准备好的训练数据集对构建好的模型进行训练。在训练过程中，通过优化算法调整模型的参数，以最小化损失函数。损失函数用于衡量模型预测结果与真实标签之间的差异，常见的损失函数有交叉熵损失、均方误差损失等。优化算法如随机梯度下降（SGD）、自适应梯度算法（AdaGrad）、自适应学习率调整算法（Adadelta）等，以多次迭代的方式更新模型参数，使损失函数逐渐减小，从而找到最优的模型参数组合，使模型能够尽可能准确地拟合训练数据。

（7）模型评估与优化。

训练完毕的模型，需置于独立的测试数据集里展开评估，目的是验证模型的有效性，评估算法的性能。模型评估一般处于模型训练之后、正式部署之前。

模型评估的一个关键指标是泛化能力，所谓泛化能力，指的便是模型面对未曾见过的数据时的表现情况。具体而言，通过计算先前预先设定的评估指标，像是准确率、召回率、均方误差等，以此来判定该模型是否达成了预期目标。倘若模型在测试集上的呈现效果不理想，那就有必要深入剖析背后缘由，诸如是否存在数据过拟合、欠拟合现象，或者特征选择存在不恰当之处等，并针对性地采取相应的改进举措。

基于模型评估的结果，需要再次对模型进行优化和调整。优化也是机器学习的重要目标之一。模型优化主要关注如何改进模型的性能，主要涉及超参数的优化。如改变神经网络的层数、节点数，或调整决策树的深度等；也可能需要重新选择特征，或者尝试不同的模型结构。模型优化与泛化能力的提升是相辅相成的。一个优秀的模型既需要良好的优化性能又需要强大的泛化能力，才能在实际应用中发挥巨大价值。

（8）模型部署与应用。

经过优化后的模型可以部署到实际应用环境中，为各种业务场景提供服务，如在医疗诊断中辅助医生进行疾病诊断，在金融领域进行风险预测等。在部署过程中，需要考虑模型的性能、稳定性、可扩展性等因素，确保模型能够在实际环境中高效、可靠地运行。

模型部署后，当然也非一劳永逸，需要对其进行持续监控。随着时间的推移，数据分布可能发生变化，导致模型性能下降，这就需要及时发现并对模型进行更新和维护。例如，定期收集新的数据，重新训练模型，以适应数据的动态变化，保证模型始终保持良好的性能和准确性，为实际应用提供稳定可靠的支持。

8.2 机器学习算法举例

机器学习专注于让计算机具备学习的能力，使其能够利用大量数据进行自我学习。这一目标需要通过不同的机器学习算法来实现。

8.2.1 回归算法（Regression）

回归分析作为一种具备预测功能的建模手段，聚焦于探究因变量（即目标变量）与自变量（也就是预测变量）之间存在的关联。在实际运用中，它常被应用于预测性分析工作，助力对未来趋势进行预估；在时间序列模型搭建里，用于剖析随时间变化的数据规律；同时，还能帮助挖掘变量间潜在的因果联系。例如，在药物临床试验里，回归分析可用于评估药物治疗效果。以糖尿病药物试验为例，将患者治疗前的血糖水平、体重指数（BMI）、用药剂量、用药时间等作为自变量，治疗后的血糖变化值作为因变量。通过回归分析，能明确药物剂量与血糖控制效果之间的关系，判断药物是否有效，以及不同个体特征对药物疗效的影响。如果回归结果显示随着用药剂量增加，血糖显著下降，且患者 BMI 等因素也与血糖变化存在一定关联，那么医生就可以根据患者具体情况，精准调整用药方案，提高治疗效果。

　　回归分析是建模和分析数据的重要工具，通常有线性回归、逻辑回归、多项式回归、逐步回归、岭回归、套索回归以及弹性网络回归等技术。在回归分析中，我们使用直线或曲线来拟合这些数据点，如图 8-8 所示，在这种方式下，从线到数据点的距离差异最小。

图 8-8　回归分析与曲线拟合

8.2.2　K-近邻算法（K-nearest Neighbour，KNN）

　　KNN 算法是最经典的基于实例的学习方法，也是机器学习中最简单、最基础的算法之一。这是一个很有意思的算法，它使用邻近度对单个数据点的分组进行分类或预测，即既能分类也能回归。最特别的一点，KNN 没有显式的训练过程，它不需要通过学习来得到一个模型，而是直接利用训练数据集进行分类或回归。它的工作原理是在特征空间中，如果一个样本 x 的 K 个最近邻居大多属于某一类别，则该样本 x 也属于这一类别。例如在图 8-9 中 K＝3，则在判定绿色方块的类别时就会倾向为三角形。

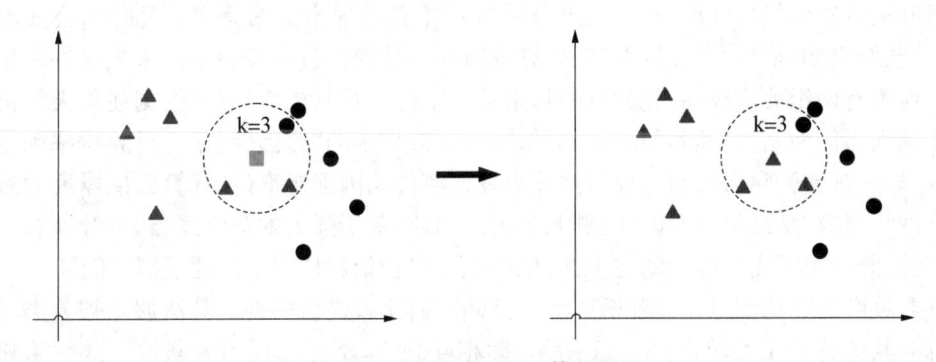

图 8-9　K＝3 的 KNN 算法示例

对于分类任务，查看这 K 个最近邻居中的主要类别，作为新数据的预测类别。对于回归任务，预测结果可以是 K 个最近邻居的目标值的平均值或加权平均值。例如在图像识别中，可通过比较图像特征向量间的距离，利用 KNN 算法识别新图像的类别；在推荐系统里，根据用户的行为特征与已有用户的相似性，为新用户推荐商品或内容。KNN 算法简单直观，但计算量较大，尤其在数据量庞大时，对计算资源要求较高。

8.2.3 决策树算法（Decision Tree）

决策树算法作为机器学习中一种重要的分类与回归方法，通过构建树形模型，模拟人类在决策过程中的逻辑推理方式，对数据进行分类或预测连续值。具有直观的树形结构和突出的可解释性。决策树由节点、分支组成，它表示了对象属性和对象值之间的一种映射。决策树从根节点出发，沿着一条分支路径到某个叶子节点结束，一条分支路径就是一种分类的规则。分支上的每一个节点表示一个对象属性上的测试，处于分支末端的叶节点则对应最终的类别（在分类任务中）或数值（在回归任务中）。

例如，在一个判断水果类别的决策树里，分支上的节点可能是"水果颜色是否为红色"，若回答"是"，则沿着对应的分支继续下一个属性测试，若所有测试都通过，最终到达的叶节点会给出"苹果"这一类别。又比如在医疗诊断领域，可依据患者的症状（如是否发烧、咳嗽、头痛等）、病史、检查指标（如白细胞数量、体温数值等）等特征构建决策树，用于判断患者是否患有某种疾病，像流感、肺炎等。在信用评估方面，根据客户的年龄、收入、信用记录时长、过往贷款还款情况等特征构建决策树，评估客户的信用等级，划分为"高信用"、"中信用"、"低信用"等类别，为金融机构是否给予贷款提供决策支持，如图 8-10 所示。

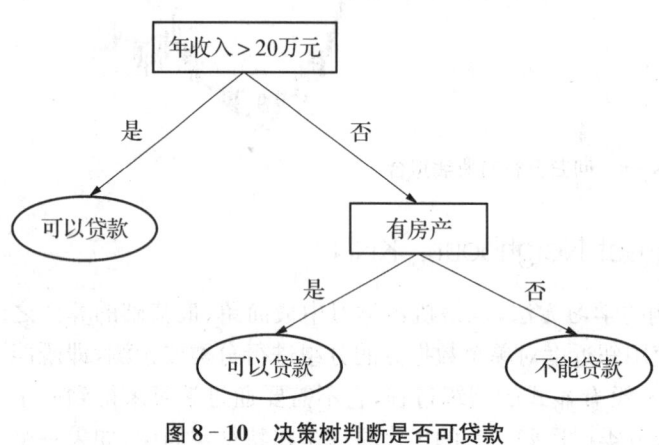

图 8-10 决策树判断是否可贷款

8.2.4 贝叶斯算法（Bayesian Algorithm）

贝叶斯算法依托贝叶斯公式，借助概率统计工具对样本数据分类。贝叶斯公式本质是一套从"已知概率"推导"未知概率"的计算逻辑——就像用过去经验预测未来事件发生的可能性。这里有两组关键概率：先验概率是未发生事件的预判概率，好比根据往年天气记录预估明天降雨可能性，它是预测的起点，类似"由因推果"中的"原因"线索。后验概率则是事件发生后（如已观察到乌云密布），反向推算引发该事件的因素概率（如计算云层厚度导致降雨的可能性），对应"从结果找原因"的溯源逻辑。因此，基于强大的数学逻辑，贝叶斯算法的误判率很低，既避免了先验概率的主观性，也避免了单独依赖样本信息的过拟合问题。

朴素贝叶斯算法则是在贝叶斯算法的基础上简化改进后所得。算法假定被分类的每个特征都与其他特征无关，如图 8-11 所示，即相互独立，不考虑任何关联性。这种简化在一定程度上降低了分类的性能但却能极大地降低算法的复杂性。朴素贝叶斯算法参数较少，对缺失数据不敏感,通常用于分类与回归分析。

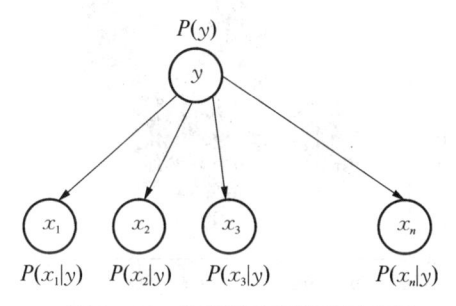

图 8-11 朴素贝叶斯算法示意图

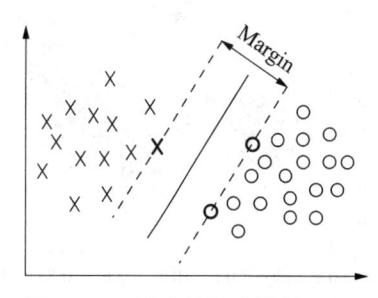

图 8-12 最大间隔分类器示意图

8.2.5 支持向量机算法（Support Vector Machine，SVM）

在机器学习的众多算法中,SVM 算法是一种极具影响力的有监督学习算法,广泛应用于分类和回归任务,尤其在分类问题上表现卓越。SVM 与贝叶斯算法类似,同样是基于统计学习理论的分类算法,它的主要目标是在特征空间中找到一个最优的超平面,将不同类别的数据点尽可能准确地分开。具体地根据数据特性,我们可以分成两种情况：

（1）线性可分。假设有两类数据点,分布在二维平面上。SVM 的目标是找到一条直线（在高维空间中是超平面）,将这两类数据点完全分开,并且使两类数据点到该直线的距离最大化。这个距离被称为间隔（Margin）,具有最大间隔的超平面被称为最优超平面。例如,在一个两类数据的散点图中,我们要找到一条能将不同颜色点清晰分开且使两边点到直线距离都尽可能大的直线,这条直线就是我们要找的最优超平面。如图 8-12 所示。

（2）线性不可分。现实中的数据往往不是线性可分的,即无法直接找到一个超平面将所有数据正确分开。这时,SVM 通过引入核函数（Kernel Function）来解决这个问题。核函数可以将原始数据映射到一个更高维的特征空间中,使得在这个新的空间中数据变得线性可分。比如,对于一些在二维平面上呈现复杂分布的数据,通过核函数的作用,将其映射到三维或更高维空间后,就可能找到一个超平面将数据分开。

8.2.6 K-means 聚类算法（K-means Clustering）

K-means 聚类算法,又称为 k 均值聚类算法,是一种通过不停迭代来求解聚类输出的算法,属于一种无监督学习。该算法的思想是首先以 k 个随机选择的样本作为初始聚类中心,然后计算每个样本到这些中心的距离,并将它们分配到距离最近的聚类中心所在的簇集（类）;接着,重新计算每个簇的中心,即该簇中所有数据点的均值;不断重复上述过程,直到聚类中心不再发生明显变化或达到预设的迭代次数,此时算法收敛,完成聚类,如图 8-13 所示。K-means 算法通常用于维度、数据量都不大的数据集。算法简单、效果好、易实现,但也存在着局限性,如 k 值难以确定、初始中心的选取、距离与相似性度量标准、离群点处理等问题。

(a) 聚类算法初始状态

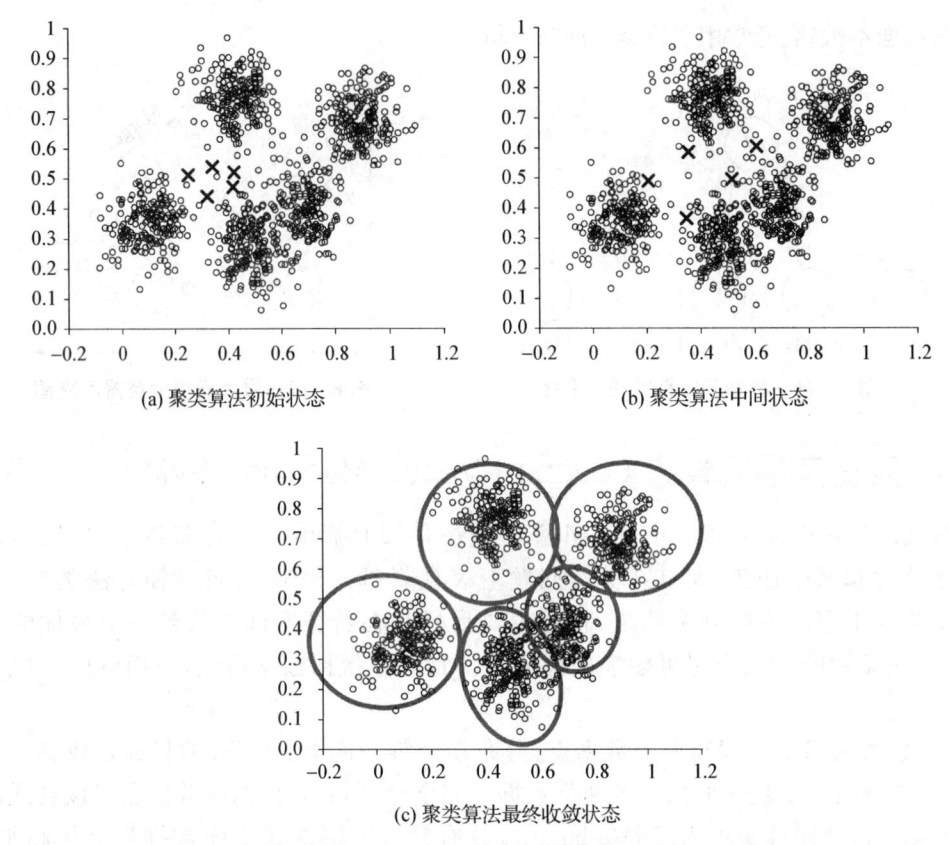

(b) 聚类算法中间状态

(c) 聚类算法最终收敛状态

图 8-13 聚类算法的执行过程

8.2.7 人工神经网络算法（Artificial Neural Networks，ANN）

人工神经网络算法的诞生深受人类大脑神经系统结构与功能的启发。人的大脑由数以百亿计的神经元组成，这些神经元相互连接，构成了一个极为复杂的网络。当人感知周围世界、学习新知识、进行思考决策时，神经元之间通过电信号和化学信号传递信息，协同完成各种复杂任务。模拟大脑神经元工作模式的数学模型，便是神经网络算法的雏形。其核心目标是让计算机能够像人类大脑一样，具备对数据进行处理、学习和模式识别的能力，进而实现智能化的任务执行。

神经元(Neuron)：神经网络的基本单元，类似于大脑中的神经元。每个神经元接收来自其他神经元的输入信号，经过一定的处理后再向其他神经元发送输出信号。

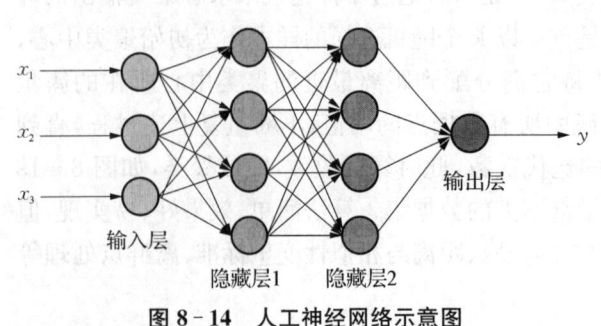

层(Layer)：众多神经元按照一定的方式组织成层。一般来说，神经网络包括输入层、隐藏层和输出层，如图 8-14 所示。输入层负责接收外部的数据，比如图像的像素值、文本的编码等；隐藏层是在输入层和输出层之间的若干层，它们对数据进行复杂的特征提取和处理，是神经网络实现强大功能的关键部分；输出层则给

图 8-14 人工神经网络示意图

出最终的结果,比如图像识别的类别、预测的数值等。

当数据从输入层进入神经网络后,会在每一层的神经元中进行计算。具体过程是,每个神经元将接收到的来自上一层神经元的信号进行加权求和,再通过一个函数(激活函数,后面详细介绍)进行处理,然后把处理后的信号传递给下一层神经元。这样一层一层地计算,数据在网络中不断地被变换和处理,最终在输出层得到我们想要的结果。在这个过程中,神经网络会根据实际输出结果与我们期望的结果之间的差异,来调整神经元之间的连接权重,使得输出结果尽可能地接近期望答案,这个调整权重的过程就叫做训练,通过不断地训练,神经网络就能逐渐学习到数据中的规律和特征。

8.3 深度学习

8.3.1 深度学习定义

深度学习作为机器学习的前沿分支,本质上是神经网络算法的迭代演进。其核心在于依托人工神经网络的层级结构,实现数据特征的自动化分层提取——从原始数据出发,逐层抽象生成更具表征力的高层特征。分层组织的好处是可以逐层梳理数据。早期层处理原始输入数据,每个后续层都能使用来自前一层神经元的输出来处理更宏观的数据。例如,当我们处理一张照片时,第一层通常着眼于单个像素;下一层则是观察一组像素;再后一层是观察多个像素组,以此类推。早期的层可能会注意到一些像素比其他像素暗,而后期的层可能注意到一团像素看起来像一只眼睛,再往后的层可能还会注意到一组形状,得出整个图像表示的一只猫。相较之下,传统机器学习通常需人工筛选原始数据中的关键要素,构建特征向量后再输入模型;而深度学习允许直接输入原始数据(如图像像素、语音波形),凭借多层网络架构自动完成从低层特征到高层特征的逐级转换,显著减少了对人工设计特征的依赖,这正是其颠覆传统模式的革命性所在。

深度学习中所谓"深度"的概念,指的并不是利用这种方法所获取的更深层次的理解,而是指一系列连续的表示层。简言之,就是数据模型中包含的层数称为模型的深度(Depth)。如图 8-15 所示是深度学习网络结构,除了输入层和输出层外,还存在成百上千个用于输入和输出的隐藏层。

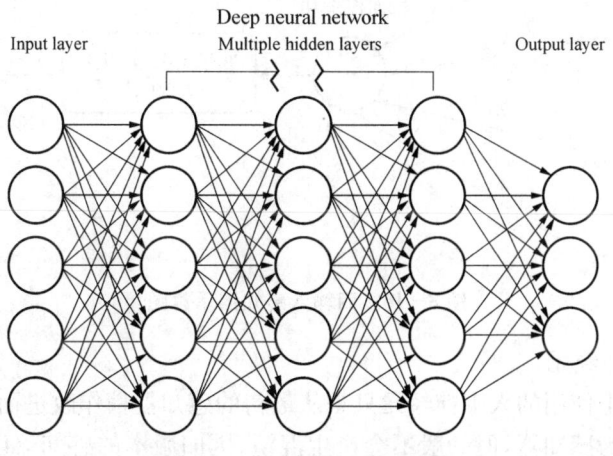

图 8-15 深度学习网络结构图

8.3.2 人工神经元

在前面的学习内容中,我们已经了解到机器学习领域中所应用的"神经元"概念,其灵感源自生物神经元。然而,这一知识背景也容易引发部分误解。当下,网络媒体等传播渠道中,常常出现将"神经网络"与"电子大脑"等同视之的情况,仿佛神经网络距离拥有智力、意识、情感,甚至主宰世界、威胁人类生存仅有一步之遥。实际上,人工神经元是在对生物神经元进行抽象与模仿的基础上构建而成的,这也正是人们普遍采用"神经元"这一名称来指代它们的原因。尽管人工神经元与生物神经元存在一定相似性,但这种相似仅仅停留在最为表层的模仿层面,并非是对生物神经元的简单复制或简化版本。我们应当清晰认识到,二者在结构、功能以及运行机制等诸多方面都存在着本质差异,切不可将二者简单混淆。

(1) 感知器(Perceptron)。

在人工智能发展历程中,人工神经元理论的构建具有里程碑意义。其发展源头可追溯至 1943 年。基于对生物神经元工作机制的研究,在当时首次出现了以数学形式,对神经元的信息处理、传递等基本功能进行高度抽象与简化,将复杂的生物特性转化为简洁的数学模型;同时系统阐述了多个简化神经元模型的连接方式,构建出人工神经网络的雏形架构。基于此理论突破,1957 年科研人员进一步提出感知器模型。感知器作为人工神经元的简化数学表达,通过设定明确的输入信号处理规则与权重调整机制,使得人工神经网络的计算过程更具可操作性和实用性,推动人工神经元理论从概念走向实际应用,成为人工智能早期发展的重要理论支撑与实践工具。

图 8-16 是一个具有 4 个输入的简单感知器。它包含了 4 个输入,每个输入都乘以一个对应的权重值,权重越大,该输入的重要性就越高。最后将这些加权后的结果进行求和与一个阈值(图中设为 0)进行比较。如果和的结果大于 0,感知器将产生 +1 的输出,否则为 -1(在部分版本中,输出的是 +1 和 0)。尽管感知器是生物神经元的一个极大简化版本,但它已被证明是深度学习领域中一个有效的基础模块。

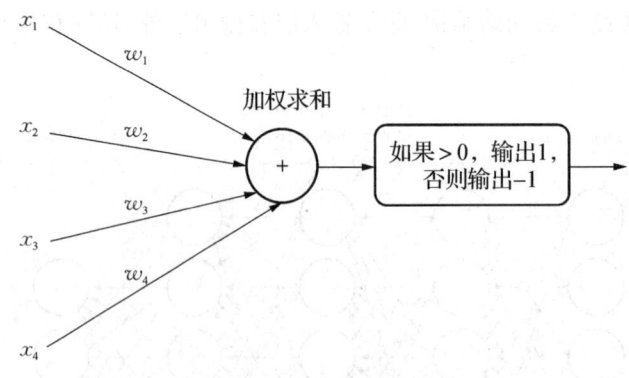

图 8-16 四输入感知器示意图

(2) 现代人工神经元。

现代神经网络中使用的人工神经元只是从最初的感知器稍作改进而来的。这些改进后的结构有时仍被称为感知器,但一般不会产生混淆,因旧版本的感知器已淘汰不再被使用。

我们更多时候称它们为神经元。

现代人工神经元相对早期的感知器主要有两个变化：一个在输入端，另一个在输出端，如图 8-17 所示。第一个变化是为神经元提供了一个额外的输出，称之为偏差（bias）。这个数值不是来自前一个神经元的输出，相反，它是一个需要直接加到最终求和中的一个数字，用于调整或修正其他数值的辅助数值。每个神经元都有自己的偏差。第二个变化是输出端不再是简单的二值输出，而是通过一个数学函数来激活这一步，并产生一个浮点数作为输出。

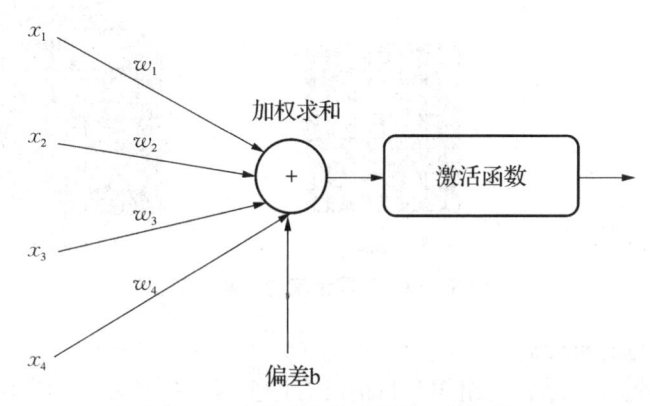

图 8-17 四输入的现代人工神经元

8.3.3 深度学习相关基础概念

（1）张量。

尽管单个神经元的输出很好处理，但对神经网络算法的分析讨论中，我们经常需要概括整个层的输入/输出，这就需要理解这些数据的集合与形态。

如果该层仅包含单个神经元，输出仅为单个数字，我们可以将其理解为仅有一个元素的数组或列表。在数学上，即零维数组。所谓的维数即需要使用多少索引量来标识元素，单个数字无需索引，因此维数是零。以此类推，若一层中含有多个神经元，那它们的输出数据可以描述成一个列表（数据的序列），即一维数组；又例如系统需要处理黑白图像，这可以表示成一个二维表格；若是彩色图像，则需要用三维空间来表述。在以往的数学表达中，一维对象可称为向量，二维对象称为矩阵，三维对象可描述成立方体，更高维度的数据虽然也会经常使用，但却没有专门的术语。在深度学习中，为了描述表示在多维度数据的数学对象，我们可以使用一个更通用的概念——张量（Tensor）。例如，一个二维张量可以表示一个矩阵，一个三维张量可以表示一组矩阵，更高维度的张量可以用来表示更复杂的数据结构。张量的"阶"是描述张量维度的方式。标量（单个数字）是零阶张量，向量是一阶张量，矩阵是二阶张量，以此类推。

在深度学习中，张量是非常重要的数据结构。例如，在处理图像数据时，图像可以表示为一个三维张量，其中两个维度表示图像的宽度和高度，第三个维度表示颜色通道（如 RGB 通道）；在自然语言处理中，词向量可以看作是一阶张量，而句子或文档的表示可能涉及更高阶的张量。图 8-18 展示了张量在不同维度的形式：

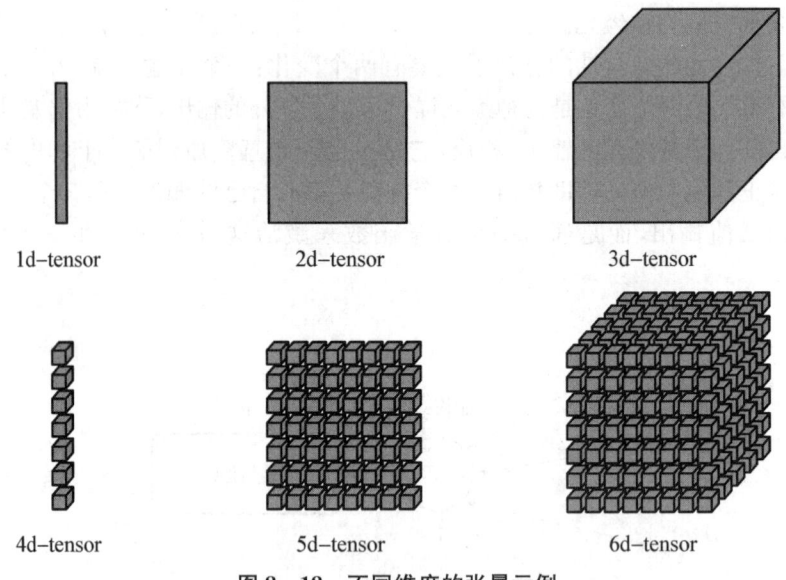

图 8-18 不同维度的张量示例

(2) 前馈网络与前向传播。

神经网络的关键在于结构的组织。目前已有许多组织神经元层的方法。最常见的网络结构是顺序排列神经元,使信息只朝一个方向流动。因为数据始终向前流动,不存在从输出层或隐藏层到输入层的反馈路径,所以称为前馈网络。

前向传播则是在前馈网络中进行数据计算和信息传递的过程。它指的是将输入数据从输入层开始,依次经过各个隐藏层的计算和变换,最终得到输出结果的过程。

(3) 激活函数。

在人工神经网络架构中,激活函数作为神经元信息处理的核心组件,承担着将输入信号映射至输出信号的关键功能。具体而言,其作用机制是对神经元接收的加权输入总和进行非线性变换运算,通过设定特定的数学映射规则,量化神经元的激活状态与激活强度。这种变换过程不仅实现了输入信号的特征转换,更重要的是为神经网络赋予了非线性表达能力。

在神经网络中,如果没有激活函数,无论网络有多少层,都只能表示线性函数,这极大限制了神经网络的表达能力。激活函数通过引入非线性,使神经网络能够逼近任意复杂的非线性函数,从而提高模型的拟合能力和泛化能力,使其可以处理各种复杂的任务,如图像识别、语音识别和自然语言处理等。

(4) 全连接层(Fully Connected Layer,FC)。

全连接层是一组神经元,每个神经元从前一层上的每个神经元接收输入。如某个全连接层中具有三个神经元,其前一层中有四个神经元,那么全连接层的每个神经元都有四个输入,对应前一层的每个神经元,共有 12(3 * 4)个连接,每个连接都有相关的权重。

全连接网络(Fully Connected Network,FCN)则由一系列全连接的层组成,每个层中的每个神经元都连接到另一层中的每个神经元。如图 8-19 所示。

(5) 损失函数(Loss Function)。

介绍目标函数的概念时,我们曾简单提到损失函数也是目标函数的一种,那究竟什么是损失函数呢?

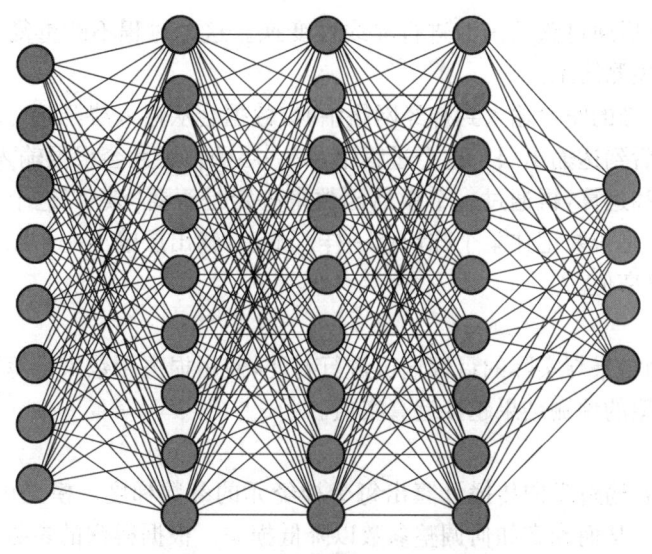

图 8-19 全连接网络结构图

在机器学习中,同一个数据集可能训练出多个模型,而用于评价模型"好坏"的标准即尽可能使预测值和实际值之间产生较小的误差。用于度量这一差距的函数,就是损失函数。损失函数可以反映当前的神经网络对监督数据在多大程度上不拟合、不一致,然后以这个指标作为反馈信号重新对权重参数进行调整和优化(常见优化使用梯度下降算法,本教材不做详细介绍)。

(6) 反向传播(Back Propagation,BP)。

反向传播,简称"BP"算法,是深度学习的核心算法之一。由于训练神经网络时会产生预测值和实际值之间的误差(损失),因此需要让神经网络沿着传播路径逐层退回,从最后一层神经元开始反向进行参数调整。

8.3.4 深度神经网络的基本训练过程

深度神经网络的训练过程主要包括数据准备、模型初始化、前向传播、损失计算、反向传播以及参数更新等步骤。

(1) 准备数据。

训练开始前需要收集大量与任务相关的数据,这些数据应包含输入特征和对应的目标输出。例如在图像识别任务中,输入数据是图像的像素值,目标输出是图像所属的类别标签。然后将数据划分为训练集、验证集和测试集。

(2) 初始化参数。

训练初始需要先构建神经网络模型,确定其架构,包括层数、每层的神经元数量以及激活函数等。同时,随机初始化模型的参数,如权重和偏置。这些初始参数决定了模型在训练开始时的行为,通常使用一些特定的初始化方法,如 Xavier 初始化或 He 初始化,以帮助模型更快地收敛。

(3) 前向传播。

将训练集中的一个批次的数据输入到神经网络中。数据从输入层开始,依次经过各个隐藏层,在每个神经元中进行计算。具体来说,神经元将输入数据与权重进行矩阵乘法运算,并加上偏差,然后通过激活函数进行非线性变换。这个过程不断重复,直到数据到达输出层,得到模型的预测结果。

例如当把一张猫的图片输入到神经网络中时,数据会从输入层开始,按照一定的规则依次经过隐藏层,最后到达输出层。这个过程中,每一层的神经元会根据输入的数据和自身的参数,进行加权求和运算,再通过一个激活函数来决定是否要"激活"这个神经元,就好像学生通过思考后决定是否要记住某个知识点一样。最后,输出层输出一个结果,比如一个表示这张图片是猫的概率值。

(4) 计算损失。

将模型的预测结果与实际的目标输出进行对比,使用损失函数来计算两者之间的差异。损失越小,说明模型的预测结果越接近真实值。

(5) 反向传播。

从输出层开始,通过反向传播计算出每个神经元的参数梯度。模型可以了解每个参数对损失的贡献程度,从而确定如何调整参数以降低损失。根据得到的参数梯度,使用优化算法来更新模型的参数。简单来说,通过计算损失对每个参数的导数,来确定每个参数应该如何调整。根据导数的大小和方向,按照一定的学习率来更新参数。学习率就像学生学习的速度,不能太快也不能太慢,太快可能会学错东西,太慢则会学得很慢。

(6) 重复训练。

不断地重复前向传播、计算损失和反向传播的过程,就像学生不断地做练习题、改正错误一样,让神经网络逐渐学会如何更好地处理输入数据,使得输出的结果越来越接近正确答案。经过大量的数据训练后,神经网络就会变得越来越"聪明",能够从训练数据中学习到规律,从而具备对新数据进行处理和分析的能力。深度学习基本训练过程如图 8-20 所示。

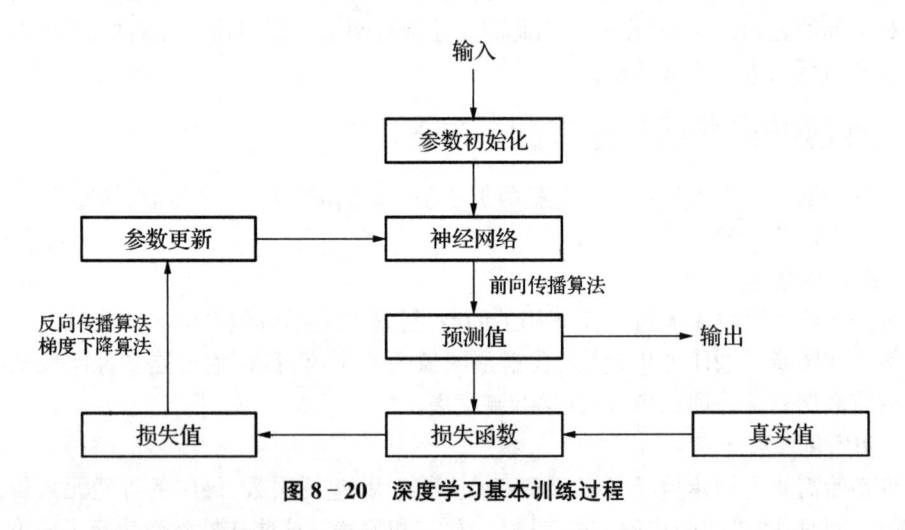

图 8-20 深度学习基本训练过程

8.4 卷积神经网络

在数学泛函分析中,卷积是通过两个函数生成第三个函数的一种数学运算,它通过将一个函数(如输入信号)翻转、平移后与另一个函数(如系统响应)相乘,再累加所有重叠部分的结果。其中,翻转(反转)是指将其中一个函数(或序列)在计算前沿其自变量的轴进行反向操作的过程。这是数学定义中卷积的关键步骤,但实际应用(如图像处理中的卷积神经网络)可能省略,转而使用互相关(Cross Correlation)运算(本教材不做详细介绍)。翻转模拟了信号进入系统的"时间反演"过程。例如,当一个信号脉冲进入系统时,系统的响应会按时间倒序作用于信号。一种对于卷积运算的形象理解是,假设人每天吃食物(输入),但消化系统会将食物随时间分解(响应函数)。要计算某时刻胃里的剩余食物量,需将过去每一餐的进食量乘以对应时间点的消化率,再叠加所有结果——这就是进食与消化的卷积过程。

卷积神经网络(Convolutional Neural Network,CNN)是一种用来分析、处理图像的强大的深度学习模型,是深度学习的代表算法之一。它本质是一种包含了卷积运算的特殊的神经网络。通过模仿人脑视觉皮层处理视觉信息的方式,能够自动提取图像中的特征信息,从而实现对图像的识别、分类等功能。比如说,它可以帮助我们识别照片中的动物是猫还是狗,或者判断一幅画属于哪种艺术风格。卷积神经网络的创始人是著名的计算机科学家杨乐昆(Yann LeCun),他也是第一个通过卷积神经网络在 MNIST(一个手写体数字识别数据集)上解决手写数字问题的人。

8.4.1 为什么选择卷积

卷积神经网络的经典应用是图像分类与识别,比如识别出图像中的动物是狗还是猫。普通的神经网络算法(如全连接神经网络)就像是一个什么都能做但什么都不太精的"多面手",而图像识别有其特殊的要求,需要更专业的"选手"来处理。具体来说有以下两方面的原因:

(1) 图像数据特点。

基于前面的学习,我们知道对于机器,彩色图像可以描述为一个三维张量,其中一维的大小是图像的宽,另一维是图像的高,还有一维是图像的通道(Channel)数目。所谓通道,指的是图像的每个像素都可以表示为红、蓝、绿的组合,这 3 种颜色就称为图像的 3 个色彩通道。

图像数据量大:图像本身包含大量像素点,例如一张分辨率为 256×256 的彩色图像,就有 $256\times256\times3=196\,608$ 个像素值。若使用普通神经网络处理,会导致网络结构庞大,训练过程复杂且耗时;大量的数据需要大量的参数参与,过多的参数也会显著提高过拟合的风险;同时,普通神经网络的输入往往是向量,这意味着代表图像的三维张量需要先"拉直"才能输入,这也会丢失一定的空间信息。

图像的空间相关性:图像中相邻像素之间具有很强的空间相关性,普通神经网络难以直接利用这种空间信息。而通过卷积层可以自动提取图像的局部特征,有效利用了图像的空间结构信息。

(2) 普通神经网络算法局限性。

缺乏平移不变性:在图像识别中,物体的位置变化不应影响识别结果。普通神经网络对图像中物体的位置非常敏感,即使物体在图像中稍有移动,网络的输出也可能会发生很大变化。比如,一个苹果在图像的左边和右边,对我们来说都是苹果,这就是图像的空间特性。但普通神经网络很难理解这种空间关系,它可能会把在不同位置的同一个物体当成完全不同的东西。

特征提取能力有限：普通神经网络通常需要人为设计特征提取方法，将图像数据转换为适合网络输入的特征向量。这需要大量的先验知识和人工干预，且设计的特征可能无法很好地描述图像的本质特征。例如，人在看图像时，会很自然地注意到重要的部分，比如五官、身体轮廓等。普通神经网络没有这种自动抓重点的能力，需要人工提前告诉它哪些特征重要，这就很麻烦。

综上所述，卷积神经网络应运而生。CNN 受到生物处理过程的启发设定一个感受野区域，如图 8-21 所示。每个神经元都只关心自己感受野内的刺激并做出响应，不同神经元的感受野部分重叠，使它们能够覆盖整个视野。

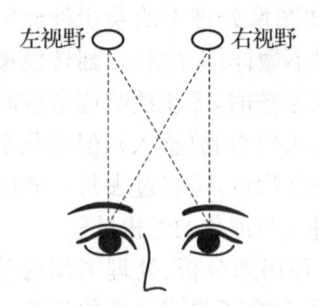

图 8-21 人的生物视觉模式

8.4.2 卷积神经网络的结构与原理

当一个深度神经网络以卷积层为主体时，就称之为卷积神经网络。卷积计算层是卷积神经网络最重要的一个层次，也是"卷积神经网络"的名字来由。CNN 在本质上依然是一种从输入到输出的映射，它能够学习大量的输入与输出之间的映射关系，而不需要任何精确的数学表达式。只需要用一致的模式对 CNN 加以训练，网络就能具有输入输出之间的映射能力。

CNN 是一类包含卷积计算且具有深度结构的前馈神经网络。典型的 CNN 主要由卷积层(Convolution Layer)、激活层、池化层(Pooling Layer)以及全连接层组成，如图 8-22 所示。它通过卷积操作来提取输入数据的局部特征，并通过多层卷积和池化操作形成复杂的特征表示，最终通过全连接层执行分类或回归等任务。

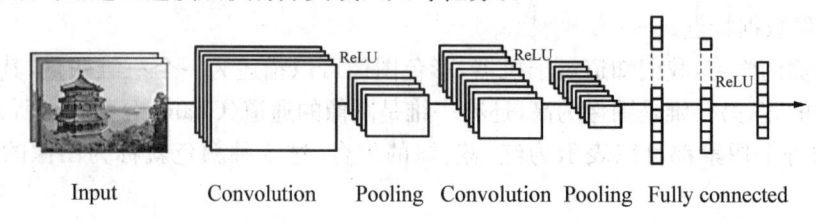

图 8-22 CNN 结构图

（1）输入层。这是 CNN 的起始部分，用于接收原始数据。这些数据可以是图像、声音、文本、传感器数据等。输入层的主要作用是将这些数据以数值的形式传递给网络，以便进行后续的处理和分析。它就像是我们的眼睛，先看到原始的图像信息。

（2）卷积层。这是卷积神经网络的核心部分。它通过卷积核在输入数据上滑动，进行卷积运算来提取图像的特征。卷积核，可以理解为一个小的权重矩阵，比如常见的 3×3 或 5×5 的矩阵，如图 8-23 所示。每一个卷积核都像是一个过滤器，专门用来检测图像中的特定特征，比如边缘、纹理等，因此卷积核也称为过滤器。通过卷积运算，我们可以得到一系列的特征图，这些特征图包含了图像中不同方面的特征信息（注：本书不涉及具体的卷积算法，仅介绍相关理论思想）。

（3）激活函数。位于卷积层之后，其作用是通过非线性变换来增强模型的表达能力。因为很多实际问题中的数据都是非线性的，常见的激活函数有 ReLU、Sigmoid、Tanh 等。其中 ReLU 由于其计算效率高和缓解梯度消失问题的特点，成为 CNN 中最常用的激活函数。

图 8-23　卷积核与卷积运算示例

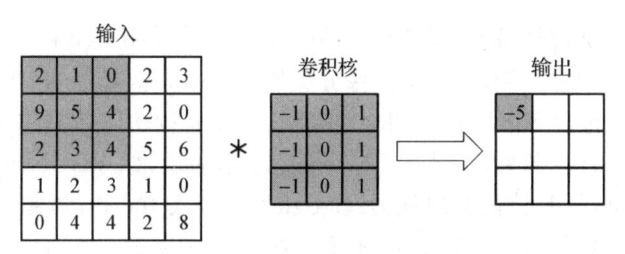

（4）池化层。也叫降采样层，通常叠加在卷积层之后。它的主要功能是根据特定规则提取具有代表性的图像特征，并降低输出特征图的维度，这样可以减少模型参数，加快计算速度，同时还能在一定程度上防止过拟合。常见的池化操作有平均池化和最大池化，平均池化是取感受野内的平均特征值，最大池化则是取感受野内的最大特征值，如图 8-24 所示。

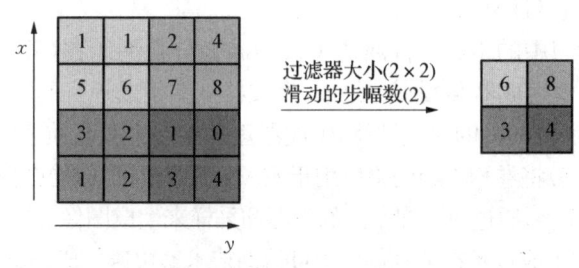

图 8-24　最大池化效果

（5）全连接层。一般位于模型的最后，它的作用是将前面卷积层和池化层提取到的特征进行整合，将输入映射到标记样本空间，也就是进行最终的分类或预测。在全连接层中，相邻层的所有神经元都相互连接，就像我们之前学过的全连接网络一样。

综合来看，CNN 的特点与优势主要体现在以下 3 个方面：

（1）局部连接。卷积层中的神经元仅与输入数据的一个局部区域（即局部感受野）相连，这有助于捕捉图像的局部特征。

（2）权值共享。同一个卷积核在输入数据的所有位置上共享权重，这大大减少了网络的参数数量，降低了模型的复杂度。

（3）平移不变性。无论输入数据中的特征出现在哪个位置，卷积操作都能提取到相同的特征，这使得卷积神经网络在处理图像等具有网格结构的数据时具有很高的效率和准确性。

8.5　深度学习的典型应用

8.5.1　深度学习在计算机视觉中的应用

（1）图像分类。

图像分类是计算机视觉中最基础的任务之一，旨在将输入图像划分到预定义的类别集合中。在深度学习崛起之前，传统方法依赖人工设计特征，如 SIFT（尺度不变特征变换）和 HOG（方向梯度直方图），再结合分类器（如 SVM）进行分类，但这些方法在复杂场景下效果有限。深度学习通过卷积神经网络（CNN）彻底改变了这一局面。

以大规模视觉识别挑战赛(ILSVRC)为例,在2012年,Hinton团队的AlexNet首次在该赛事中采用深度卷积神经网络,其将图像分类的错误率大幅降低,相较于传统方法取得了巨大突破。AlexNet包含多个卷积层和全连接层,通过大量图像数据的训练,自动学习到图像中具有判别性的特征。此后,一系列CNN模型不断涌现,如VGGNet通过堆叠多个小卷积核来增加网络深度,提升特征提取能力;GoogleNet引入Inception模块,采用不同尺度滤波器组合,在减少计算量的同时提高模型性能;ResNet则通过引入残差连接,解决了深层网络训练时的梯度消失问题,使得模型可以构建更深的结构,进一步提升分类准确率。

在实际应用中,图像分类广泛用于医疗领域,如将X光、CT等医学影像标记为正常或病变(二元分类),帮助医生快速筛查疾病;在交通领域,对交通标志图像进行分类识别,为自动驾驶系统提供基础信息;在安防领域,对监控摄像头拍摄到的图像进行分类,判断是否存在异常物体或行为等。

(2) 图像生成与风格迁移。

图像生成:深度学习中的生成对抗网络(GAN)和变分自编码器(VAE)在图像生成领域发挥了重要作用。GAN由生成器和判别器组成,生成器试图生成逼真的图像,判别器则努力区分真实图像和生成图像,通过两者的对抗训练,生成器逐渐能够生成高质量的图像。例如,DCGAN(深度卷积生成对抗网络)将卷积神经网络应用于GAN结构中,生成的图像具有清晰的纹理和结构。VAE则基于概率模型,通过对潜在空间的学习和采样来生成图像,其生成的图像具有一定的连续性和可控性。图像生成技术在艺术创作中可帮助艺术家快速生成创意草图;在游戏开发中用于生成虚拟场景、角色等素材;在数据增强中,生成额外的训练图像,提升模型的泛化能力。

风格迁移:风格迁移旨在将一幅图像的风格应用到另一幅图像上,保留内容图像的内容信息,同时具有风格图像的风格特征。基于深度学习的风格迁移算法,如Gatys等人提出的方法,通过最小化内容图像和生成图像在高层特征空间的差异来保留内容,同时最小化风格图像和生成图像在不同层特征图之间的Gram矩阵差异来迁移风格。之后,也有一些基于生成对抗网络的风格迁移算法被提出,能够实现更快速、更灵活的风格迁移效果。风格迁移技术在艺术领域可帮助艺术家创作出具有独特风格的作品;在图像处理软件中,用户可以方便地将自己照片转换为各种艺术风格;在广告设计等领域,为设计作品增添独特的视觉风格。

8.5.2 深度学习在自然语言处理中的应用

(1) 文本分类。

文本分类旨在将给定的文本分配到预定义的类别集合中。在深度学习之前,传统方法依赖于人工提取特征,例如词袋模型(Bag of Words)结合朴素贝叶斯、支持向量机等分类器。但这些方法在处理复杂语义和大规模数据时存在局限性。深度学习通过卷积神经网络(CNN)和循环神经网络(RNN)等架构,彻底改变了文本分类的格局。

以情感分析为例,这是文本分类中极具代表性的任务。在电商平台中,商家每天会收到海量用户评论,通过情感分析可快速判断这些评论的情感倾向,如积极、消极或中性。利用深度学习构建的情感分析模型,如基于卷积神经网络的TextCNN模型,能自动学习文本中的语义特征。它通过不同大小的卷积核在文本序列上滑动,捕捉不同尺度的语言模式,例如一些特定的词汇组合或语法结构所蕴含的情感信息。像在某知名电商平台的评论分析系统中,采用TextCNN模型后,情感分析准确率达到了85%以上,相比传统方法有显著提升,为商家快速了解产品口碑、优化产品和服务提供了有力支持。

在新闻领域,文本分类可用于新闻主题分类。不同的新闻机构每天会发布大量新闻稿件,需要快速准确地将其归类到政治、经济、体育、娱乐等不同主题类别。基于循环神经网络(RNN)及其变体长短期记忆网络(LSTM)的模型表现出色。LSTM能够有效处理文本中的长期依赖关系,对于新闻文本中前后语义关联紧密的情况,能够准确捕捉关键信息进行分类。例如,某大型新闻网站利用LSTM模型对每日数千篇新闻进行主题分类,准确率稳定在90%左右,大大提高了新闻整理和检索的效率,方便用户快速浏览感兴趣主题的新闻。

(2) 机器翻译。

机器翻译是将一种自然语言自动翻译成另一种自然语言的技术。传统的机器翻译方法,如基于规则和统计的方法,存在翻译质量不高、对语言结构和语义理解有限等问题。深度学习的神经机器翻译(NMT)方法带来了重大突破。

神经机器翻译通常基于编码器—解码器架构,典型的如基于Transformer的模型。编码器将源语言文本编码成一个连续的向量表示,解码器再基于这个向量生成目标语言文本。在翻译过程中,模型会学习源语言和目标语言之间的语义和语法对应关系。例如,谷歌翻译在采用基于Transformer的神经机器翻译模型后,翻译质量大幅提升。在常见语言对的翻译任务中,如中英互译,对于日常文本和新闻报道等常见文本类型,翻译结果在流畅性和语义准确性上都有明显改善,能够满足大部分用户的日常翻译需求和信息获取需求。

在跨国商务交流中,机器翻译发挥着重要作用。商务人士在处理国际邮件、合同、报告等文档时,借助机器翻译工具能够快速理解不同语言的内容。例如,一家跨国企业在与国外合作伙伴沟通时,通过集成了先进神经机器翻译技术的办公软件,能够实时翻译往来邮件,极大提高了沟通效率,减少了因语言障碍导致的沟通成本增加和误解风险。

(3) 问答系统。

问答系统旨在根据用户输入的问题,从给定的文本或知识源中找到准确的答案。深度学习技术使得问答系统能够更好地理解问题语义,从而提供更精准的回答。

基于深度学习的问答系统通常会利用大语言模型,如BERT(Bidirectional Encoder Representations from Transformers)。BERT模型能够对问题和文本进行深度语义理解,捕捉上下文信息。例如在医疗领域的问答系统中,患者可能会提出关于疾病症状、治疗方法、药物使用等各种问题。系统利用BERT模型对患者问题进行理解,然后在医学知识库或大量医学文献中检索匹配的答案。某医疗问答平台采用基于BERT的问答模型后,对常见医疗问题的回答准确率从之前的60%提升到了80%左右,为患者提供了更可靠的医疗咨询服务。

在智能客服场景中,问答系统广泛应用。电商平台的智能客服需要回答用户关于商品信息、订单状态、售后服务等各种问题。深度学习模型能够根据用户问题快速从商品知识库和常见问题解答库中找到合适答案。如某知名电商平台的智能客服,通过深度学习驱动的问答系统,能够自动处理80%以上的用户常见问题,大大减轻了人工客服的工作量,同时提升了用户咨询的响应速度,改善了用户购物体验。

(4) 文本生成。

文本生成任务包括根据给定的主题、条件或上下文生成自然语言文本,如文章写作、故事创作、诗歌生成等。深度学习为文本生成带来了丰富多样且高质量的生成能力。

基于循环神经网络(RNN)和生成对抗网络(GAN)的文本生成模型被广泛研究和应用。

以故事生成为例,基于 RNN 的模型可以根据给定的故事开头,逐步生成连贯的故事情节。模型在训练过程中学习大量故事文本,掌握故事发展的逻辑和语言表达模式。例如,某在线写作辅助工具利用 RNN 模型,为用户提供故事续写功能,用户输入故事开头后,模型能够生成富有想象力且语言通顺的后续情节,激发了创作者的灵感,提高了创作效率。

在诗歌创作方面,基于 Transformer 的模型表现出色。Transformer 模型能够更好地捕捉文本中的长距离依赖关系,生成的诗歌在韵律、意境和语义连贯性上有较好表现。例如,一些诗歌生成软件利用 Transformer 模型,能够根据用户指定的主题、诗歌体裁(如五言绝句、七言律诗等)生成完整的诗歌作品,为诗歌爱好者和创作者提供了新的创作思路和工具。

(5) 语音识别与合成。

语音识别:语音识别是将人类语音转换为文本的过程。传统语音识别方法依赖人工设计的声学模型和语言模型,识别准确率受限于复杂的声学环境和语言变化。深度学习的引入极大提升了语音识别的性能。

基于深度神经网络(DNN)、循环神经网络(RNN)及其变体(如 LSTM)的语音识别模型,能够自动学习语音信号中的复杂特征和模式。例如,在智能语音助手领域,像苹果的 Siri、亚马逊的 Alexa 等,通过深度学习模型对用户语音进行实时识别。在常见的室内环境下,这些语音助手的语音识别准确率达到了 95% 以上,用户可以通过语音方便地查询信息、设置提醒、控制智能设备等,实现了人与设备之间更自然、便捷的交互方式。

在会议记录场景中,语音识别技术可将会议中的语音内容实时转换为文本,提高会议记录的效率和准确性。一些专业的会议记录软件采用深度学习语音识别技术,能够适应多人发言、不同口音等复杂情况,大幅减轻了人工记录的负担。

语音合成:语音合成是将文本转换为自然流畅语音的技术。深度学习的语音合成模型能够生成更加自然、接近人类声音的语音。

基于深度学习的 Tacotron 等模型,通过对大量语音数据的学习,能够根据输入文本准确生成对应的语音波形。例如,在有声读物领域,利用语音合成技术可以将文字书籍转换为有声版本。一些有声阅读平台采用先进的语音合成模型,能够生成多种音色、风格的语音,满足不同用户的听觉需求,为视障人士和喜欢听书的用户提供了丰富的阅读体验。

在导航系统中,语音合成技术为用户提供语音导航指示。通过深度学习优化的语音合成系统,能够生成清晰、自然的导航语音,引导用户准确到达目的地,提升了导航的易用性。

8.5.3 深度学习助力大语言模型

在当今人工智能飞速发展的时代,大语言模型(LLM)已然成为备受瞩目的焦点。深度学习作为人工智能领域的核心技术,在大语言模型中发挥着至关重要的作用,二者的融合为自然语言处理带来了前所未有的变革。

大语言模型旨在对自然语言进行概率建模,以预测文本序列中的下一个词或生成连贯的文本。深度学习在其中扮演着核心角色,它通过构建复杂的神经网络结构,让模型能够自动学习海量文本数据中的语言规律、语义关系和语法结构。Transformer 架构的出现,彻底改变了大语言模型的发展格局。它摒弃了传统的循环和卷积结构,引入了自注意力机制(Self-Attention)。自注意力机制能够让模型在处理每个位置的词时,同时关注输入序列中的其他所有位置,从而更好地捕捉长距离依赖关系和全局信息。比如在分析句子"我去商店买苹果,它是我最喜欢的水果"时,模型通过自注意力机制可以清晰地理解"它"指代的是"苹果"。在 Transformer 架构基础上,通过堆叠多层编码器和解码器,形成了大规模的预训练语言模型。这些模型在大规模文本语料库上进行无监督预训练,学习到通用的语言表示。然后,根据不同的下游任务(如文本分类、问答系统、机器翻译等),通过微调(Fine-tuning)或提示(Prompting)等方式对模型进行适配,使模型能够在特定任务上表现出色。

1. 深度学习在大语言模型训练中的关键技术

(1) 大规模无监督预训练。

为了让大语言模型学习到丰富的语言知识,需要在海量的文本数据上进行无监督预训练。数据来源涵盖互联网上的大量文本,如网页内容、书籍、新闻文章、社交媒体帖子等。在预训练过程中,模型主要通过预测下一个词(Next Word Prediction)或掩码语言模型(Masked Language Model)等任务进行学习。以预测下一个词为例,模型输入一段文本序列,如"我今天打算去",模型的目标是预测下一个最可能出现的词,如"超市""公园"等。通过不断地在大规模数据上进行这样的训练,模型逐渐掌握语言的统计规律和语义信息。在这个过程中,优化算法起到了关键作用。随机梯度下降(SGD)及其变体 Adagrad、Adadelta、RMSProp、Adam 等被广泛应用于更新模型的参数。这些算法通过计算损失函数关于参数的梯度,并根据梯度方向调整参数,使得模型在训练数据上的损失逐渐减小。同时,为了防止模型过拟合,采用了一些正则化技术。通过在损失函数中添加参数的正则化项,可使得模型的参数值不至于过大,从而提高模型的泛化能力。

(2) 模型微调与适应下游任务。

在完成大规模无监督预训练后,大语言模型已经具备了强大的通用语言理解和生成能力。为了使其能够更好地应用于各种具体的下游任务,如情感分析、文本摘要、智能问答等,需要进行模型微调。微调是在预训练模型的基础上,使用特定任务的少量标注数据对模型的参数进行进一步优化。例如在情感分析任务中,收集一些已经标注好情感倾向(积极、消极、中性)的文本数据,将这些数据输入到预训练模型中,通过反向传播算法调整模型的参数,使得模型能够准确地对输入文本的情感进行分类。除了微调,提示工程(Prompt Engineering)也成为一种重要的让大语言模型适应下游任务的方式。提示工程通过精心设计输入给模型的提示(文本描述),引导模型生成符合任务要求的输出。比如在问答系统中,设计合适的问题提示,让模型能够根据其预训练学到的知识给出准确的回答。与传统的机器学习方法相比,基于深度学习的大语言模型在微调时具有显著优势。传统方法需要针对每个任务从头开始设计特征工程,工作量大且依赖人工经验;而大语言模型通过预训练已经学习到了丰富的通用特征,微调时只需在少量标注数据上进行参数调整,就能快速适应新任务,大大提高了开发效率和模型性能。

2. 深度学习驱动大语言模型的实际应用案例

(1) GPT 系列(OpenAI)。

GPT 系列无疑是全球范围内最具影响力的大语言模型之一。其中,GPT-4 作为该系列的佼佼者,于 2023 年 3 月 14 日发布。虽然其参数数量未公开,但有传言称超过 170 万亿。它在多个方面展现出卓越能力,能处理复杂推理任务,在学术领域表现出色,达到人类水平的技能表现。比如在解答高等数学难题、进行复杂的法律条文分析时,GPT-4 能够条理清晰地给出详细解答。它还是首个支持文本和图像输入的多模态模型,大大拓展了应用场景,例如输入一张图片，它能描述图片中的场景并进行相关联想。此外，GPT-4 在解决幻觉问题和提升事实性方面有显著改进，在多个类别的事实评估中，得分率接近 80%，远超 ChatGPT-3.5。之前的 GPT-3 于 2020 年发布，拥有 1 750 亿个参数，是当时 NLP 模型中参数数量最多的。它采用解码器——仅 Transformer 架构，能够生成类似人类的文本，从简单句子到完整文章都不在话下。微软在 2022 年 9 月宣布独家使用 GPT-3 的基础模型，足见其影响力。GPT 系列模型通过在大规模文本数据上进行预训练，再针对具体任务进行微调，在聊天机器人、代码辅助编写、内容创作、知识问答等领域广泛应用。以代码辅助为例，开发人员输入功能需求描述，模型能够生成相应的代码框架甚至完整代码片段，大大提高开发效率。

(2) BERT(Google)。

BERT(Bidirectional Encoder Representations from Transformers)由 Google 开发，于 2018 年推出。它基于 Transformer 架构，通过堆叠多个 Transformer 编码器构建而成，拥有 3.42 亿个参数。BERT 的独特之处在于它能够双向理解文本上下文信息，这使得它在自然语言处理任务中表现优异。在训练过程中，BERT 在大规模语料库上进行预训练，学习通用的语言表示。然后，针对不同的下游任务，如情感分析、文本分类、命名实体识别等，可以对 BERT 进行微调。例如在情感分析任务中，将带有情感标注（积极、消极、中性）的文本数据输入微调后的 BERT 模型，模型能够准确判断文本的情感倾向。在 2019 年的 Google 搜索迭代中，BERT 被用于改进查询理解，提升了搜索结果的准确性和相关性。

(3) 文心一言(百度)。

文心一言(英文名:ERNIE Bot)是百度的知识增强大语言模型，也是文心大模型家族的重要成员。它能够与用户进行对话互动，回答各种问题，并协助创作。文心一言基于数万亿数据和数千亿知识进行融合学习得到预训练大模型，在此基础上运用有监督精调、人类反馈强化学习、提示等技术，具备知识增强、检索增强和对话增强的技术优势。在知识问答方面，文心一言能够依托百度强大的知识图谱，准确回答用户关于历史、科学、技术等多领域的问题。在内容创作上，输入主题如"春天的公园"，它能够生成生动形象的描述段落，包含公园中的景色、人物活动等元素，为创作者提供灵感和参考。

(4) 云雀(字节跳动)。

云雀是字节跳动研发的语言模型，能够通过自然语言交互高效完成互动对话、信息获取、协助创作等任务。它在语言理解和生成方面表现出色，例如在对话场景中，云雀能够根据上下文进行连贯的对话，理解用户的隐含意图。在协助创作方面，无论是撰写故事、诗歌还是文案，云雀都能提供有价值的建议和内容生成。比如创作一篇产品推广文案，云雀可以根据产品特点和目标受众，生成富有吸引力的文案框架和具体表述，助力营销人员快速完成文案创作。

豆包是字节跳动公司基于云雀模型开发的 AI 工具，自 2023 年 8 月上线后备受关注。它提供聊天机器人、写作助手以及英语学习助手等功能。在聊天方面，豆包能与用户进行自然语言交互，理解用户意图并提供相关回应，无论是日常问题，还是专业领域的疑问，都能尽力给出准确有用的答案。作为写作助手，豆包可以协助撰写文章、故事、诗歌、代码等各类内容。在英语学习方面，它能帮助学生学习语法、词汇、发音等。豆包支持网页 Web 平台、iOS 以及安卓平台(iOS 需使用 TestFlight 安装)，用户可通过手机号和抖音账号登录使用。例如在写作一篇旅游攻略时，用户向豆包描述旅游目的地、出行天数、个人偏好等信息，豆包就能生成包含景点介绍、行程安排、美食推荐等内容的攻略框架，为用户节省创作时间和精力。

(5) DeepSeek(深度求索)。

DeepSeek 中文简称深度求索,是杭州深度求索人工智能基础技术研究有限公司研制。该公司成立于 2023 年 7 月 17 日,由知名量化资管巨头幻方量化创立,专注于开发先进的大语言模型(LLM)和相关技术。2024 年 1 月 5 日,DeepSeek 发布首个大模型 DeepSeekLLM,包含 670 亿参数,从零开始在一个包含 2 万亿标注的数据集上进行训练,数据集涵盖中英文。2024 年 5 月,DeepSeek 宣布开源第二代 MoE 大模型 DeepSeek-V2,该模型在性能上比肩 GPT-4Turbo,但价格却只有 GPT-4 的百分之一,因此获得了"AI 界拼多多"的称号。2024 年 12 月 26 日,DeepSeek 宣布模型 DeepSeek-V3 首个版本上线并同步开源。2025 年 1 月 20 日,DeepSeek 正式发布 DeepSeek-R1 模型,该模型在数学、代码、自然语言推理等任务上,性能比肩 OpenAI o1 正式版。截至 2025 年 2 月,DeepSeek-R1、V3、Coder 等系列模型已陆续上线国家超算互联网平台。DeepSeek 模型在智能对话、内容创作、代码生成等领域展现出强大的能力,被广泛应用于企业智能客服、智能写作辅助工具以及各类需要自然语言处理的场景中。许多企业借助 DeepSeek 模型提升客户服务质量、提高内容生产效率,例如在智能客服场景中,DeepSeek 能够快速理解客户问题,给出准确清晰的回答,有效提高客户满意度。

(6) Kimi(小米)。

Kimi 是小米公司自研的大语言模型。它具备多模态能力,不仅能理解和生成自然语言文本,在图像理解与生成等多模态融合任务上也有一定表现。在小米生态体系中,Kimi 发挥着重要作用,深度融入小米手机、小爱音箱等智能设备,为用户带来更智能便捷的交互体验。在手机端,用户通过语音指令就能借助 Kimi 完成诸如查询信息、撰写文档、设置日程等操作;在智能家居场景下,搭配小爱音箱,用户说出需求,如"帮我制订一个明天的健身计划"或者"查询下明天的天气并设置提醒",Kimi 能够快速响应并处理。在内容创作领域,输入创作主题,如"写一首关于秋天的现代诗",Kimi 能生成富有意境的诗歌作品,展现出良好的语言理解和生成能力。

3. 深度学习在大语言模型中面临的挑战与未来发展

尽管深度学习在大语言模型中取得了巨大成功,但仍面临诸多挑战。模型的可解释性问题一直备受关注。深度学习模型通常是一个复杂的黑盒,其内部的决策过程难以理解。在医疗诊断、金融风险评估等对决策可解释性要求较高的领域,这一问题限制了大语言模型的应用。例如在医疗诊断中,医生需要理解模型给出诊断建议的依据,而目前很难解释大语言模型为何做出这样的判断。大语言模型的训练需要消耗大量的计算资源和能源,这不仅带来了高昂的成本,也对环境造成了一定压力。随着模型规模的不断增大,训练所需的 GPU 数量、计算时间和电力消耗都呈指数级增长。此外,大语言模型在生成文本时可能出现幻觉(Hallucination)现象,即生成一些看似合理但与事实不符的内容。在信息检索和知识问答任务中,这可能导致用户获取错误信息,影响模型的可靠性和实用性。

本章小结

本章围绕机器学习与深度学习展开系统阐述。开篇先介绍机器学习的诞生、发展历程,解释其本质,依据学习方式进行分类,还将其与人类逻辑思维类比,并剖析"学习"流程。接着列举回归、K-近邻、决策树等多种经典机器学习算法,说明其原理和应用场景。随后深入讲解深度学习,涵盖定义、人工神经元、基础概念及深度神经网络训练过程。针对卷积神经网络,阐述选择卷积的原因和其结构原理。最后,结合计算机视觉、自然语言处理等领域,重点阐述深度学习的典型应用,尤其是深度学习在大语言模型中的关键作用,凸显其对人工智能发展的重要意义。

习题与自测题

一、选择题

1. 以下哪个场景最适合使用机器学习技术?(   )。
   A. 计算 1+2+3+…+100 的和
   B. 根据天气、时间预测餐厅客流量
   C. 用计算器计算平方根
   D. 在字典里查找单词释义

2. 机器学习的核心目标是(   )。
   A. 让计算机像人类一样思考
   B. 编写更复杂的程序代码
   C. 让计算机从数据中自动学习规律
   D. 设计更快的计算机硬件

3. 深度学习是机器学习的一个分支,它的主要特点是(   )。
   A. 使用更多的数学公式
   B. 依赖大量数据和多层神经网络
   C. 只能处理图像数据
   D. 完全不需要人工干预

4. 以下哪项属于监督学习任务?(   )。
   A. 把一堆水果按颜色和大小分类
   B. 根据历史销售数据预测未来销量
   C. 分析用户浏览网页的行为模式
   D. 识别照片中是否包含猫,但不区分品种

5. 训练机器学习模型时,"数据标签"指的是(   )。
   A. 数据文件的名称
   B. 描述数据特征的关键词
   C. 数据对应的正确答案或结果
   D. 数据采集的时间和地点

6. 神经网络中,神经元之间传递的信号是(   )。
   A. 颜色信息   B. 数字信号(数值)   C. 声音波形   D. 文字内容

7. 下列哪种数据不适合用深度学习处理?(   )。
   A. 手写数字图片
   B. 股票价格波动数据
   C. 超市商品的条形码
   D. 手机拍摄的风景照片

8. 机器学习模型训练完成后,需要用新数据测试,目的是(   )。
   A. 证明模型代码没有语法错误
   B. 检查模型在真实场景中的表现
   C. 重新调整训练数据
   D. 让模型记住所有训练数据

9. 想要搭建一个深度学习模型,最适合使用的工具是(   )。
   A. PowerPoint   B. Excel   C. TensorFlow   D. WPS 文字

10. 自动驾驶汽车识别红绿灯的过程,主要依赖(   )。
    A. 简单的算术运算
    B. 基于规则的编程
    C. 深度学习图像识别技术
    D. 人工远程操控

11. 机器学习中,"过拟合"现象指的是(   )。
    A. 模型在训练数据上表现很好,但在新数据上表现差

B. 模型训练时间过长

C. 数据量太大导致模型无法处理

D. 模型预测结果总是比实际值高

12. 语音助手(如 Siri)将语音转换为文字,主要运用了(　　)。

A. 语音合成技术　　　　　　　　　B. 自然语言处理和深度学习技术

C. 视频处理技术　　　　　　　　　D. 游戏开发技术

13. 以下哪项不属于机器学习的应用领域?(　　)。

A. 疾病诊断辅助系统　　　　　　　B. 电影特效制作

C. 垃圾邮件过滤　　　　　　　　　D. 个性化推荐商品

14. 训练深度学习模型时,通常需要(　　)。

A. 非常少量的数据　　　　　　　　B. 强大的计算能力和图形处理器(GPU)

C. 完全依靠人工调整每个参数　　　D. 纸质版的数据表格

15. 当我们说"模型泛化能力强",意味着这个模型(　　)。

A. 能处理所有类型的数据

B. 在不同场景和新数据上都能保持良好表现

C. 训练速度特别快

D. 占用的内存空间很小

二、判断题

1. 机器学习就是让计算机自己编写程序,不需要人类设定任何规则。(　　)
2. 深度学习只能用来处理图像数据,不能处理文字和声音。(　　)
3. 训练机器学习模型时,数据越多,模型的效果一定越好。(　　)
4. 智能语音助手(如小爱同学)识别语音指令的过程运用了深度学习技术。(　　)
5. 监督学习是指模型在训练时,必须有明确的正确答案(标签)。(　　)
6. 神经网络中的"神经元"是真实存在的生物细胞。(　　)
7. 用手机相册的自动分类功能整理照片,这背后可能用到了机器学习技术。(　　)
8. 深度学习模型训练完成后,就不需要再调整优化了。(　　)
9. 电商平台根据用户购买记录推荐商品,这种推荐算法属于无监督学习。(　　)
10. 机器学习可以完全替代人类专家进行疾病诊断。(　　)
11. 过拟合现象是指模型在新数据上表现很好,但在训练数据上表现差。(　　)
12. 自然语言处理中的机器翻译,是深度学习在语言领域的重要应用。(　　)

三、思考题

1. 感知器模型中各个参数的含义是什么?如何计算?
2. 人工智能、机器学习、深度学习相互之间的关系是什么?
3. 深度学习的输入层、隐藏层、输出层的作用有哪些?
4. 监督学习、无监督学习、半监督学习之间的区别是什么?
5. 什么是卷积神经网络?

【微信扫码】
相关资源

参考文献

[1] 教育部高等学校大学计算机课程教学指导委员会.大学计算机基础课程教学基本要求[M].北京:高等教育出版社,2016.

[2] 印志鸿,白云璐.新编大学计算机信息技术教程[M].4版.南京:南京大学出版社,2021.

[3] 张福炎,孙志辉.大学计算机信息技术教程[M].南京:南京大学出版社,2023.

[4] 刘云.医院信息系统[M].南京:东南大学出版社,2022.

[5] 王爱英.计算机组成与结构[M].5版.北京:清华大学出版社,2013.

[6] 谢希仁.计算机网络[M].8版.北京:电子工业出版社,2021.

[7] 祝建中.医学信息技术基础教材[M].2版.北京:清华大学出版社,2015.

[8] 桂小林.大学计算机:计算思维与新一代信息技术[M].北京:人民邮电出版社,2022.

[9] 严云阳,王留洋,申静,等.大学计算机与人工智能基础:实用教程[M].上海:上海交通大学出版社,2024.

[10] 王珊,萨师煊.数据库系统概论[M].6版.北京:高等教育出版社,2023.

[11] 李月军.数据库原理与设计(Oracle版)[M].北京:清华大学出版社,2012.

[12] 屠建飞.SQL Server2022数据库管理[M].北京:清华大学出版社,2024.

[13] 龚沛曾,杨志强.大学计算机[M].7版.北京:高等教育出版社2017

[14] 刘成明,石磊.多媒体技术及应用[M].3版.北京:高等教育出版社,2021.

[15] 胡晓峰,吴玲达,老松杨,等.多媒体技术教程[M].4版.北京:人民邮电出版社,2015.

[16] 曹晓兰,彭佳红.多媒体技术与应用[M].北京:清华大学出版社,2012.

[17] 张保华,朱宝生.信息技术[M].北京:人民邮电出版社,2023.

[18] 周苏,杨武剑.人工智能通识教程[M].北京:清华大学出版社,2024.

[19] 孙中红,刘启明.大学计算机与人工智能基础[M].4版.北京:高等教育出版社,2021.

[20] 教育部考试中心.全国计算机等级考试二级教程:公共基础知识[M].北京:高等教育出版社,2025.

[21] 王琦,杨毅远,江季.深度学习详解[M].北京:人民邮电出版社,2024

[22] 王万良.人工智能导论[M].5版.北京:高等教育出版社,2020

[23] 蔡自兴,刘丽珏,陈白帆,等.人工智能及其应用[M].7版.北京:清华大学出版社,2024

[24] 周勇.计算思维与人工智能基础[M].3版.北京:人民邮电出版社,2024

[25] 姚期智.人工智能[M].北京:清华大学出版社,2022

[26] 周志华.机器学习[M].北京:清华大学出版社,2016

[27] 嵩天,黄天羽,杨雅婷.Python语言程序设计基础[M].3版.北京:高等教育出版社,2024

[28] 张莉.Python程序设计[M].北京:高等教育出版社,2019